中高层大气 OH 自由基探测原理与方法

麻金继　熊　伟　叶　松　著

科学出版社

北　京

内 容 简 介

本书基于空间外差光谱（SHS）技术的中高层大气 OH 自由基甚高光谱探测仪，从 OH 自由基探测的基本原理出发，主要介绍 OH 自由基的物理性质及其源、汇，详细分析中高层的高光谱分辨率下紫外波段辐射传输过程中的大气作用，着重描述 SHS 探测仪临边观测仿真过程及其反演方法。系统地阐述 OH 自由基临边遥感原理、方法以及结果的精度评价；深度地探究临边探测仪的双正交多角度层析扫描的几何特点，并基于该特征在国际上首次提出基于双正交空间外差光谱（DSHS）三维层析探测大气 OH 自由基技术，同时分析该三维层析技术的探测优势。

本书可供地理学、大气科学、环境科学与工程等相关专业的研究生使用，也可供大气参量遥感反演、大气成分动态监测等领域的科研人员参考阅读。

图书在版编目（CIP）数据

中高层大气 OH 自由基探测原理与方法/麻金继，熊伟，叶松著. —北京：科学出版社，2019.12

ISBN 978-7-03-062416-1

Ⅰ. ①中… Ⅱ. ①麻… ②熊… ③叶… Ⅲ. ①中层大气-游离基-探测 ②高层大气-游离基-探测 Ⅳ. ①P421.32

中国版本图书馆 CIP 数据核字（2019）第 212954 号

责任编辑：王腾飞 沈旭 石宏杰 / 责任校对：杨聪敏
责任印制：师艳茹 / 封面设计：许瑞

科学出版社 出版
北京东黄城根北街 16 号
邮政编码：100717
http://www.sciencep.com

北京九天鸿程印刷有限责任公司 印刷

科学出版社发行 各地新华书店经销

*

2019 年 12 月第 一 版 开本：720 × 1000 1/16
2019 年 12 月第一次印刷 印张：15 3/4
字数：314 000

定价：149.00 元

（如有印装质量问题，我社负责调换）

前　　言

近些年来，人类向大气层中排放越来越多的污染气体，这些污染气体在很大程度上改变了大气环境中痕量气体的浓度，进而导致了一系列的全球性环境和气候问题，对人类的健康以及生产生活产生了巨大的影响。中高层大气是目前人类认识较少的大气区域，虽然其质量占大气总质量不到 10%，但在全球气候变化的背景下，中高层大气中 OH 自由基对痕量气体的负载和清除能力越来越成为科研人员关注的焦点。OH 自由基作为大气环境中重要的氧化剂之一，决定了大气中绝大部分大气成分的氧化与去除，因此其在一定程度上表征了大气环境的氧化能力，也是大气对污染气体自清洁能力的重要量度，其浓度变化反映了中高层大气的光化学以及动力学过程，揭示了大气光化学复合污染在全球尺度上对气候的影响，为科研人员提供了一个全新的角度来认识中高层大气短期甚至长期的气候演变过程，具有重要的现实意义。由于 OH 自由基具有活性强、寿命短的特点，在复杂大气背景下获取其特征光谱信息需要很高的光谱分辨能力。基于传统傅里叶变换光谱技术发展而来的空间外差光谱技术作为近年来发展应用的一项新技术，将干涉技术和光栅衍射技术融为一体，具有在较小波段范围内获取超高光谱分辨率的能力以及高灵敏度的特点，可以满足大气痕量气体探测和高精度反演应用及理论研究的需求。目前国内还没有任何卫星载荷探测中高层 OH 自由基，国外在轨的卫星载荷仅有 MLS 传感器，同时该传感器为主动探测器；为了研制国内的高时间、高空间分辨率的中高层 OH 自由基探测器，在中国科学院安徽光学精密机械研究所主持的国家国防科技工业局民用航天技术预先研究项目(E030103)资助下，开展了 OH 自由基探测器原理样机及其技术的研究，本书是该研究的重要成果之一。本书首先详细分析紫外波段在中高层大气痕量气体中探测的作用；其次根据临边遥感原理系统阐述 OH 自由基探测的技术，并给出了 OH 自由基探测器的参量;最后深度探究双正交空间外差光谱三维层析探测大气 OH 自由的技术，并基于临边辐射传输分析该三维层析技术探测中高层 OH 自由基浓度的优势。在国际上首次提出了基于双正交空间外差光谱三维层析探测中高层大气 OH 自由基技术，填补了我国在大气环境超高光谱遥感探测领域的空白，提高了我国的大气痕量气体监测水平。

本书共分 8 章，第 1 章简要介绍了 OH 自由基的重要性、源和汇，重点阐述 OH 自由基的物理性质和光学特征。第 2 章从早期化学方法探测 OH 自由基入手，逐步过渡到近些年利用各种先进的方法来探测 OH 自由基的地基探测仪器和卫星载荷。第 3 章主要对空间外差光谱技术以及干涉图数据进行探讨，并从理论角度讨论了干涉图数据处理过程。第 4 章介绍目前常用的大气辐射传输模型及其适用范围，重点介绍适合空间外差技术的临边辐射传输技术。第 5 章通过改进的适用于探测 OH 自由基的辐射传输模型，结合现有在轨的卫星载荷数据，首先构建 OH 自由基全球时空浓度数据库，其次根据拟设计的仪器参数，对全球重点区域进行仿真干涉图的计算，最后分析观测能量与相关参量的敏感性。第 6 章利用临边反演算法，分析临边观测干涉数据的处理过程，基于仿真的观测干涉能量图反演 OH 自由基的浓度。第 7 章利用间接测量的分析方法分析观测能量误差和反演误差。第 8 章详述双正交 OH 自由基空间外差光谱仪的仪器结构以及可实现 OH 自由基三维探测的扫描方式，计算不同时刻卫星的观测几何参量，构建三维正演模型，通过分析 OH 自由基浓度的时空变化特点，引出基于三维层析数据库的反演方法。

本书的部分成果得益于参加该项目的高一博、安源、张洪海、李超等硕士研究生的辛苦工作，部分成果已经在相关刊物上发表。在本书的撰写过程中，参考了国内外大量优秀研究成果，在此对其作者表示衷心的感谢。虽然作者试图在参考文献中全部列出并在文中标明出处，但难免有疏漏之处，在此诚恳地希望得到同行专家的谅解和支持。

本书作者原则上力求系统全面，但由于受时间和作者水平的限制，书中难免存在不足之处，敬请各位专家、同行批评指正，以便修改。

2019 年 8 月 2 日于花津河畔

目　录

第 1 章　大气 OH 自由基概述

自由基也称为游离基，指由于共价键均裂而生成的带有未成对电子的原子或原子团。OH 自由基又称为游离氢氧基，是羟基基团失去一个电子形成的。正是这样的性质使得其电子往往处于激发态，具有了仅次于氟的强氧化性。由于 OH 自由基具有活性强以及寿命短的特征，对其精确探测的难度较大，其浓度的变化范围在 10^6～10^7molecules/cm^3，总体上南半球的浓度低于北半球。大多数科学家通过研究发现，大气 OH 自由基的浓度在工业革命之后是有所增加的[1]。

OH 自由基广泛分布于中高层大气中。中高层大气是目前人类认识较少的大气区域，虽然其质量只占总大气质量不到 10%，但却是各类航天飞行器的主要活动区域，也是它们发射和运行的重要区域，中高层已经成为空间天气和空间环境研究的热点区域之一。除此之外，在全球气候变化的大背景下，中高层大气中 OH 自由基对痕量气体的负载和清除能力也越来越成为科研人员关注的焦点。

1.1　引　言

由于中高层大气 OH 自由基反映了中高层大气的光化学及动力学过程，揭示了大气光化学复合污染在区域乃至全球尺度上对气候的潜在影响，同时在一定程度上反映了中高层大气短期及长期的气候演变过程，因此研究中高层大气 OH 自由基，不仅能够加深科研人员对于中高层大气结构以及物理化学过程的认识、保障空间飞行器安全，同时还能够更加深入地进行大气环境变化的研究，这些都与人类生活环境息息相关。但是 OH 自由基的寿命从几秒到几年不等，且在大气中浓度极低、反应活性极强，从而导致对其精确探测的难度较大。现阶段气态 OH 自由基测量方法分为光谱法和非光谱法，其中光谱法包括激光诱导荧光法、气体扩张激光诱导荧光法、差分光学吸收光谱法等基于 OH 自由基的光学性质的测量方法；非光谱法包括化学离子质谱法、^{14}CO 氧化法、电子自旋共振(spin trapping)法等基于 OH 自由基的化学性质的测量方法[2]。然而以上所述的方法都是在实验室内研究和测量 OH 自由基的方法，只能研究 OH 自由基的物理化学性质，无法在全球尺度上研究 OH 自由基的分布对大气环境以及人类生活环境的影响。随着遥感技术的发展，科研人员开始利用探空气球、飞机和卫星平台等探测 OH 自由基，进行了基于探空气球和飞机的远红外傅里叶变换光谱仪的 OH 自由基实验，发射了基于卫星平台的中层大气高分辨率光谱探测仪、空间外差中间层自由基成像仪以及微波临边探测仪等探测 OH 自由基的传感器，为在全球尺度上研究 OH 自由基提供了科学可靠的数据源，为后续研究打下了坚实的基础。

虽然 OH 自由基在地球大气组分中占有很少的一部分，但由于其在大气中的强氧化性、短暂的寿命以及巨大的空间变化和复杂的化学性质，对区域和全球的气候有着重要影响，已成为影响大气环境质量的重要因子。

1.1.1 对气候的影响

OH 自由基对气候的影响可分为直接影响和间接影响两个主要方面。直接影响是 OH 自由基自身的极强氧化性带来的。从自然界排入大气中的大多数微量气体往往都是还原态的，由大气返回到地表的物质如通过干沉降或降水沉降下来的物质却往往呈现出高氧化态性质，因此可以得出现代大气环境呈现出一个氧化性的状态。相关研究表明大气中氧气的 O—O 键键能较强，在常温常压状态下是无法将这些微量气体氧化的[3]。随着对大气环境成分的研究深入，研究人员发现大气中起氧化作用的是在大气中存在的具有强氧化性的自由基以及臭氧等。在这一系列大气成分中，OH 自由基的地位最为重要，因为它能与中高层大气中各类痕量气体进行氧化反应，进而启动整个中高层大气氧化链[4]。由于大气中的微量气体具有种类繁多、转化速度快、相互之间影响极端复杂的特点，科研人员在研究大气的氧化性初期进展缓慢。在对流层光化学反应机制基本确立之初的 1974 年，OH 自由基就被确认为对流层大气氧化性的重要指标[5]，它为科研人员研究全球范围内的大气氧化性提供了一条新思路，从而加速了大气化学反应研究。而间接影响是指 OH 自由基浓度的变化决定了大气中臭氧浓度的变化以及对流层水汽的波动等一系列反应的进行：一方面，平流层底层的臭氧会将太阳的短波辐射全部吸收，进一步影响地球—大气系统(简称地—气系统)的辐射收支平衡，直接影响全球的天气和气候变化，且其对短波辐射的吸收还会改变大气加热率进而直接导致大气环流的变化，因此大气中的臭氧是科研人员研究的热点问题之一。臭氧容易受到多种物质的影响，其中 OH 自由基对其的影响较大，因为一部分 OH 自由基的初始来源是臭氧受到太阳紫外波段的光分解，产物与大气中的水汽反应生成 OH 自由基，而生成的 OH 自由基极端活跃，又会反过来催化臭氧的分解，在夜间光致解离作用消失，臭氧又会同 OH 自由基碰撞而遭到破坏，所以说 OH 自由基对于研究臭氧有着至关重要的作用，并且 OH 自由基通过影响臭氧，间接决定了大气的氧化性以及影响地—气系统的辐射收支平衡。另一方面，水汽作为地球中间层大气的一个重要组成部分，吸收太阳长波辐射和地球在红外光谱波段的长波辐射，导致平流层冷却，对地球辐射平衡产生影响，进而影响地—气系统的辐射收支平衡；同时，在寒冷极地的夏季，水汽会形成极地中间层云，这对于研究极地环境及其变化起到至关重要的作用。由于一大部分OH自由基是由激发态原子氧与大气中的水汽碰撞而成，且生成的 OH 自由基又会与过氧自由基($HO_2\cdot$)发生原子置换反应导致水汽再生，所以说OH自由基对于研究全球水汽浓度也有着不可替代的作用。

由于人类生存的大气环境受气候的影响较大，OH 自由基在对气候产生影响的同时，也对人类赖以生存的环境产生了巨大的影响。

1.1.2 对环境的影响

OH 自由基不仅影响了地球的气候，对人类生存的环境也具有重大的影响。主要表现在对大气污染的改善和对温室气体的氧化清除两方面。

一方面，虽然现阶段我国对于大气污染物的排放制定了严格的排放法规以及惩罚机制，使得环境质量逐渐向好的方向快速发展，但是以光化学烟雾为代表的大气二次污染问题却日益凸显。作为产生OH自由基重要前体物质的各种化合物是大气光化学烟雾的主要成分，且大气光化学烟雾中挥发性有机物对于人体而言具有很强的毒性，会刺激人体的呼吸系统，进而产生一系列的健康问题。以挥发性有机物中的羰基化合物为例,挥发性的羰基化合物是大气中常见的有机污染物,具有强烈的刺激性和毒性，OH 自由基与该物质的反应是其主要的汇，同时羰基化合物的光解又是大气中OH自由基的源。在光化学污染严重的城市中，两者反应的速率很快，如此反应形成一个链式循环，对人体健康将会产生不可预估的影响[6]。早期研究中，在空气质量较好的区域内，OH自由基的昼夜平均浓度保持在10^6molecules/cm^3，即使在OH自由基快速生成的正午时刻，其浓度也仅仅维持在(3～4)×10^6molecules/cm^3 范围内。但当该区域发生了一次严重的空气污染事件之后，OH自由基浓度的最大值一度达到了1.2×10^7molecules/cm^3。由此可见，在空气质量较好的区域，OH自由基浓度总是维持在较低水平[7]，因此可以得出OH自由基是大气对污染气体自清洁能力的重要度量，对大气污染的改善起到一定的作用，同时研究OH自由基也是研究大气污染的有效手段之一。

另一方面，在温室气体增多导致全球变暖现象日益严重的大背景下，越来越多的冰川开始融化，这样不仅会导致海平面上升进而对沿海地区经济发展产生巨大威胁，而且会严重影响地球固态淡水的储存量。温室气体对于环境的影响日益严重，严重制约了社会的持续发展。大气OH自由基的氧化性比臭氧的氧化性大六个数量级，控制了绝大多数大气痕量气体的氧化与去除，从而控制了它们在大气中的寿命，特别是对于许多会影响大气环境的重要化合物如碳氢化合物和硫化物等温室气体而言，与 OH 自由基的反应是它们被清除出大气的重要步骤[8]。这里以甲烷和一氧化碳为例：大气中的甲烷总汇是5.15×10^{14}g/a，这当中被OH自由基氧化的是4.45×10^{14}g/a，也就是说每年被OH自由基氧化的甲烷占其总去除量的80%以上[9]；OH自由基在一氧化碳被氧化成二氧化碳的过程中同样起到了重要作用，每年有(1.4～2.6)×10^{15}g一氧化碳与OH自由基反应被清除出大气[10]。因此大气中OH自由基浓度在一定程度上表征了大气自清洁能力，同时对于温室气体的去除也起到重要作用。

中高层OH自由基还间接地影响与人类生活环境息息相关的对流层。虽然中高层大气中没有对流层大气中的台风和强对流等天气现象，但是在对流层上一层大气中的OH自由基对对流层中的物理现象和化学、辐射等过程产生的影响，使之与日地辐射关系、全球变暖甚至地表生态环境等因素紧密相连，因此研究中高层大气OH自由基在一定程度上能够提高对空间天气和环境状况的预报准确度，对人类社会的生产生活具有一定的现实意义。

1.2 全球时空分布特征

因为OH自由基对全球的气候和环境有着极为重要的影响，因此其时空分布特征受到科研人员的广泛关注。本节将简单地介绍OH自由基的全球时空分布特征，在第5章中我们将会根据传感器数据对全球OH自由基的时空分布特征进行更加详细的介绍。

在北半球高纬度区域，OH自由基受到太阳辐射的影响，在每年的3～9月，71km高度附近存在一OH自由基浓度高值区域，其他月份OH自由基的含量则较低。在41km高度附近，相同时间段内也存在着OH自由基浓度高值区域，其中夏至日由于太阳直射点位于北回归线附近，高纬度地区极昼区域最大，因此在该高度上会出现OH自由基浓度最大值；在北半球中纬度区域，在每年的4月、5月，71km高度附近OH自由基有一浓度高值区域，7～9月为OH自由基浓度最大值时间段，而41km高度附近OH自由基的浓度高值区域出现在每年的2～4月和8～10月；在赤道附近区域，在每年的7月、8月，71km高度附近OH自由基有一浓度高值区域，而在41km高度附近，OH自由基的浓度高值区域随时间变化趋势平稳，并没有表现出明显的时间变化特征；在南半球中纬度区域，在71km高度附近，由于OH自由基受多种因素影响，变化趋势复杂，并未表现出明显的时间变化特征，而在41km高度附近，每年的10月至次年的2月为OH自由基的高值时间段；在南半球高纬度区域，在每年的9月至次年3月，71km高度附近存在OH自由基浓度高值区域，其他月份OH自由基浓度较低，而在41km高度附近，每年的9月至次年3月存在OH自由基浓度高值区域，其中12月21日左右为冬至日，由于太阳直射点在南回归线附近，南半球高纬度地区极昼区域最大，因此OH自由基在该时间段、该高度区域出现浓度极大值。

为了进一步说明41km和71km这两个OH自由基浓度特征高度值区域的OH

自由基分布特征，我们依据传统意义上的四季定义，将全年时间划分为第一季度(3 月、4 月、5 月)、第二季度(6 月、7 月、8 月)、第三季度(9 月、10 月、11 月)、第四季度(12 月、1 月、2 月)，对 41km 和 71km 高度不同时间范围内 OH 自由基分布进行分析，分别如图 1.1～图 1.4 所示。

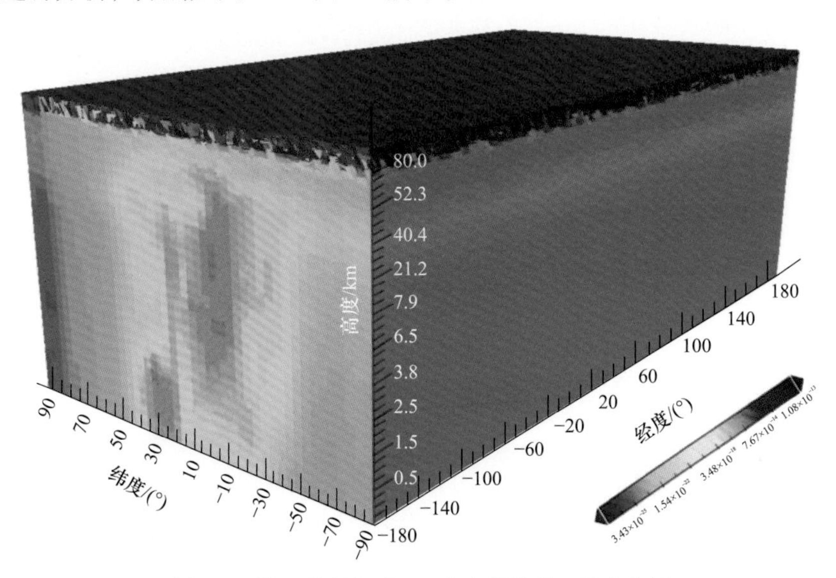

图 1.1　第一季度全球 OH 自由基浓度三维分布图

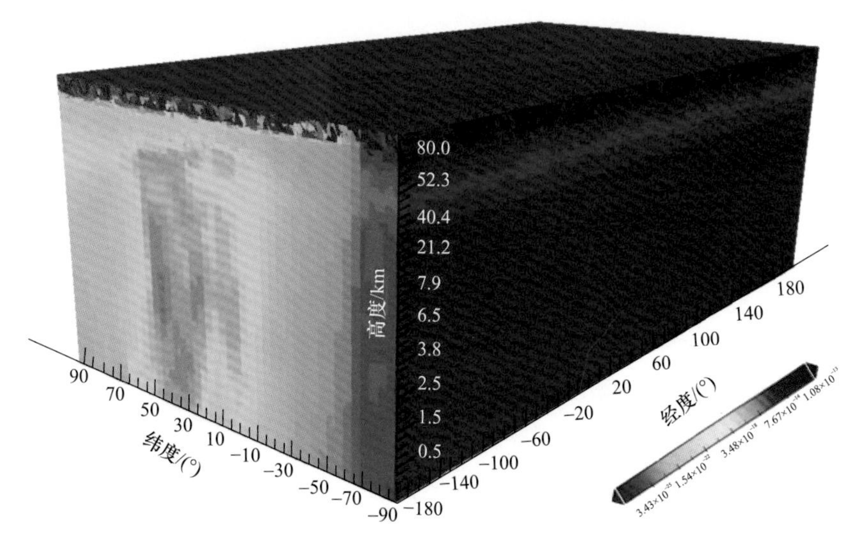

图 1.2　第二季度全球 OH 自由基浓度三维分布图

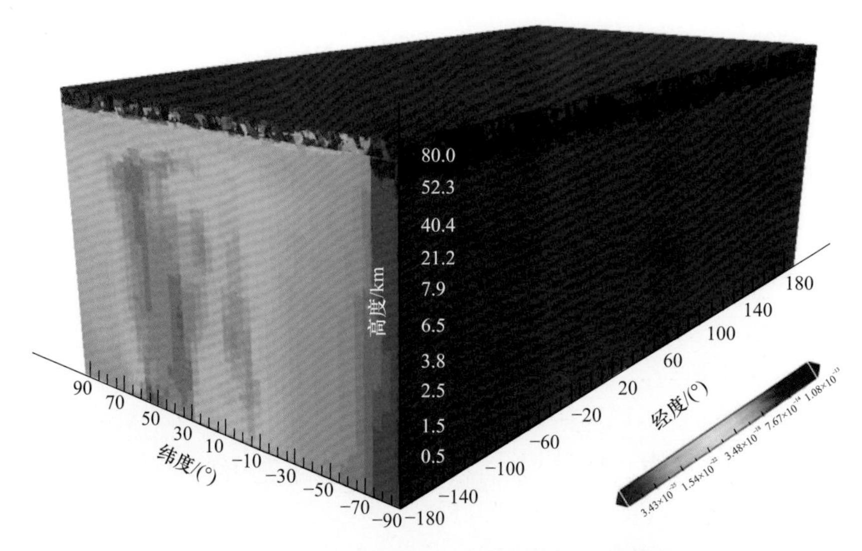

图 1.3　第三季度全球 OH 自由基浓度三维分布图

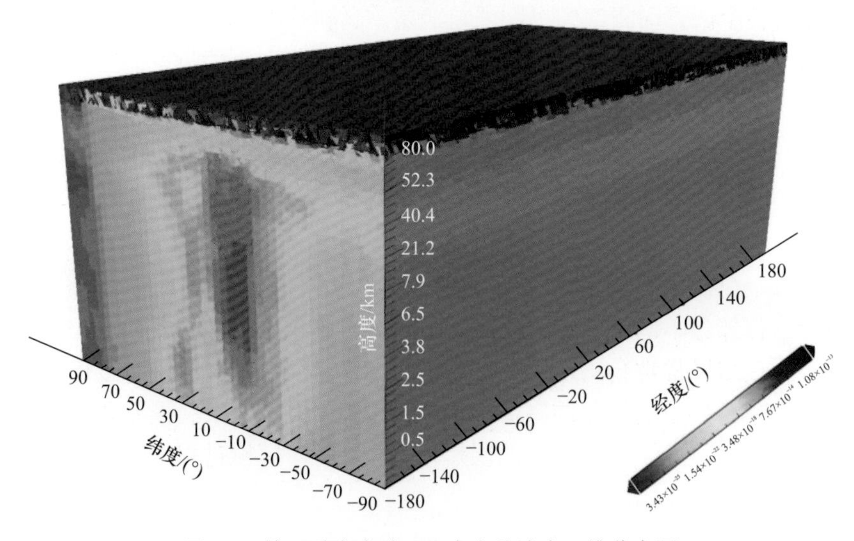

图 1.4　第四季度全球 OH 自由基浓度三维分布图

在 41km 高度区域，由于大气中其他成分以及 OH 自由基主要前体物质臭氧的影响：第一季度太阳直射点由赤道往北移动，北半球所受到太阳辐射强度大于南半球，OH 自由基浓度高值区域集中在赤道两侧且北半球高于南半球；第二季度为北半球的夏季，太阳直射点在北半球中低纬区域移动，北半球中纬度区域太阳辐射较强，因此北半球 OH 自由基浓度高于南半球同纬度区域，同时北极圈内存在明显的 OH 自由基浓度高值区域，南极圈内存在明显的 OH 自由基浓度低值区域；第三季度太阳直射点由赤道逐渐南移，南半球太阳辐射强度高于北半球，因此OH自由基浓度高值区域集中在赤道两侧且北半球OH自由基浓度低于南半球；第四季度为南半球夏季，太阳直射点位于南半球中低纬度区域，该区域OH自由基浓度明显高于其他区域，且南极圈内出现极昼现象，故在南极圈内存在明显的OH自由基高值区域。在71km高度区域，由于大气中其他成分以及OH自由基主要前体物质水汽的影响：第一季度，OH自由基浓度高值区域集中在赤道两侧，且南半球低纬度地区OH自由基浓度大于北半球相应区域；第二季度，北半球OH自由基浓度高于南半球相同纬度区域，北极圈内存在明显高值区域，南极圈内则存在OH自由基浓度的低值区；第三季度，OH自由基浓度高值区域集中在赤道两侧且南半球高于北半球；第四季度为南半球的夏季，南半球中低纬度区域OH自由基浓度明显高于其他地区，且第四季度南极圈内出现极昼现象，太阳辐射强度集中，故在南极圈内存在明显的OH自由基浓度高值区域。

综上所述，从时间分布特征上看，OH自由基有明显季节变化特征，第一季度和第三季度OH自由基的高值区在赤道附近，第二季度北半球OH自由基浓度明显大于南半球，第四季度南半球则大于北半球，且第二季度在北极极地地区受极昼影响，OH自由基浓度较高，第四季度南极圈内受极昼影响，OH自由浓度有明显高值区。从空间分布特征上看，同一时段，OH自由基在不同纬度区域的分布和成因有较大区别，在两极极地区域，OH自由基受极昼极夜影响明显，中纬度地区OH自由基浓度受水汽和臭氧作用更大，在低纬度区域，由于一年中太阳辐射均匀，OH自由基浓度较为稳定，太阳辐射对OH自由基的影响更为突出。

1.3 源和汇

地球上大气成分按照存在寿命的准则可以分为以下三类。第一类是长寿命物质。顾名思义这些物质的寿命基本在一年以上。例如，氮气、氧气以及一些惰性气体等。第二类是短寿命物质。这些物质的寿命基本在几天甚至几小时。例如，各种含氮、含硫化合物等。第三类是自由基。这些物质由于原子核外存在不成对电子，活性较强，寿命从几秒到几年不等，其中最具代表性的就是OH自由基。既然自由基的寿命这么短，那它们是怎么生成又是怎么消亡的呢？本节简单地介绍OH自由基生成和消亡的过程，即OH自由基的源和汇。

1.3.1 源

OH自由基的生成主要受太阳辐射以及大气中其他物质含量的影响，其主要的源如图1.5所示。在这些源中，最主要的也是科研人员最早发现的便是臭氧(O_3)与水汽(H_2O)反应生成OH自由基：白天在平流层中臭氧分子吸收太阳的紫外辐射光解为激发态的氧原子[$O(^1D)$]和氧气分子(O_2)，产生的激发态的氧原子会释放其过剩的能量转变为热能，最终与氧气结合生成臭氧，这是一个无效循环，即该反应并不生成 OH 自由基，但是在这一过程中仍有很小比例的激发态氧原子会与水汽碰撞反应生成 2 个 OH 自由基，该反应过程如式(1.1)所示：

$$O_3 \xrightarrow{h\nu} O(^1D)+O_2(\lambda<320nm)$$

$$O(^1D)+H_2O \longrightarrow 2 \cdot OH \tag{1.1}$$

但是由于高层大气中臭氧含量较低，OH 自由基的生成受到该层大气物质含量以及种类的影响，最主要的便是由水汽在太阳辐射的作用下直接光解生成 OH 自由基[11]，但是这种反应在平流层中反应较慢，具体反应过程如式(1.2)所示：

$$H_2O \xrightarrow{h\nu} \cdot OH+H(\lambda<190nm) \tag{1.2}$$

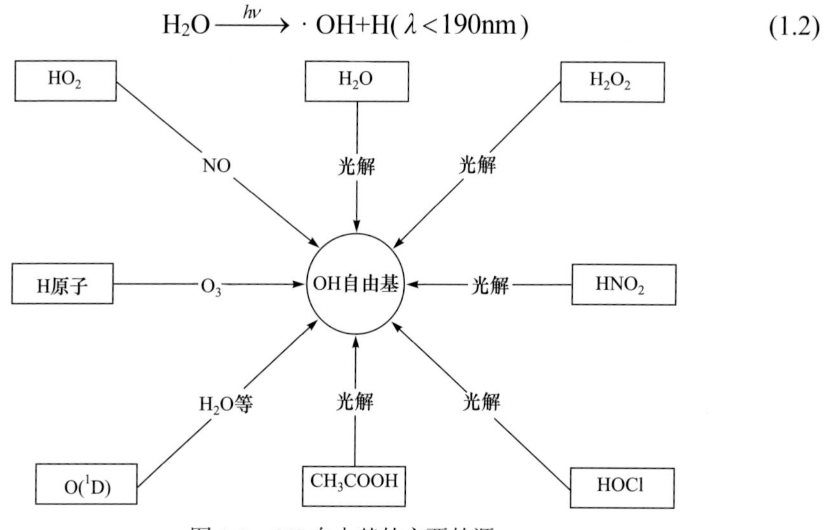

图 1.5　OH 自由基的主要的源

除了上述 OH 自由基这两个主要的源之外，还有研究表明在相对洁净的大气环境中，过氧化氢(H_2O_2)受到太阳辐射，也会光解生成 OH 自由基[12]，反应过程如式(1.3)所示：

$$H_2O_2 \xrightarrow{h\nu} 2 \cdot OH(\lambda<360nm) \tag{1.3}$$

在污染较为严重的大气中，当一氧化氮(NO)浓度较高时，其与超氧化氢(HO_2)的化学反应会产生 OH 自由基以及二氧化氮(NO_2)；当亚硝酸(HNO_2)浓度较高时，其受到紫外辐射较强时，也会光解产生 OH 自由基和一氧化氮(NO)[6]，具体反应过程如式(1.4)所示：

$$HNO_2 \xrightarrow{h\nu} \cdot OH+NO(\lambda<400nm) \tag{1.4}$$

此外甲烷、激发态的氧以及卤族元素化合物均可以生成 OH 自由基，在此就不一一列出。

上述生成OH自由基的反应都在光照条件下(即白天条件)，那么夜晚OH自由基就不会生成了吗？科研人员发现夜间OH自由基并没有因为没有光解这一条件而停止生成。早前使用大气化学模型模拟计算以及地基探测雷达在夜间进行探测时发现，在80km左右高度上存在一个OH自由基浓度高值区域，理论指出它与日间OH自由基的形成性质不同，它的生成和分布与太阳辐照度没有显著的关联，而是由氢原子与臭氧发生化学反应产生激发态的OH自由基[13]。

1.3.2　汇

相较于OH自由基的生成过程，OH自由基的消亡的过程由于其较强的氧化性而变得复杂了许多，对于大气中大部分重要的化合物而言，与OH自由基反应是它们被清除出大气的重要步骤[8]，因此OH自由基的汇种类繁多。

首先，在污染较为严重的大气环境中存在许多人类燃烧燃料产生的含氮污染物，OH自由基可以将其中大量的二氧化氮(NO_2)氧化，生成气相的硝酸(HNO_3)或者吸收水汽形成液相硝酸，如式(1.5)所示。这些物质在大气环境中会进一步生成硝酸铵(NH_4NO_3)，吸湿结块转化为颗粒物后被云和降水清除[1]。除了这些氮氧化物，来源于动物粪便、土壤腐殖质以及土壤肥料的氨，经过OH自由基的氧化会转换为氮氧化物，此过程近年来被认为是氨的一个重要的损失过程。

$$\cdot OH+NO_2 \longrightarrow HNO_3 \tag{1.5}$$

其次，大气中的温室气体是OH自由基另一个重要的汇，OH自由基与甲烷(CH_4)以及三氯乙烷(CH_3CCl_3)等的反应是降低大气中温室气体浓度的重要步骤，与它们的反应在此就不一一列出，这其中最主要的反应如式(1.6)和式(1.7)所示：

$$\cdot OH+CO+O_2 \longrightarrow HO_2+CO_2 \tag{1.6}$$

$$\cdot OH+CH_4 \longrightarrow CH_3+H_2O \tag{1.7}$$

再次，OH自由基与含硫化合物的反应也是其主要的损耗过程：OH自由基首先与大气中的硫化氢(H_2S)反应生成二氧化硫(SO_2)，由于OH自由基的强氧化性，其会继续与二氧化硫反应，经过复杂的化学反应生成硫酸(H_2SO_4)，这一过程虽然去除了大气中的含硫化合物，但是却大大加剧了大气环境的酸化，主要反应如式 (1.8)和式(1.9)所示：

$$\cdot OH+H_2S \longrightarrow HS+H_2O(\text{HS 经过多步反应之后生成 } SO_2) \tag{1.8}$$

$$H_2O+SO_2+\cdot OH \longrightarrow H_2SO_4 \tag{1.9}$$

最后，OH自由基还可以与大气中的含氯化合物、含溴化合物进行反应，将它们清理出大气，但是这种情况需要在含氯化合物、含溴化合物浓度较大时才会发生，且含氯化合物、含溴化合物种类繁多、关系复杂，在这里也就不一一列出了。

OH 自由基除了与上述几种大气中较为常见的物质反应之外，由于不同的下垫面性质各不相同，OH 自由基还存在着几种特定的汇。例如，在世界范围内远离人类活动的原始森林区域，科研人员发现植物自身排放的生物挥发性有机化合物包括异戊二烯、醇类、酯类、醚类等已经成为 OH 自由基一个重要的汇[14]。其中植物排放的异戊二烯作为自然界中排放量较大的一种天然挥发性有机物，其与 OH 自由基反应，生成甲基丙烯醛和甲基乙烯基酮等，由于该反应速率快，已经接近了测量仪器的设计极限，在森林区域研究 OH 自由基的汇和实测 OH 自由基浓度具有很大的难度。除了异戊二烯之外，植物排放的以萜烯为代表的烃类化合物也会被 OH 自由基氧化产生一氧化碳；而在人类生活的城市环境中，研究人员以汽车尾气中的甲苯为研究对象，发现在城市污染环境下，OH 自由基的汇主要是化石燃料燃烧生成的芳香烃[15]；在休斯敦的一次实地观测中发现，OH 自由基与含氧挥发性有机化合物(oxygenated volatile organic compounds，OVOCs)的反应也已经被认为是一个显著的 OH 自由基的汇[16]。由于下垫面环境的复杂性以及 OH 自由基的强氧化性和活性，在这里我们无法给出 OH 自由基所有的汇，因此在图 1.6 中只给出了 OH 自由基主要的汇。

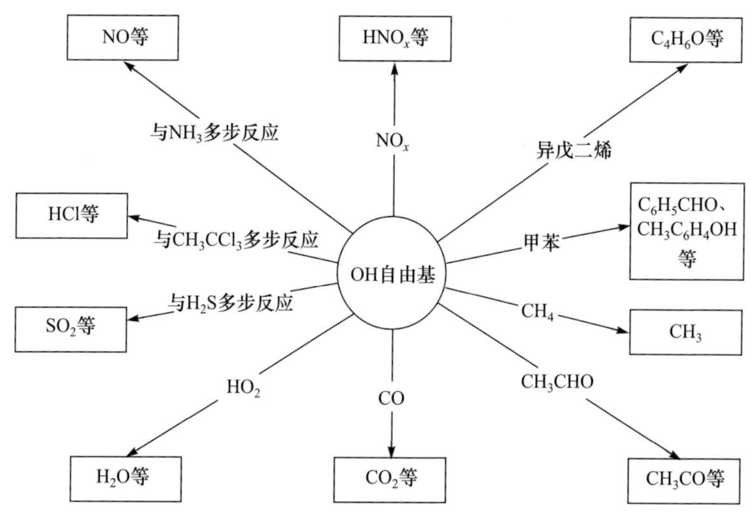

图 1.6　OH 自由基主要的汇

到这里，有些读者可能已经发现在上述 OH 自由基的源和汇中，有一种物质的存在很神奇，那便是 HO_2，它既可以作为 OH 自由基的源，也可以作为 OH 自由基的汇。那么这种物质和 OH 自由基有什么关系呢？

随着科研人员对大气中的 OH 自由基的研究越来越深，他们发现 OH 自由基的强活性导致其在奇氢族内存在着族内成分之间的循环反应。那么首先了解一下什么是奇氢族。平流层中包含大量的微量成分，而科研人员将这些微量成分分为几个族，如表 1.1 所示。族内成员之间可以通过光化学反应相互转化和平衡，而族与族之间的成分也会发生相互转化和平衡。以臭氧为例，奇氧族内成员，如基态氧原子、激发态氧原子和臭氧之间的转化时间尺度在毫秒至分钟之间；而表 1.1 中各族的成分有的相互重叠，则验证了各族之间的相互反应[17]。

表 1.1　平流层中主要元素族

族	主要物种
奇氧族 O_x	O，O_3，$O(^1D)$
奇氢族 HO_x	·OH，HO_2，HNO_2，HNO_3，HOCl，CH_3OOH
奇氮族 N_xO_y	N，NO，NO_2，NO_3，HNO_2，$BrONO_2$ 等
氯族 Cl_x	Cl，ClO，ClO_2，HOCl 等
溴族 Br_x	Br，BrO，$BrONO_2$ 等
甲基族 CH_xO_y	CH_3，CH_3O，CHO_3O_2，CH_3OOH 等
硫氧族 SO_x	SO，SO_2，SO_3 等

OH 自由基所在的族是奇氢族,同族内主要成分除了 OH 自由基之外就是 HO_2。这两种成分之间在清洁大气中可相互转化，一种物质的源往往又是另一种物质的汇，即 OH 自由基的源是 HO_2 的汇，OH 自由基的汇是 HO_2 的源，反之亦然，如式(1.10)所示：

$$\cdot OH+O \longrightarrow HO_2$$

$$HO_2+O \longrightarrow \cdot OH+O_2 \tag{1.10}$$

该反应的净反应是 $O+O \longrightarrow O_2$，主要发生在平流层上部。

$$\cdot OH+O_3 \longrightarrow HO_2+O_2$$

$$HO_2+O \longrightarrow \cdot OH+O_2 \tag{1.11}$$

该反应的净反应是 $O+O_3 \longrightarrow 2O_2$，主要发生在平流层中部。

$$\cdot OH+O_3 \longrightarrow HO_2+O_2$$

$$HO_2+O_3 \longrightarrow \cdot OH+2O_2 \tag{1.12}$$

该反应的净反应是 $2O_3 \longrightarrow 3O_2$，主要发生在平流层底部。

在这些反应中，奇氢族与奇氧族之间相互耦合的同时，也体现出奇氢族族内之间的相互转化，这些反应从另一个角度展现出 OH 自由基的强活性和强氧化性。

1.4　物 理 性 质

在了解 OH 自由基的源和汇之后，我们还需要通过 OH 自由基的光谱来了解一下 OH 自由基的一些物理性质。由于分子的光谱主要取决于电子能量、振动能量和转动能量的变化。在某些特定的条件下(如高温环境)，粒子之间的高速碰撞使得分子之间在各自由度上被全面地激发，当分子从高能级跃迁至低能级时，会产生相应频率的发射光谱，该发射光谱内蕴含气体分子的特征信息等，是分子的“指纹”。

1.4.1　谱线形成

OH 自由基作为典型的双原子分子，由两个原子核和若干个电子组成。虽然双原子分子是最简单的分子,但其分子结构和光谱相对于原子而言还是复杂得多。在双原子分子中，除了分子的平动和电子绕核的运动外，还存在着转动和振动两种附加的运动方式，其中转动是分子作为一个整体，绕着通过重心并且与两个原子核的连线相互垂直的轴转动；而振动是两个原子沿着核间轴彼此相对振动[18]。双原子分子的能量分布可以理解为：分子首先处在不同能量的电子能级上，在各自电子能级的基础上包含着多个振动能级，而每个振动能级中又分布着多个转动能级[19]。能级结构的近似表述如图 1.7 所示。

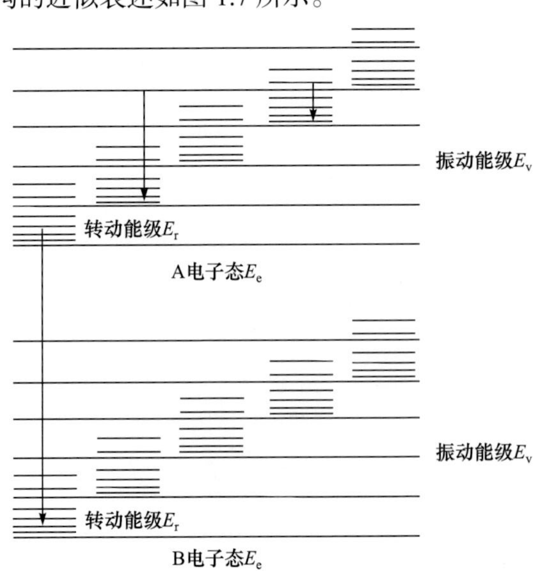

图 1.7　双原子分子的能级分布[20]

分子发射光谱主要是由不同电子态间各振动态和转动态之间跃迁产生的，称为电子带系光谱。分子中不同能级间的跃迁产生相应频率的分子光谱，如在远红外波段(10～1000μm)，主要是分子的转动光谱区，如图 1.7 中右侧的跃迁；在中红外波段(1.5～10μm)和近红外波段(0.75～1.5μm)，主要是分子的振动光谱区，如图 1.7 中居中的跃迁；在紫外波段到可见光波段(0.01～0.75μm)，主要是分子的电子跃迁光谱区，如图 1.7 中左侧的跃迁。高能级电子态向低能级电子态跃迁出现的带系，称为电子带系；而电子带系中由高能级振动态向低能级振动态跃迁出现的带系，称为振动带系；而振动带系中由每个高能级转动态向低能级转动态跃迁的转动分支，每个转动分支由多条转动谱线组成，最终形成分子发射光谱的基本结构——带状谱[20]。研究发现 OH 自由基光谱处于紫外波段(250～380nm)，由于大气中的 OH 自由基受到太阳能量的影响被激发到高能级，而处于高能级的 OH 自由基具有不稳定性，与周围分子发生碰撞(淬灭)或者发射 308nm 的荧光来释放能量。其中在 308nm 附近会产生 $A^2\Sigma^+—X^2\Pi(0,0)$ 的共振荧光(高能级以入射频率相同的光子返回基态时，发射光子波长与激发波长相同)，即 OH 自由基特征谱线。

1.4.2　谱线形状

OH 自由基在单位时间内所发射出的能量称为发射光谱的谱线强度(I_{nm})，可由式(1.13)[21]表达：

$$I_{nm} = N_n A_{nm} hc\nu_{nm} \tag{1.13}$$

式中，N_n 为高能级粒子数；A_{nm} 为自发发射爱因斯坦跃迁概率($n \rightarrow m$)；h 为普朗克常量；c 为光速；ν_{nm} 为跃迁频率。由式(1.13)可知，谱线强度与高能级粒子数、自发发射爱因斯坦跃迁概率及跃迁频率成正比。

直接计算 OH 自由基发射光谱需要引入量子力学的概念，严格的计算还需求解薛定谔方程。由 Luque 和 Crosley 编写的 LIFBASE 是一个经典的光谱仿真软件[22]，可用于获取不同温度下双原子分子(如 OH、CH、NO 等)的发射光谱、吸收光谱、激光诱导激发光谱，其计算结果已被相关实验研究人员当作理论谱线作为参考[23, 24]，具有较高的准确性。LIFBASE 软件能够计算不同温度的 OH 自由基发射、吸收光谱的位置及其形状，其仿真结果数据为归一化数据，可以用于临边散射辐射的计算。除了 OH 自由基发射光谱之外，OH 自由基还会产生吸收光谱。

在固定能级之间的每个量子的跃迁，造成了特征频率或波长上的发射或吸收。OH 自由基在温度 T 时吸收谱线强度 I 由式(1.14)[25]计算：

$$I = I' \times e^{\frac{-E(T'-T)}{TT'}} \times \frac{Q(T')}{Q(T)} \tag{1.14}$$

式中，I' 为温度 T' 时的 OH 自由基吸收谱线强度；E 为低能态能量；$Q(T)$ 为温度 T 时的配分函数。HITRAN 数据库中给出了 OH 自由基在温度为 296K 时的谱线强度、低能态能量及计算配分函数的必要参量，基于式(1.14)可计算出任意温度下的 OH 吸收谱线。

在辐射传输过程中基于 HITRAN 数据库，使用逐线积分法计算痕量气体的吸收作用，逐线积分法是计算大气分子吸收最直观的方法，可直接反映气体谱线吸收的物理本质，因此其精度是最高的。此外，与带模式或 K-分布法相比较，其光谱分辨率仅受到计算机运算能力的限制。理论上，运算步长越小则逐线积分法对原始光谱的还原能力越好，这对于超高分辨率的光谱分析需求具有重要的意义。逐线积分法的基本思想是：对于大气中的某一高度而言，其温度、压力条件是一定的，那么在确定的波数位置，其吸收截面是所有对该位置有影响的单线的贡献之和，即

$$k_\nu\left(p,T\right) = \sum_i S_i\left(T\right) f_{(\nu-\nu_i)}\left(p,T\right) \tag{1.15}$$

式中，i 为对 ν_i 位置有贡献的吸收线序号；ν_i 为该吸收线中心的位置。

各种气体单线的基本参数可以由量子力学理论计算得到，对于有限的光谱区间，它们的实验室资料数据也可检索到。根据理论计算以及实验室测量结果，Rothman 等[26]将 0～17900cm^{-1} 范围内的谱线参数编纂为 HITRAN 数据库，给出了 38 种成分的超过 100 万条谱线的资料，其中包括分子名称、同位素编号、谱线跃迁频率、吸收峰强度等，如表 1.2 所示。SCIATRAN 辐射传输模型中包含的谱线吸收库是基于 HITRAN(2012)数据库建立，而 OH 自由基紫外波段吸收谱线直到 HITRAN(2014)才被正式发布，研究过程中基于 HITRAN(2014)补齐了 SCIATRAN 吸收谱线数据库，如表 1.3 所示。

表 1.2 吸收谱线数据库中相关参数物理意义

参数	单位	物理意义
Mol	—	分子名称
Iso	—	同位素编号
wavenumber	cm^{-1}	谱线跃迁频率
S	cm^{-1}/(molec · cm^{-2})	吸收峰强度

续表

参数	单位	物理意义
G	$cm^{-1}\cdot atm^{-1}$[①]	空气展宽系数
Eo	cm^{-1}	跃迁低态能量
N	—	温度依赖系数
g_self	$cm^{-1}\cdot atm^{-1}$	自展宽系数
Ls	$cm^{-1}\cdot MHz^{-1}$	频率漂移系数

表 1.3　OH 自由基紫外波段部分吸收谱线参数

Mol	Iso	wavenumber	S	G	Eo	N	g_self	Ls
OH	1	29808.500698	7.701×10^{-43}	0.0526	11535.3973	0.66	0.03	0
OH	1	29920.792621	1.029×10^{-41}	0.0526	11017.2971	0.66	0.03	0
OH	1	30029.990659	1.194×10^{-40}	0.0526	10528.4516	0.66	0.03	0
OH	1	30136.071796	1.200×10^{-39}	0.0526	10069.4994	0.66	0.03	0
OH	1	30238.998235	1.041×10^{-38}	0.0526	9641.0507	0.66	0.03	0
OH	1	30243.316928	3.976×10^{-41}	0.0526	11529.2286	0.66	0.03	0
OH	1	30245.980410	2.122×10^{-42}	0.0526	11529.2286	0.66	0.03	0
OH	1	30329.393426	4.830×10^{-40}	0.0526	11011.9367	0.66	0.03	0
OH	1	30331.961277	2.863×10^{-41}	0.0526	11011.9367	0.66	0.03	0
OH	1	30338.715538	7.770×10^{-38}	0.0526	9243.6879	0.66	0.03	0
OH	1	30362.738134	6.129×10^{-40}	0.0526	10981.1598	0.66	0.03	0
OH	1	30408.902583	8.246×10^{-36}	0.0526	8319.6178	0.66	0.03	0
OH	1	30411.768372	5.041×10^{-39}	0.0526	10523.8644	0.66	0.03	0
OH	1	30414.225352	3.352×10^{-40}	0.0526	10523.8644	0.66	0.03	0
OH	1	30435.149808	4.973×10^{-37}	0.0526	8877.9676	0.66	0.03	0
OH	1	30446.479795	6.493×10^{-39}	0.0526	10491.6099	0.66	0.03	0
OH	1	30490.464934	4.504×10^{-38}	0.0526	10065.6454	0.66	0.03	0
OH	1	30492.796852	3.398×10^{-39}	0.0526	10065.6454	0.66	0.03	0
OH	1	30519.578503	1.215×10^{-34}	0.0526	7779.3512	0.66	0.03	0
OH	1	30526.763895	5.904×10^{-38}	0.0526	10031.6784	0.66	0.03	0
OH	1	30528.203448	2.722×10^{-36}	0.0526	8544.4245	0.66	0.03	0
OH	1	30565.492317	3.432×10^{-37}	0.0526	9637.8852	0.66	0.03	0
OH	1	30567.686033	2.973×10^{-38}	0.0526	9637.8852	0.66	0.03	0

① $1atm=1.01325\times10^{5}Pa$。

续表

Mol	Iso	wavenumber	*S*	*G*	Eo	*N*	g_self	Ls
OH	1	30603.650768	4.593×10^{-37}	0.0526	9601.9204	0.66	0.03	0
OH	1	30617.748831	1.268×10^{-35}	0.0526	8243.5761	0.66	0.03	0
OH	1	30627.531074	1.549×10^{-33}	0.0526	7269.6885	0.66	0.03	0
OH	1	30636.843875	2.221×10^{-36}	0.0526	9241.1616	0.66	0.03	0
OH	1	30638.887302	2.238×10^{-37}	0.0526	9241.1616	0.66	0.03	0

注：本表中各参数的单位及物理意义可参见表 1.2。

1.5 光学特征

基于 1.4 节的理论分析，可以通过 LIFBASE 软件绘制出一定浓度的 OH 自由基在不同温度情况下的发射谱线。中高层大气 3 个典型温度下的 OH 自由基发射谱线如图 1.8 所示。由图 1.8 可知，OH 自由基在紫外波段存在 5 个发射峰，分别位于 308.08nm、308.26nm、308.73nm、309.08nm、309.21nm。其中在 220K 温度下，在 308.08nm 处 OH 自由基归一化发射值达到了 0.93，在 308.26nm 处 OH 自由基归一化发射值达到了 0.99，在 308.73nm 处 OH 自由基归一化发射值达到了 1，在 309.08nm 处 OH 自由基归一化发射值达到了 0.98，在 309.21nm 处 OH 自由基归一化发射值达到了 0.84；在 240K 温度下，在 308.08nm 处 OH 自由基归一化发射值达到了 0.92，在 308.26nm 处 OH 自由基归一化发射值达到了 0.93，在 308.73nm 处 OH 自由基归一化发射值达到了 0.95，在 309.08nm 处 OH 自由基归一化发射值

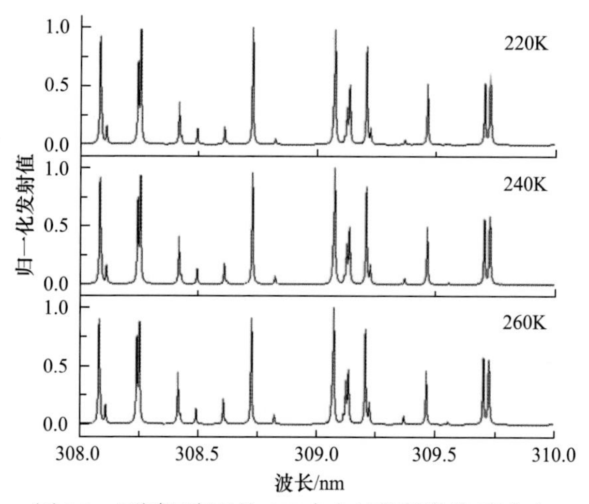

图 1.8　不同温度下的 OH 自由基发射谱线(真空中)

达到了 1,在 309.21nm 处 OH 自由基归一化发射值达到了 0.84;在 260K 温度下，在 308.08nm 处 OH 自由基归一化发射值达到了 0.90，在 308.26nm 处 OH 自由基归一化发射值达到了 0.88，在 308.73nm 处 OH 自由基归一化发射值达到了 0.90，在 309.08nm 处 OH 自由基归一化发射值达到了 1，在 309.21nm 处 OH 自由基归一化发射值达到了 0.82。由此可知，OH 自由基在紫外波段存在着强烈的发射，个别波段出现了 OH 自由基归一化发射值为 1 的情况。

通过谱线参数数据库计算求得 OH 自由基吸收光谱的碰撞增宽和多普勒增宽作用以及 OH 自由基吸收线强度分布，进而获得真空条件下不同温度 OH 自由基的吸收谱线。通过理论计算，绘制了中高层大气 3 个典型温度下的 OH 自由基吸收谱线，如图 1.9 所示。由图 1.9 可知，OH 自由基在紫外波段存在 3 个吸收峰。分别位于 308.08nm、308.26nm、308.73nm。其中在 220K 温度下，在 308.08nm 处 OH 自由基归一化吸收值达到了 1，在 308.26nm 处 OH 自由基归一化吸收值达到了 0.96,在 308.73nm 处 OH 自由基归一化吸收值达到了 0.74;在 240K 温度下，在 308.08nm 处 OH 自由基归一化吸收值达到了 1，在 308.26nm 处 OH 自由基归一化吸收值达到了 0.91，在 308.73nm 处 OH 自由基归一化吸收值达到了 0.74；在 260K 温度下，在 308.08nm 处 OH 自由基归一化吸收值达到了 1，在 308.26nm 处 OH 自由基归一化吸收值达到了 0.88，在 308.73nm 处 OH 自由基归一化吸收值达到了 0.74。由此可知，OH 自由基在紫外波段上存在着强烈的吸收。

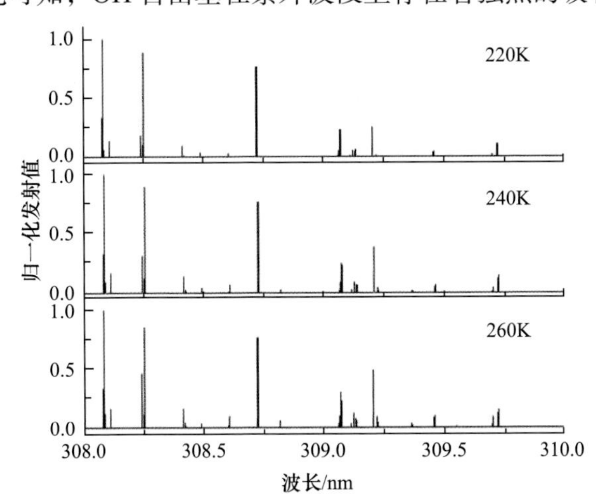

图 1.9　不同温度下的 OH 自由基吸收谱线(真空中)

参 考 文 献

[1] 宋艳玲，许黎. 大气中氢氧根(OH)自由基研究进展[J]. 气象科技, 2002, 30(5):262-265.

[2] 田洪海，朱玫，唐孝炎. 大气氢氧自由基测量技术研究进展[J]. 重庆环境科学，1997, (3):14-18.

[3] 唐孝炎. 大气环境化学[M]. 北京：高等教育出版社, 1990.

[4] Stevens P S, Mather J H, Brune W H. Measurement of tropospheric OH and HO_2, by laser-induced fluorescence at low pressure[J]. Journal of Geophysical Research Atmospheres, 1994, 99(D2):3543-3557.

[5] 刘宝宜. 大气过氧自由基化学放大测定方法及其在化学动力学中的应用[D]. 西安：陕西师范大学, 2007.

[6] 刘灿. 珠三角大气 OH 自由基及其对挥发性羰基化合物的去除作用[D]. 广州：暨南大学, 2009.

[7] Mount G H, Williams E J. An overview of the tropospheric OH photochemistry experiment, Fritz Peak/Idaho Hill, Colorado, fall 1993[J]. Journal of Geophysical Research Atmospheres, 1997, 102(D5):6171-6186.

[8] Poppe D, Zimmermann J, Bauer R, et al. Comparison of Measured OH concentrations with Model Calculations[J]. Journal of Geophysical Research, 1994, 99(D8):16633-16642.

[9] Houghton J T, Meira Filho L G, Bruce J, et al. Climate change 1994：Radiative Forcing of Climate Change and an Evaluation of IPCC IS92 Emission Scenarios[M]. Cambridge：Cambridge University Press，1994: 86.

[10] 王明星. 大气化学[M]. 2 版. 北京：气象出版社, 1999.

[11] Millán L, Wang S, Livesey N, et al. Stratospheric and mesospheric HO_2 observations from the Aura Microwave Limb Sounder[J]. Atmospheric Chemistry and Physics, 2015, 14(16): 22905-22938.

[12] 陈浩. 基于激光诱导荧光技术的大气 OH 自由基测量方法研究[D]. 合肥：中国科学技术大学, 2017.

[13] Pickett H M, Read W G, Lee K K, et al. Observation of night OH in the mesosphere[J]. Geophysical Research Letters, 2006, 33(19):277-305.

[14] Kesselmeier J, Staudt M. Biogenic volatile organic compounds (VOC): An overview on emission, physiology and ecology[J]. Journal of Atmospheric Chemistry, 1999, 33(1):23-88.

[15] 聂劲松, 秦敏, 杨勇,等. 用烟雾箱研究甲苯与 OH 自由基光化学反应[J]. 原子与分子物理学报, 2002, 19(3):304-306.

[16] Mao J, Ren X, Chen S, et al. Atmospheric oxidation capacity in the summer of Houston 2006: Comparison with summer measurements in other metropolitan studies[J]. Atmospheric Environment, 2010, 44(33):4107-4115.

[17] 秦瑜, 赵春生. 大气化学基础[M]. 北京：气象出版社, 2003.

[18] 郭远清. 电磁场中自由基分子振动转动光谱与结构特性研究[D]. 武汉：中国科学院研究生院(武汉物理与数学研究所), 2001.

[19] 王明才. 氨基酸的太赫兹时域光谱研究[D]. 长春：吉林大学, 2010.

[20] 陈龙. 基于 OH 自由基发射光谱测量火焰温度技术的研究[D]. 哈尔滨：哈尔滨工业大学, 2013.

[21] Goldman A, Gillis J R. Spectral line parameters for the $A^2\Sigma^+ — X^2\Pi$ (0,0) band of OH for atmospheric and high temperatures[J]. Journal of Quantitative Spectroscopy and Radiative Transfer, 1981, 25(2):111-135.

[22] Luque J, Crosley D R. LIF base: Database and spectral simulation program (version 1.5)[J]. SRI International Report MP, 1999,99(9): 1-21.

[23] Bruggeman P, Verreycken T, González M Á, et al. Optical emission spectroscopy as a diagnostic for plasmas in liquids: opportunities and pitfalls[J]. Journal of Physics D Applied Physics, 2010, 43(12):124005.

[24] 鲁晓辉, 孙明, 郝夏桐, 等. 用 LIFBASE 分析高压脉冲放电过程 OH 自由基的转动温度[J]. 上海海事大学学报, 2014, 35(4):89-94.

[25] Pellerin S, Cormier J M, Richard F, et al. A spectroscopic diagnostic method using UV OH band spectrum[J]. Journal of Physics D Applied Physics, 1999, 29(3):726-739.

[26] Rothman L S, Gamache R R, Goldman A, et al. The HITRAN database: 1986 edition[J]. Applied Optics, 1987, 26(19):4058-4097.

第 2 章　OH 自由基探测基本原理

从 1950 年 Bates 和 Nicolet 发表的论文[1]提出由太阳辐射引起的中间层水汽解离产生氢原子和 OH 自由基开始，科研人员利用各种平台搭载传感器对大气中的奇氢族及相关的大气光化学反应进行了研究。奇氢族 HO_x 中的 OH 自由基虽然在大气中混合比例仅占万亿分之一，但是其对各个高度的大气层都有着显著影响。随着研究的深入，全球尺度上的 OH 自由基观测变得越来越重要，也越来越有必要。复杂的化学测定方法和昂贵的地基观测手段虽然在精度上满足了研究的要求，但是在研究全球范围内的问题时，却处处受限制，无法满足科学研究的需求。航空航天技术以及遥感探测手段的迅猛发展，使得通过卫星平台携带传感器探测 OH 自由基变为可能。本章将通过介绍传统理化模式、探空气球以及飞机、卫星载荷和地基传感器等来介绍 OH 自由基探测原理与方法。

气态 OH 自由基测量方法有光谱法和非光谱法两类。光谱法包括激光诱导荧光法和差分光学吸收光谱法等，这些是基于 OH 自由基的光学性质来测量的；非光谱法包括 ^{14}CO 氧化法、辅助离子测量法和电子自旋法等化学转化方法，这些是基于大气 OH 自由基的化学性质来测量的[2]。从原理上还可以把 OH 自由基的测量方法分为直接法和间接法两种。直接法是直接测量由 OH 自由基浓度引起的净信号响应，进而获取 OH 自由基浓度；间接法测量的信号响应则是由与 OH 自由基密切相关的其他大气成分引起的，这些大气成分与 OH 自由基浓度之间存在化学上的定量联系，进而确定 OH 自由基的分布和浓度。

现阶段 OH 自由基的探测方式主要有地基探测和卫星载荷探测两种探测模式，其中地基探测模式主要由精度较高、测量原理方法相对简单的光谱法组成，可探测大气边界层至对流层的 OH 自由基浓度；卫星载荷探测则主要利用 OH 自由基的太阳共振荧光信号和热发射信号来获取 OH 自由基在中高层大气中的分布。由于卫星载荷探测获取的数据具有全球性大尺度的特点，对于研究全球气候变化、污染物时空分布及传输具有重要意义，所以近年来各国都将研究的重心放在可搭载在卫星上的空基传感器方面。下面通过介绍传感器以及研究团队的实验活动来简单地介绍研究 OH 自由基的各种方法。

2.1　理化方法探测 OH 自由基

早期科研人员对大气环境进行采样，然后通过各种物理方法或者化学方法探测大气环境中的种种物质。本节将介绍科研人员开发的可用于探测 OH 自由基的物理方法和化学方法，其中物理方法多是基于 OH 自由基的物理性质，主要包括激光诱导荧光法等；化学方法多是利用 OH 自由基与其他物质的反应，间接确定 OH 自由基的浓度，主要包括 CO 示踪氧化法等。

2.1.1　激光诱导荧光技术及气体扩张激光诱导荧光技术

激光诱导荧光(laser-induced fluorescence，LIF)技术是利用一束已经调谐至特定波长的激光照射某种原子或者分子，使之恰好发生由低电子态向高电子态的共振跃迁随即自发辐射放出荧光的技术。

在环境温度下，OH 自由基处于基态的两个最低转动能级上。现阶段 LIF 对 OH 自由基的激发可选择两条吸收线，即 $A^2\Sigma^+ \leftarrow X^2\Pi(1,0)$ 吸收线和 $A^2\Sigma^+ \leftarrow X^2\Pi(0,0)$ 吸收线。前者吸收波长位于 282nm 附近，故称为 282nm 激发机制；后者吸收线位于 308nm 附近，故称为 308nm 激发机制。相较于 282nm 激发机制，308nm 激发机制与测量 OH 自由基荧光中心波长(309nm)接近，所以早期 308nm 激发机制应用起来较难，科研人员多使用 282nm 激发机制[2]。最基本的 LIF 测定系统由可调谐燃料激光器组成的激发光源、气体荧光池以及可将 OH 自由基荧光信号转换为电信号的检测系统三部分组成，如图 2.1 所示。

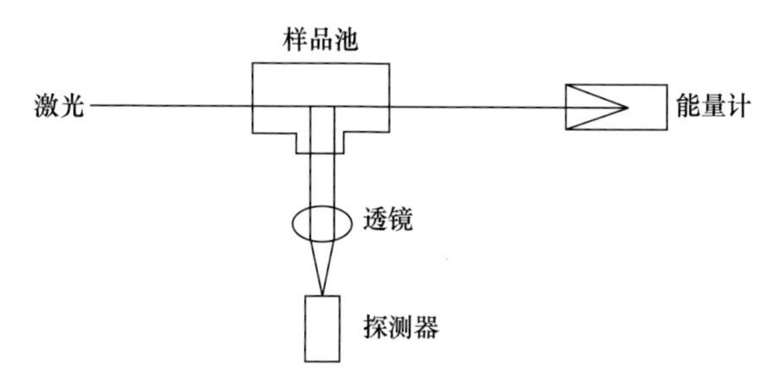

图 2.1　激光诱导荧光实验装置原理图[2]

随着科研人员对 OH 自由基探测灵敏度和分辨能力要求越来越高，以及科学技术的发展，1984 年 Hard 在传统 LIF 技术上开发了基于低压环境的激光诱导荧光技术，并应用到外场环境中测量对流层 OH 自由基[3]。该方法被称为气体扩张激光诱导荧光(fluorescence assay by gas expansion，FAGE)法，具有代表性的设备如图 2.2 所示[4]。该方法在传统的 LIF 系统基础上设计了特制的反应腔来实现气体的膨胀扩张，通过使用高频脉冲激光持续激发 OH 自由基产生荧光信号，以便检测器检测到荧光信号的强度，结合定标系统获得准确的 OH 自由基浓度信息。受到 LIF 系统的影响，早期的 FAGE 系统仍使用 282nm 激发机制，虽然装置内的臭氧浓度相对很低了，但是在高频脉冲激光能量的环境下，干扰仍然很显著。后期改进的 FAGE 技术在使用 308nm 激发机制之后得到较好的改善，臭氧在 308nm 处的干扰比在 282nm 处小 30 倍，降低至低于 10^5molecules/cm^3，使 OH 自由基探测灵敏度大大提高。

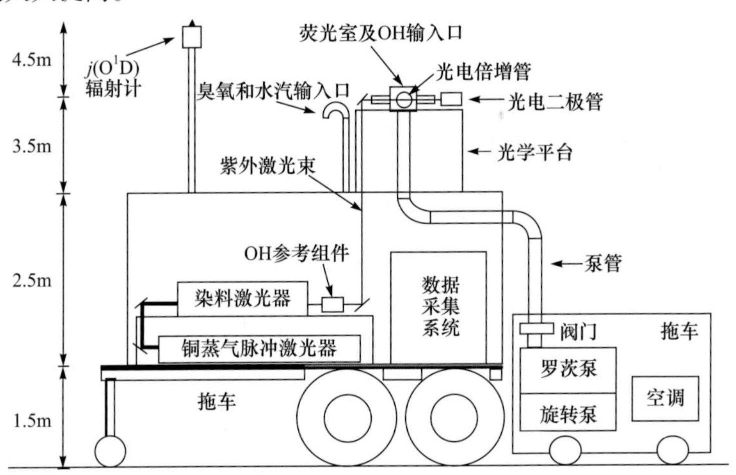

图 2.2　FAGE 技术的 OH 自由基测量系统(根据文献[4]修改)

2.1.2　差分吸收光谱技术

20 世纪 70 年代，Perner 等利用差分吸收光谱(differential optical absorption spectroscopy，DOAS)技术开始探测对流层大气中的 OH 自由基。DOAS 系统可以分为主动 DOAS 系统和被动 DOAS 系统。主动 DOAS 系统自身具备光源系统，以长光程差分吸收光谱(long-path differential optical absorption spectroscopy，LP-DOAS)技术为代表；而被动 DOAS 系统则是通过测量太阳散射光，进而反演大气中的痕量气体，以多轴差分吸收光谱(multi-axis differential optical absorption spectroscopy，MAX-DOAS)技术为代表。基于 LP-DOAS 技术测量大气中的 OH 自由基是目前应用较为广泛、技术较为成熟的大气 OH 自由基浓度测量方法，系统如图 2.3 所示[5]。该方法的基本原理是由于 OH 自由基的吸收遵循比尔–朗伯(Beer-Lambert)定律，其吸收截面可分为窄带(快变)和宽带(慢变)部分。LP-DOAS 系统就是利用空气中 OH 自由基的窄带吸收特性来识别气体成分，根据窄带吸收强度来反演痕量气体的浓度[6]。该系统利用了光线在大气中传输时，大气中的 OH

自由基对光线作选择性吸收，通过比较吸收前后的光线光谱轮廓，再结合大气 OH 自由基标准光谱吸收截面，就可以获取大气中 OH 自由基的浓度信息。LP-DOAS 系统由光学系统、测量和数据处理系统两大部分组成。其中光学系统主要由光源、望远系统和角反射镜组成；测量和数据处理系统主要由光谱仪、CCD 探测器和后处理系统组成。进行大气 OH 自由基测量时，一方面，首先，利用高分辨率光谱仪将光学系统中光源的灯谱采集下来。其次，将角反射镜组架至合适位置、仪器调试完毕之后开始测量。测量得到的大气 OH 自由基吸收光谱通过偏置以及暗电流校正这些前期处理之后，除以灯谱获取比值光谱。最后，通过高通滤波、取对数等去除瑞利散射和米散射产生的宽带结构的影响，通过低通滤波处理达到减少高频噪声影响的目的，最终完成大气 OH 自由基的差分光学密度的获取。另一方面，首先，通过汞灯定标获取 LP-DOAS 系统中光谱仪的仪器函数。其次，将 OH 自由基高分辨率参考吸收截面与仪器函数进行卷积，获取 OH 自由基吸收截面。最后，通过高通滤波以及低通滤波等步骤，最终完成 OH 自由基标准吸收截面的获取。这一系列处理结束之后，将 OH 自由基的差分光学密度与 OH 自由基标准吸收截面作非线性最小二乘法拟合，利用误差分析方法定量确定 LP-DOAS 系统反演大气 OH 自由基浓度的误差，就可以获取误差校正之后的大气 OH 自由基浓度。该方法最大的优势是避免了复杂的定标程序。

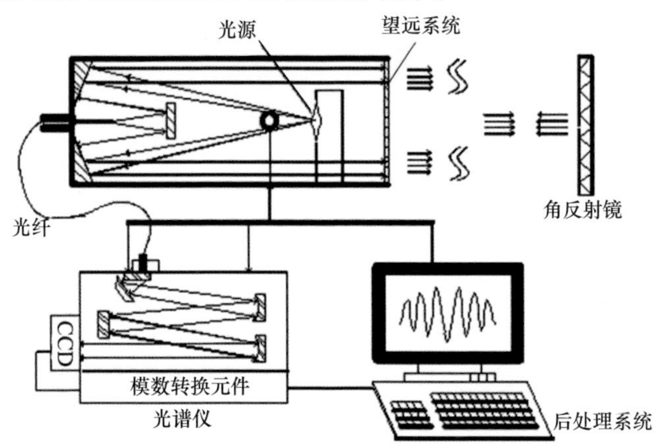

图 2.3　LP-DOAS 系统原理图(根据文献[5]修改)

2.1.3　化学离子质谱技术

1989 年佐治亚理工大学利用化学离子质谱(chemical ionization mass spectrometry, CIMS)技术[7]开始了 OH 自由基探测。化学离子质谱技术是一种基于 OH 自由基化学特征的离子辅助测量方法。该方法由于收集的是 OH 自由基的离子而非光子，所以具有更高的收集效率，相较于 2.1.1 节和 2.1.2 节基于光子的方法而言具有更高的探测灵敏度。OH 自由基在一对一基底(滴定)上转化为分子，这一过程只需要

10～20ms，相较于其 0.1～1s 的化学寿命短得多，利用离子选择性化学离子质谱仪可将其稳定地离子化和测量。

利用 CIMS 技术的 OH 自由基测量系统如图 2.4 所示[8]。将环境大气抽取至一个大气压的流动管反应器中，此时 OH 自由基通过反应被滴定进入由同位素标记的 $H_2{}^{34}SO_4$ 中：

$$\cdot OH + {}^{34}SO_2 + M \longrightarrow H^{34}SO_3 + M \tag{2.1}$$

$$H^{34}SO_3 + O_2 \longrightarrow {}^{34}SO_3 + HO_2 \tag{2.2}$$

$${}^{34}SO_3 + H_2O + M \longrightarrow H_2{}^{34}SO_4 + M \tag{2.3}$$

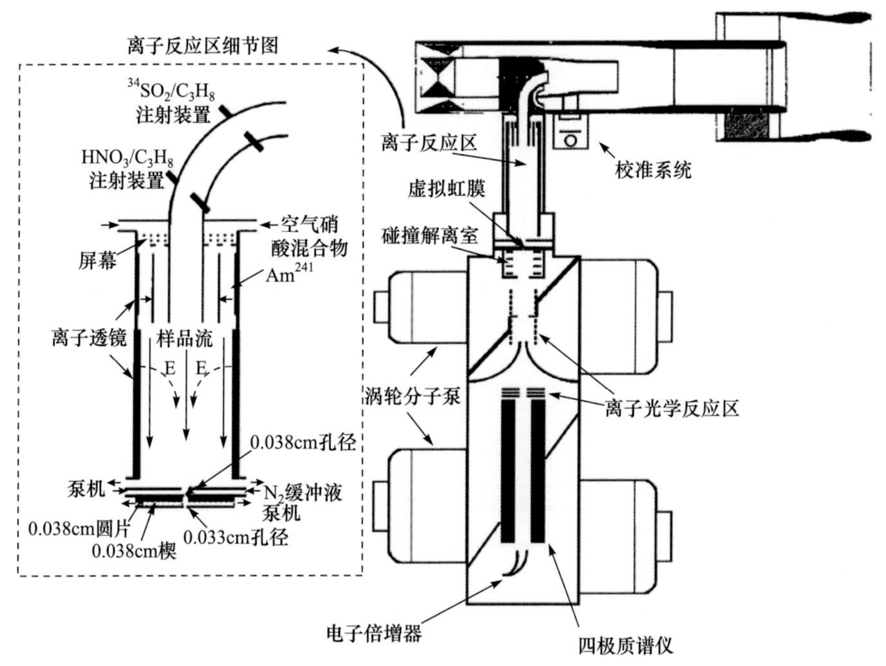

图 2.4 基于 CIMS 技术的 OH 自由基测量系统(根据文献[8]修改)

反应(2.1)在整个反应中是最慢的步骤，OH 自由基在 10～20ms 时间内与足量的 ${}^{34}SO_2$ 反应完成转化。利用携带 NO_3^- 核心离子的电荷在大气压力下将 $H_2{}^{34}SO_4$ 转移反应电离，其中 NO_3^- 离子是在饱含 HNO_3 气体的分离鞘内产生的，以保证更低的背景信号。然后电场将气体引导进入滴定样品气体中。$H_2{}^{34}SO_4$ 与 NO_3^- 主要存在形式的 $NO_3^- \cdot HNO_3$ 簇反应产生 $H^{34}SO_4^-$ 离子。

$$NO_3^- \cdot HNO_3 + H_2{}^{34}SO_4 \longrightarrow H^{34}SO_4^- \cdot HNO_3 + HNO_3 \tag{2.4}$$

$H^{34}SO_4^- \cdot HNO_3$ 在一个碰撞分解腔内被分成 $H^{34}SO_4^-$ 和 HNO_3，利用差分泵浦

四极质谱仪测量 $H^{34}SO_4^- / NO_3^-$ 离子比，得出 $H_2{}^{34}SO_4$ 浓度，进而计算 OH 自由基的浓度。由于自然条件下 $^{34}SO_2$ 的存量极低，当生成的 $H_2{}^{34}SO_4$ 反应的 $H^{34}SO_4^-$ 信号是非常低的，采样时候要特别注意充分的混合。由于 $H^{34}SO_4^- / NO_3^-$ 离子比、反应时间以及反应(2.4)的速率常数都是不确定的，还需要利用汞灯 185nm 线光解水汽产生已知浓度 OH 自由基来进行精确定标。

上述便是研究和测量 OH 自由基现阶段较为常用的三种方法，但是其各自存在优缺点，如表 2.1 所示。

表 2.1　FAGE、DOAS、CIMS 优缺点对比

监测技术	优点	缺点
FAGE 技术	(1) 瑞利散射、米散射、拉曼散射会随着压力的降低而下降，且干扰背景杂散光信号的下降趋势相对于荧光信号快得多，可以提高荧光的探测效率 (2) 激发脉冲时间很短，且低压条件可以提高荧光寿命，便于采用电子门控系统来探测荧光信号，有效地鉴别荧光和激光杂散光 (3) 在采样口下端对膨胀气流加入反应物，可以方便地对待测物进行化学转换，或者将干扰成分去除 (4) 由于产生路径上的发射动力学的作用，其他激光光解干扰物的浓度在气体扩张条件下会有所降低 (5)可在复杂的大气环境下对 OH 自由基进行测量	(1) 低压下的激发需要更高的激发效率 (2) 需要加入昂贵且笨重的泵组对大气气体进行采样 (3) 需要优化喷嘴小孔的流体结构，适当减少壁损耗效应
DOAS 技术	测量所得 OH 自由基是绝对值，不需要复杂的定标过程	(1) 由于其他吸收物的干扰没有完全去除，对于 OH 自由基的探测灵敏度低 (2) 昂贵的激光系统、复杂的数据解析过程、较低的空间分辨率以及长光程的要求使得该方法难以用于外场 OH 自由基的测量
CIMS 技术	由于是基于 OH 自由基的化学性质，拥有光谱法无可比拟的收集效率	(1) 需要利用汞灯 185nm 线光解水汽产生已知浓度的 OH 自由基以完成现场定标 (2) 受到大气中其他离子干扰较大

2.1.4　其他探测技术

除了 LIF(FAGE)、LP-DOAS 以及 CIMS 这三种最常用的测量 OH 自由基的技术之外，国内外被报道使用的 OH 自由基测量的技术还有 ^{14}CO 氧化法、水杨酸捕集法、电子自旋共振法等。

^{14}CO 氧化法是将少量的 ^{14}CO 加入空气中，利用 OH 自由基的氧化性与之反应生成 $^{14}CO_2$，利用灵敏度极高的放射性气体正比计数器即可实现 $^{14}CO_2$ 的准确测量。最后利用 $^{14}CO_2$ 浓度、富集系数、反应速率常数以及反应时间得出 OH 自由基浓度[9]。由于该方法得到的是 OH 自由基的绝对值，所以不需要进行复杂的定标过程，但是该方法对于同位素的标记和分离要求较高。

水杨酸捕集法是利用 OH 自由基的氧化性，对水杨酸(OHBA)的氧化特性进行 OH 自由基的测量。将采集的大气样品通过水杨酸的溶液或者液膜，此时大气中 OH 自由基会氧化水杨酸得到稳定的荧光产物二羟基苯甲酸，将生成的二羟基苯甲酸通过液相色谱定量测定之后，利用二羟基苯甲酸和其产率即可得到 OH 自由基浓度[10, 11]。虽然基于该方法的仪器易于携带，化学原理简单易懂，但是由于基于化学方法测量 OH 自由基，需要昂贵的化学试剂和复杂的化学实验过程，同时受到大气中臭氧、氮氧化物的影响较大，所以该方法并没有在后续的实地测量中大规模应用。

电子自旋共振法是通过电子自旋捕捉剂 4-POBN(*α*-4-pyrdyl-*N*-feri-butylnitrine *α*-1-oxide)与 OH 自由基反应得到稳定的 4-POBN 羟基加和物(4-OH-POBN)进行 OH 自由基浓度的测量。通过测定该物质的浓度来间接实现大气 OH 自由基浓度的测定[12]。日本东京大学曾经利用该方法进行了东京市 6～10km 高度 OH 自由基飞机载荷实验，但是并没有获得较好的结果，所以从 1982 年开始就很少有科研人员使用该方法进行 OH 自由基的测量与研究。

全球范围内 LIF(FAGE)、DOAS 以及 CIMS 这三种常用的 OH 自由基测量方法只掌握在少数科研团队手中，每个科研团队所获得的数据质量也不尽相同。例如，德国 Julich 研究中心的 FAGE 设备在信噪比是 2、积分时间 50s 的情况下测量 OH 自由基浓度的极限为 6×10^5molecules/cm^3，英国利兹大学在积分时间 180s 内测量 OH 自由基浓度的极限是 4.5×10^5 molecules/cm^3，而北京大学在信噪比相同的情况下，30s 积分时间内测量 OH 自由基浓度的极限只有 1.4×10^5molecules/cm^3。而且这三种方法测量 OH 自由基时都需要昂贵的仪器和极为专业的操作人员才可以获得有效的 OH 自由基研究数据，这就导致了利用这三种方法进行全球 OH 自由基观测和研究是不现实的。而相较于 LIF(FAGE)、DOAS 以及 CIMS 这三种常用的 OH 自由基测定方法，以上介绍的 ^{14}CO 氧化法、水杨酸捕集法和电子自旋共振法可在实验室进行 OH 自由基的理论研究，但在实际复杂大气环境中的应用受污染物等干扰，无法满足外场环境下的 OH 自由基高灵敏度、高精度的探测需求，所以后续关于这些方法的研究越来越少。有科研人员将全球范围内已知的现场测量 OH 自由基实验进行对比，发现由于 OH 自由基的高活性和高氧化性以及气象条件的复杂性，所有现场实测的数据都可以很好地解释实地测量结果，但是很难解释全球范围内 OH 自由基的问题。为了突破技术的限制，达到 OH 自由基全球测量的目标，科研人员开始考虑从更高的平台、更广阔的视野探测和研究全球范围内 OH 自由基。

2.2　探空气球和飞机载荷探测 OH 自由基

随着遥感技术的飞速发展，科研人员首先想到利用卫星搭载传感器进行全球范围内 OH 自由基的研究，但是早期使用卫星的成本很高，卫星运载技术不成熟，且当时处于冷战时期，卫星多用于侦察有价值的目标等军事用途，所以在当时的条件下直接使用卫星平台搭载科研仪器并不现实，而且平流层及以下区域利用探空气球或者飞机进行探测的准确度较高，数据回收较快，技术更加成熟，经济性也更好，对于早期验证在高空环境中 OH 自由基探测技术是一种不错且可行的平台。

2.2.1　探空气球探测 OH 自由基

20 世纪 80～90 年代，国外利用探空气球可稳定漂浮于研究大气高度的特性进行过多次大气研究，其中美国阿拉巴马大学团队在帕勒斯坦美国国家科学气球中心(Palestine National Scientific Balloon Facility)的支持下，利用探空气球进行的两次探空实验是首次利用高光谱分辨率紫外成像光谱仪获得大气中 OH 自由基 $A^2\Sigma^+—X^2\Pi(0,0)$ 波段数据。此次使用的高光谱分辨率紫外成像光谱仪可以在 3075.8～3085.0Å 的范围内以 0.08Å 的半峰全宽分辨率成像，其优秀的仪器设计使得该仪器可以在明亮且复杂的大气瑞利散射条件下分离出 OH 自由基数据。在 1983 年 8 月 25 日的飞行中，仪器获得了 30km 高和 40km 高处的 2 条临边观测数据；在 1986 年 6 月 12 日的飞行中，仪器获得了 40km 高处的 4 条临边观测数据。该实验团队将获得的数据与之前利用其他方法观测得到的 OH 自由基数据以及在相同环境条件下运行的理论模型做对比，发现利用该仪器是可以获得平流层 OH 自由基浓度的高度和昼夜信息的[13]。随后加拿大空气质量研究院的科研人员在 2002 年 9 月 3 日和 2004 年 9 月 1 日利用搭载在 MANTRA 平流层探空气球上的中等分辨率光栅光谱仪进行了两次探测实验：在 2002 年的实验中，探空气球于世界统一时间(以下简称 UTC 时间)08 点 01 分从(52.021°N，107.031°W)处升空，在 UTC 时间 10 点 45 分到达指定漂浮高度 37.5km 处，在 UTC 时间 02 点整于(52.271°N，100.991°W)处结束飞行实验；在 2004 年的实验中，探空气球于 UTC 时间 14 点 33 分从 2002 年实验的相同出发点升空，在 UTC 时间 17 点 31 分到达 37.35km 高处。在采集了一天的数据之后，在 UTC 时间 02 点 40 分于(51.431°N，108.441°W)处终止飞行计划，结束实验。这两次飞行实验中探空气球上的中等分辨率光栅光谱仪正常运行，但是由于载荷方位角控制系统和 2004 年实验中遥测命令系统的问题，采集的数据有超过一半不能使用。但是通过仪器探测的太阳直射能量与大气散射背景值，科研人员获取了 OH 自由基在 308nm 附近的太阳共振荧光信号，很好地反演出 OH 自由基浓度信息[14]。这两次实验均证明空载传感器利用 OH 自由基在紫外波段的太阳共振荧光探测 OH 自由基的可行性。

除了利用 OH 自由基在紫外波段的太阳共振荧光之外，国外还有团队利用 OH 自由基在 2.5THz 的热发射信号来探测 OH 自由基。美国加州理工学院喷气实验室的科研人员利用搭载在探空气球吊篮上的远红外傅里叶变换光谱仪(far-infrared Fourier transform spectrometer-2，FIRS-2)获取的 OH 自由基数据与同一时期星载 OH 自由基数据验证三组改进过动力学参数的大气光化学模型模拟值的准确性。在这三组改进的大气光化学模型中，其中在原模型上改进了“O+OH 反应系数”和“OH+HO_2 反应系数”这一组大气光化学模型的模拟值，较好地反映了卫星观测值，证明了利用改进模型得到的模拟值可以较好地还原传感器的 OH 自由基的测量值，推进了大气光化学的理论研究[15]。

2.2.2 飞机载荷探测 OH 自由基

除了利用探空气球这一稳定的平台进行高视野的 OH 自由基探测以及探测仪器的研究之外，科研人员还利用了机载平台搭载 OH 自由基探测仪器进行大气中 OH 自由基的探测。在这一系列研究中，以 1996 年宾夕法尼亚州立大学帕克分校气象学院和美国国家航空航天局(National Aeronautics and Space Administration, NASA)兰利研究中心的科研人员利用 DC-8 型飞机进行的“亚音速飞机凝结尾迹和云效应的特殊研究”(subsonicaircraft contrails and clouds effect special study，SUCCESS)，这一课题研究具有一定的代表性。该研究使用了当时较为先进的被称为“机载对流层氢氧化物传感器”(airborne tropospheric hydrogen oxide sensor，ATHOS)来探测 OH 自由基。该仪器首次将 LIF 技术和 FAGE 技术应用到机载 OH 自由基探测载荷中。ATHOS 位于 DC-8 飞机的前货舱中，从飞机下方对空气进行采样。由于 SUCCESS 并不是专门的 OH 自由基研究实验，大多数时候 DC-8 飞机都是在云和飞机的凝结尾迹中飞行，在这些情况下是无法进行 OH 自由基的研究的，所以科研人员在 1996 年 4 月 29 日和 5 月 10 日的两次飞行实验中进行了无云情况下的 OH 自由基研究，具有重大的现实意义：第一次实验飞行是在俄克拉荷马州的 CART 站点上空进行的。CART 站点的云雷达和微脉冲激光雷达数据以及卫星影像显示在距实验地点近 6km 处有一些卷云。此次 OH 自由基的浓度在 0.1～0.5pptv①范围内。科研人员将观测结果与哈佛大学开发的改进的两种昼夜稳态光化学模型(diel steady-state photochemical model)的模拟值进行对比：第一种昼夜稳

① pptv 为体积混合比万亿分，表示大气成分的体积和与之共存的空气的体积之比(万亿分之一)。

态光化学模型利用气候学改进了云的反照率，第二种昼夜稳态光化学模型利用 Eppley 辐射计的测量值来改进云的反照率。此次实验中的大部分观测值与第二种昼夜稳态光化学模型模拟值较为吻合，但是由于云的存在，整个观测值是模拟值的 1.03 倍。第二次飞行实验中 DC-8 飞机从堪萨斯州的萨莱纳城飞行至加利福尼亚州的莫菲特场，在着陆之前，DC-8 飞机在加利福尼亚州的萨克拉门托山谷采集了 OH 自由基的高度廓线数据。数据范围为 4～12km 高度处。由于此次实验是在完全晴空状态下进行的，所以使用气候学或者 Eppley 辐射计来反映云的反照率结果基本相同，但是观测值比模型模拟值大 1.5～6 倍。SUCCESS 任务获得了 0～12km 高度上 OH 自由基浓度廓线和随时间变化的趋势，但是测量值与模型模拟值之间的差异问题仍然存在。科研人员认为出现此种情况的可能性是 ATHOS 定标错误[16]。不过由于时代的局限性，当时的科研人员只能认识到激发态的氧[$O(^1D)$]和水汽是 OH 自由基主要的源，而 OH 自由基和 HO_2 反应是 OH 自由基主要的汇，在这里我们提出怀疑，有可能是早期科研人员对于 OH 自由基源和汇的研究不足而导致了上述错误的发生，但是后续有关 SVCCESS 任务的论文并没有刊出。

随着机载 OH 自由基探测技术的成功，科研人员验证了相关技术是可以搭载在卫星平台上进行大范围全球 OH 自由基的探测的，便着手研发星载 OH 自由基传感器。

2.3　卫星载荷探测 OH 自由基

2.3.1　探测原理

科研人员通过在实验室以及上述一系列的实验发现探测中高层大气 OH 自由基最合适、最灵敏的波段是紫外波段，仪器通过获得该波段区域上的 OH 自由基共振荧光的辐射强度来测定 OH 自由基的含量。随着空间外差光谱技术的出现，国外科研人员在验证了其在太空长时间测量的可行性之后，将其应用在了 OH 自由基探测上，该技术具有更高光谱分辨率，使得探测大气中的 OH 自由基更加精确。但是受制于光谱范围和光谱分辨率的相互约束，空间外差光谱技术发展较慢，随后科研人员基于 OH 自由基在 2.5THz 的热发射信号研发了太赫兹临边探测技术，通过另一个波段来获得更加精确的 OH 自由基探测数据。以下简单介绍星载传感器探测 OH 自由基的三个典型应用。

2.3.2　应用

1. 中层大气高分辨率光谱探测仪

中层大气高分辨率光谱探测仪(middle atmosphere high resolution spectrograph investigation, MAHRSI)是专门用于从外太空的视角获得中间层大气 OH 自由基和一氧化氮等大气微量物质垂直密度分布廓线的仪器，如图 2.5 所示。该仪器由四个子系统组成：望远镜/摄谱仪组件、电子控制组件、探测器组件以及高压电源供电组件[17]。

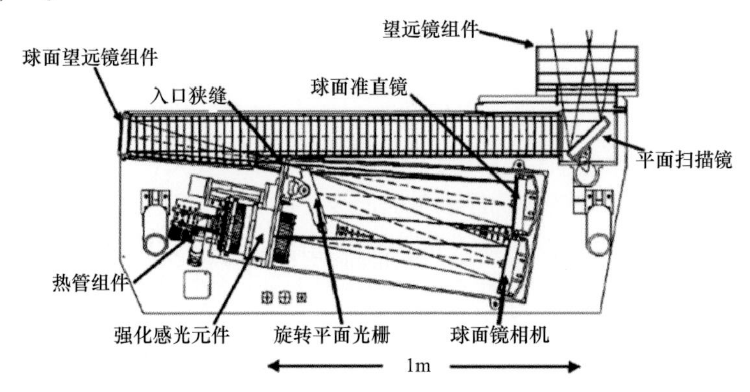

图 2.5　MAHRSI 组件图(根据文献[17]修改)

传感器被安装在通过航天飞机投放和回收的用于探测大气的低温红外传感器和望远镜(cryogenic infrared spectrometers and telescopes for the atmosphere-shuttle pallet satellite, CRISTA-SPAS)卫星上，由于是早期具有实验性质的仪器，对于 OH 自由基的观测仅限于有太阳光照的大气层范围，当卫星轨道进入夜间时，仪器就会进入空闲模式(idle mode)，以节省电力、减少仪器损耗。

科研人员设计 MAHRSI 的主要目标有两个：

(1) 在满足足够高的空间分辨率和时间分辨率的情况下，测量地球大气中间层和平流层上部的 OH 自由基垂直分布的日变化。

(2) 通过获得的全球 OH 自由基数据，帮助科研人员对全球中间层 HO_x 化学变化过程有一个新的认识。

MAHRSI 于 1994 年 11 月 4 日通过亚特兰蒂斯号航天飞机升空并部署到工作轨道上。此次实验中仪器的观测范围为 52°S～62°N。仪器光谱范围为 307.8～310.6nm，光谱分辨率 0.018nm，在 308nm 处的光谱分辨能力达到了 15600，可满足以临边观测(详见第 4 章)的方式测定 OH 自由基在 308nm 附近 $A^2\Sigma^+—X^2\Pi(0,0)$ 波段上的紫外太阳共振荧光。MAHRSI 在观测 OH 自由基时，视场范围保持在 30～90km 的高度，每一次临边观测的水平距离为 1200km。在轨运行期间共获取了大约 189h 的观测数据(其中 120h 数据涉及 OH 自由基的研究，48h 数据涉及一氧化氮的研究。由于仪器首次进行太空飞行，其余时间被用来评估其在轨性能)。根据 MAHRSI 此次飞行获取的 OH 自由基数据，Conway 等绘制出了大气高度范围在 50～90km 的首张全球尺度上的 OH 自由基垂直分布图，由于在 68km 的切线高度，投影到切点的视场尺寸高 0.3km、宽 34.4km，观测几何如图 2.6 所示，所以该图可详细显示在 68km 高度上 OH 自由基强烈峰值层的日间形成过程[17]。有趣的是由于 MAHRSI 是第一款星载 OH 自由基探测传感器，当科研人员将其反演结果与光化学模型作比较时发现，即使怎样修改光化学模型的动力学参数，都无法重现 MAHRSI 的反演结果，这就出现了著名的“HO_x dilemma”问题[18]。随着后期观测 OH 自由基的星载传感器逐渐增多，科研人员怀疑引起“HO_x dilemma”的原因可能是 MAHRSI 仪器定标不准确。

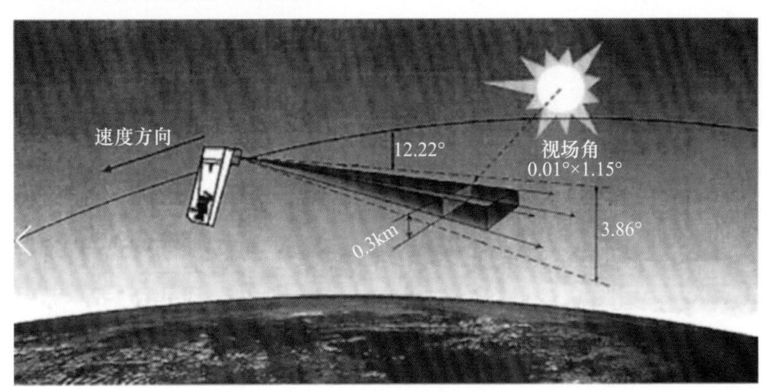

图 2.6　MAHRSI 在 68km 高度观测几何(根据文献[17]修改)

在 MAHRSI 的首次太空飞行取得一定的成果之后，1997 年 8 月 8 日，搭载 MAHRSI 的 CRISTA-SPAS 由航天飞机搭载和回收，进行了第二次太空飞行实验。此次太空实验中，航天飞机将 CRISTA-SPAS 部署在距地 300km、倾角为 57°的圆形轨道上，如图 2.7 所示。CRISTA-SPAS 保持在相较于地球临边观测的一个固定的当地垂直姿态，这样可以保持切线高度精度优于 300m。Stevens 等通过此次实验首次获得了 OH 自由基、极地中间层云以及温度协同数据。除此之外，通过 MAHRSI 同时观测水汽和 OH 自由基的数据，还首次将极地中间层云与水汽的关系联系起来[19]。

图 2.7　进行第二次太空飞行的 CRISTA-SPAS[19]

2. 空间外差中间层自由基成像仪

空间外差中间层自由基成像仪(the spatial heterodyne image for mesospheric radicals，SHIMMER)是在 MAHRSI 基础上研制的下一代仪器，若按照之前的技术条件为了达到更高的光谱分辨率就需要一个大型的卫星平台来容纳质量重、体积大的光谱仪，这就限制了该类光谱仪在航空航天平台上的应用，而 SHIMMER 主要就是用于验证一种新型的光谱技术即空间外差光谱(spatial heterodyne spectroscopy，SHS)技术是否适合搭载在航空航天设备上进行高光谱分辨率测量。1990 年，Harlander 等进行了以电荷耦合器件(以下简称 CCD)为基础的实用型 SHS 观测系统研究。次年，便建立起首台基于 SHS 原理的实验室样机且获得了一系列有价值的数据，其超高的光谱分辨率受到了美国海军和 NASA 等的重视，拨款支持将该技术应用到中高层大气 OH 自由基以及星际暗物质探测领域。2000 年，Harlander 等开始了以星载遥感系统对大气进行全球探测为目的的第一代 SHIMMER 研制，2002 年 10 月，在 NASA 的 STS-112 次航天飞机飞行计划中，航天飞机搭载了第一代 SHIMMER-Middeck，如图 2.8 所示，该仪器由焦距为 500mm 的前置光学系统、中心波长为 308.9nm 的滤光片、尺寸为 28nm×28nm 的分束器、22nm×22nm 的光楔、20nm×20nm 的光栅以及 24μm×24μm 的 CCD(1024 像元×1024 像元)等组成，这些关键的光学元件通过特殊材料完全胶合在一起。由于所有器件都固定在一起，大大提高了系统的稳定性。仪器天空视场角为 2.3°×2.3°，分辨能力达到了 53500，光谱分辨率在当时更是达到了惊人的 0.0058nm，但是重量仅有 22kg，体积仅 52cm×42cm×23cm，功率为 27W。这一系列数据显示出 SHS 技术极大的星载优越性。因 OH 自由基在大气中的重要作用以及其具有含量少、变化快、反演浓度时需要去除明亮且光谱复杂的太阳瑞利散射光谱的特点，有关该成分的测量是对任何高光谱成像技术的严峻考验，所以研究人员通过测量 30～100km 高度上的 OH 自由基来确定 SHIMMER 的性能，同时检验 SHS 技术用于大气 OH 自由基探测的可行性。SHIMMER-Middeck 上的望远镜在 30～100km 的高度范围内对地球进行临边扫描，前置光学系统接收光信号，通过滤光片对入射光进行滤波，以减少噪声，之后在干涉仪中形成干涉信息，最后在 CCD 上生成干涉图像，每个干涉图像具有大约 2km 的高度分辨率和在 3nm 紫外通道(307～310nm)上 69mÅ 的光谱分辨率。由于 STS-112 次航天飞机的主要飞行任务是为国际空间站安装一个主要桁架部分，在航天飞机飞往国际空间站时，机组人员将 SHIMMER-Middeck 架设在航天飞机的光学窗口对地球进行临边成像。此次实验分为三个部分：第一部分，在航天飞机与国际空间站对接之前，机组人员操纵轨道控制器将 SHIMMER-Middeck 视线调整至预先设定的临边观测位置上，检查仪器是否正常运行、预设参数是否正确、熟悉轨道调整器程序、排除潜在问题并运行问题纠正程序，同时机组人员通过此次实验熟悉 SHIMMER-Middeck 的安装、拆除、激活、数据采集、停用、重新存放。此次实验的不足之处在于由于没有足够时间，SHIMMER-Middeck 并没有冷却至−26℃的标称工作温度，只是将仪器冷却至−7℃的最低可行工作温度。第二部分和第三部分实验是 SHIMMER-

Middeck 的实际测量工作。在航天飞机完成国际空间站的工作，脱离国际空间站之后，机组人员将 SHIMMER-Middeck 安装好，并将仪器冷却至−26℃的标称温度，在格林尼治标准时间的第 289 个年积日的 16 点 01 分 00 秒～16 点 14 分 00 秒和第 290 个年积日的 11 点 46 分 00 秒～12 点 07 分 00 秒分别进行了两次实验，获得了 3 个轨道的大气 OH 自由基探测数据。这两次试验结果如图 2.9 所示，试验获得的数据结果与理论结果非常吻合，OH 自由基在 308nm 附近的几个特征峰位置基本一致。这表明 SHIMMER-Middeck 在探测大气 OH 自由基方面效果非常理想，初步验证了 SHIMMER-Middeck 的工作能力，也验证了 SHS 技术在星载大气探测中的可行性，为下一代 SHIMMER 提供了宝贵数据与经验[20]。

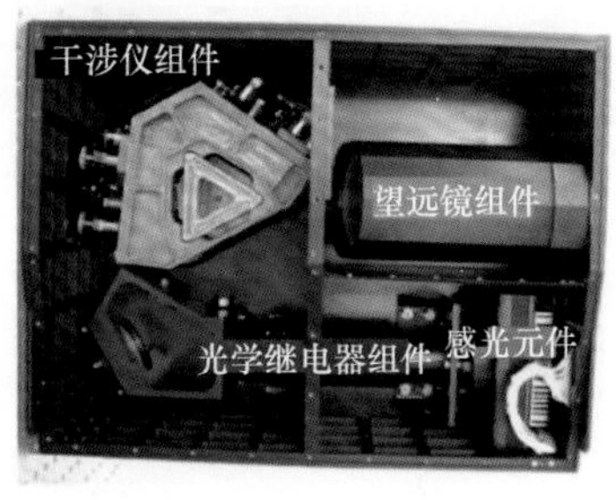

图 2.8　STS-112 次任务中的 SHIMMER-Middeck 组件图(根据文献[20]修改)

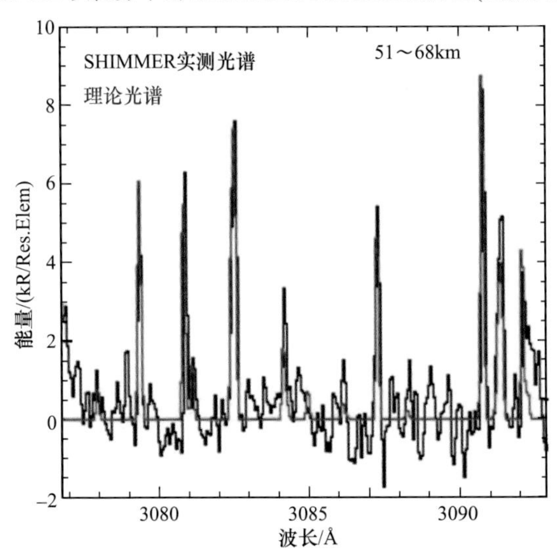

图 2.9　STS-112 次搭载的 SHIMMER-Middeck 实验结果(根据文献[20]修改)

随着 SHIMMER-Middeck 实验获得巨大成功，2007 年 3 月 7 日，SHIMMER 作为美国海军研究实验室和国防部空间测试项目(以下简称 STP)任务的一部分，搭载在 STPSat-1 上，如图 2.10 所示[21]，通过宇宙神 5 号火箭从佛罗里达州卡纳维拉尔角发射升空，送入距地 560km、倾角为 35.4°的圆形轨道上。搭载在 STPSat-1 上的 SHIMMER(以下简称 SHIMMER-STPSat-1)光谱分辨能力为 26500。卫星每年会进行两次 180°偏航机动，以便 SHIMMER-STPSat-1 观测分别位于北半球或南半球卫星轨道的北部或南部切点。此次任务中，SHIMMER-STPSat-1 除了监测 OH 自由基在 309nm 波段附近的 $A^2\Sigma^+—X^2\Pi(0,0)$ 波段信息，还测量了晴朗大气中的瑞利散射背景值以及极地中间层云的太阳散射信息。

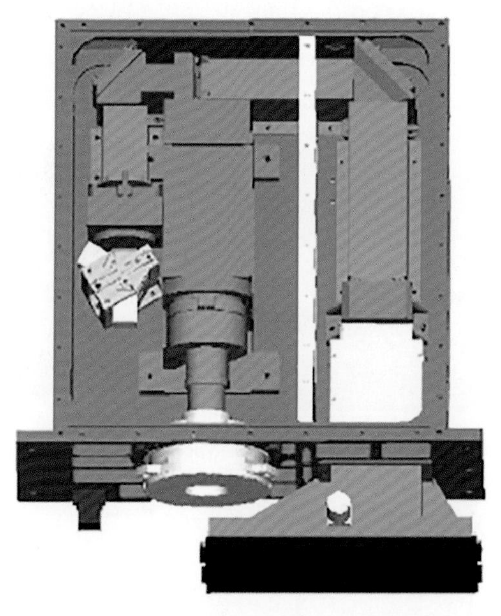

图 2.10　SHIMMER-STPSat-1 模型图[21]

STPSat-1 任务在 2009 年 10 月 7 日结束，在此次任务中，研究人员希望通过 SHIMMER-STPSat-1 观测数据解决两个主要问题：第一，MAHRSI 的观测结果表明中间层 OH 自由基密度相较于标准光化学模型求得的密度低了 25%～35%，这会导致控制中间层 OH 自由基的关键反应速率数值的改变。由于缺少观测数据，所以暂时无法给出一个确切的结论，即科研人员希望此次获得的数据可以解释“HO_x dilemma”。第二，研究人员希望通过此次任务证明 SHS 技术是一种适用于长时间太空飞行的技术。通过 Englert 等发表的论文可知：一方面，根据 SHIMMER 在 2007 年 7 月的初步观测结果，中间层 OH 自由基与标准光化学模型在 74km 高度上有极好的一致性，这就表明 MAHRSI 的实验数据的确存在一定的问题，相关后续有关于 MAHRSI 的改进仍将继续下去，以进一步验证中间层光化学模型是否需要改进等问题；另一方面，SHS 技术已经被证明是一种适合长时间太空飞行且可以获取超高光谱分辨率的技术[22]。

3. 微波临边探测仪

在进行 SHS 技术研究的同时，NASA 的研究人员发现 SHS 技术只能在极窄的光谱范围内以超高的光谱分辨率探测 OH 自由基这一大气成分，为了进一步降低成本和最大化利用卫星平台，科研人员着手利用一种全新的探测波段即微波波段探测 OH 自由基。1991 年 9 月 12 日，发现号航天飞机搭载着上层大气研究卫星(upper atmosphere research satellite，UARS)升空。该卫星上搭载了首个在微波波段上使用临边探测技术的传感器即微波临边探测仪(microwave limb sounder，MLS)。UARS 所搭载的 MLS 载荷探测波段集中在 63GHz、183GHz、205GHz 附近，其探测的主要目标包括臭氧、水汽、大气温度及压强等，如图 2.11 所示[23]。MLS 的视场与 UARS 轨道方向成 90°角。作为信号主要来源的观测路径上的切点距离卫星的亚轨道大约有 23°圆弧的距离。由于 UARS 的轨道倾角为 57°，可以满足 MLS 从赤道一侧的 34°到赤道另一侧的 80°范围内进行观测的需求。

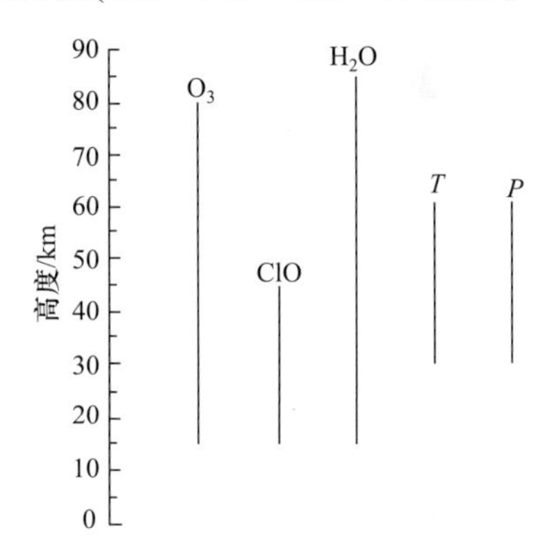

图 2.11　UARS MLS 探测目标(*T* 为大气温度，*P* 为大气压力)(根据文献[23]修改)

随着 UARS 携带的 MLS 获得成功，NASA 于 2004 年 7 月 15 日在美国对地球观测系统(earth observation system，EOS)的第 3 颗卫星 Aura 星上再次搭载 MLS，如图 2.12 所示。Aura 星的运行轨道是高 705km、倾角为 98°的太阳同步轨道，此时 MLS 的视场沿 Aura 星轨道运动方向、在轨道平面内进行垂直临边扫描。这就为每个轨道提供了 82°S～82°N 的观测覆盖范围。

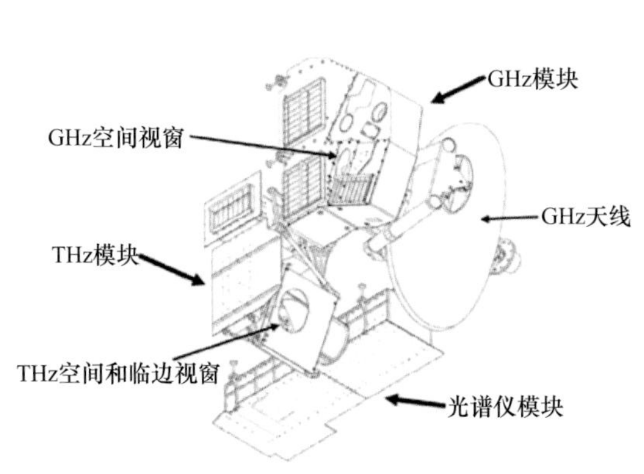

图 2.12　EOS MLS 组件图(根据文献[24]修改)

相较于 UARS 上的 MLS，EOS 搭载的 MLS 具有了以下改进：

(1) 由于技术的进步，卫星上运行的微波外差辐射计系统拥有更大的光谱范围和带宽；

(2) 可对平流层底层和对流层上层进行测量；

(3) Aura 星的极轨轨道允许传感器几乎可以进行极点到极点之间的测量。

在这些改进的基础上，EOS 搭载的 MLS 具有以下的优点：

(1) 可测量更多平流层的化学成分和动力示踪物，如图 2.13 所示；

(2) 对对流层上层可进行更好的观测；

(3) 由于微波受大气层中气溶胶、云、大气温度以及二氧化碳等因素的影响较小，可在白天和夜晚的所有时间进行测量，数据拥有更好的全球和时间覆盖能力。

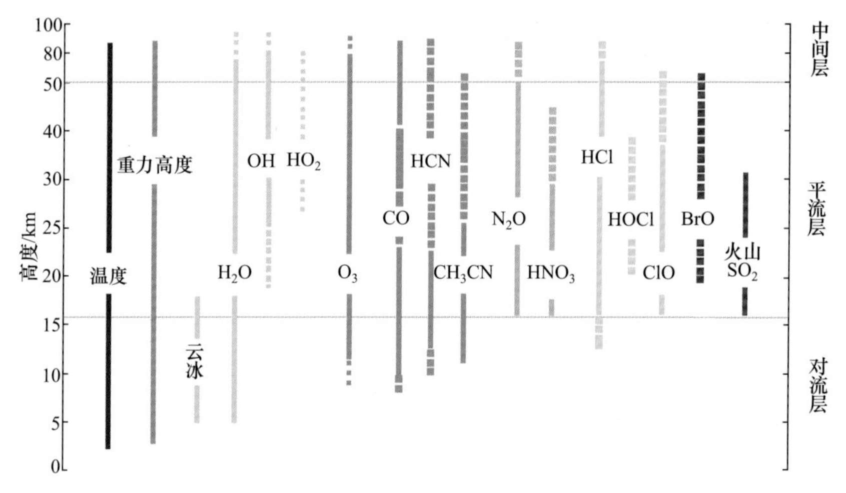

图 2.13　EOS 的 MLS 主要探测目标(根据文献[24]修改)

在以上技术支持之下，科研人员制定的 EOS MLS 的总体科学目标主要包括[24]：

(1) 通过测量大气中各化学成分，尤其是溴化物和氯化物来为臭氧层空洞以及影响平流层臭氧的因素提供数据上的支持；

(2) 为科学预测未来气候变化提供数据上的支持；

(3) 为研究对流层上层污染以及区域污染研究提供数据上的支持。

在电磁波频谱中，大气中微量气体分子在 0.1～10THz 波段的热辐射具有较明显的辐射谱线，而辐射谱线的中心频率对应不同的大气气体化学成分，谱线幅值与对应气体的体积混合比之间存在着固定的函数关系，因此 EOS MLS 的辐射计利用 2.5THz 波段对于 OH 的热发射信号进行探测，获取了 OH 自由基全球范围内 15～120km 廓线数据，该数据与光化学模型结果比较一致性较高，世界范围内研究 OH 自由基都会使用该数据，推动了全球范围内的 OH 自由基研究。由于对流层上层和中间层 OH 自由基受太阳活动的影响较为强烈，在太阳活动的 11 年周期中，2009 年保持低值，为了延长仪器使用寿命，以便在太阳活动活跃年份进行观测，因此从 2009 年 11 月～2011 年 8 月 MLS 暂停了观测。随着太阳活动变得活跃，MLS 会在每年 8～9 月被重新启动进行 30 天的连续观测。

4. 中高层大气 OH 自由基甚高光谱探测仪

由于现阶段 MLS 传感器已经不能连续正常工作，且全球范围内 OH 自由基的浓度对于大气研究来说至关重要。为了继续获取中高层大气 OH 自由基数据，并打破 OH 自由基星载探测设备以及数据大部分被国外垄断的局面，中国科学院安徽光学精密机械研究所(以下简称安光所)自 2005 年就开始对 SHS 技术进行研究。由于大气光化学反应复杂多变，传统非成像空间外差光谱技术通过对瞬时视场内信号进行均匀调制得到的光谱维瞬时视场内光谱的平均信号存在空间分辨率较低的问题。具备一维分视场成像功能的空间外差光谱仪，虽然提高了不同空间维入射仪器能量，但是却以牺牲光谱维空间分辨率为代价，仍然存在着光谱维的空间分辨率不足的问题。对于具备二维成像功能的空间外差光谱仪，就需要通过推扫或光机结构扫描成像来获取不同光程差点对应的同一空间分辨单元内干涉信息，这就受限于卫星平台稳定性和几何校正技术[25]。针对中高层大气 OH 自由基的三维层析探测，安光所的科研人员设计了一种基于双通道视场配准的中高层大气 OH 自由基甚高分辨率空间外差光谱仪，该仪器具有同时探测不同高度层(15～85km)大气 OH 自由基数密度的能力。呈正交布局的两空间外差光谱仪每个通道的光学原理和详细设计一致，且每个通道的光谱仪均由前置功能镜头(由柱面望远镜和准直镜头组成)、空间干涉组件、成像镜头以及探测器组成。通过卫星平台的运动，仪器可以获取同一观测区域的一系列视角的观测值[26]。

该仪器使用的 SHS 是在传统 SHS 技术的基础上发展而来的，对前置功能镜头或后置成像镜头的子午面和弧矢面分别进行光束整形，从而满足在子午面上一维成像、弧矢面均匀照明的需求，我们将其称为分视场同时成像的空间外差技术，基于该技术可获得 OH 自由基三维廓线。仪器的详细设计指标参数如表 2.2 所示。

表 2.2　中高层大气 OH 自由基甚高光谱探测仪设计指标参数

项目	指标	备注
探测模式	二维正交临边观测	—
视场角	2°	—
光谱范围	308.2～309.8nm	针对 308.9nm OH 自由基特征波段
光谱分辨率	0.02nm	—
空间分辨率	2km×2km	水平×垂直

续表

项目	指标	备注
廓线分辨率	2km	地面以上 15～85km
光谱稳定度	0.005nm	—
探测空间范围	70km	包含中间层大气高度 15～85km 区域
信噪比	100～200	不同临边高度对应不同的信噪比

为了达到设计要求，安光所的科研人员假定传感器轨道高度为 500km，对大气层 15～85km 高度处的 OH 自由基进行探测：第一，拟采用像元数为 1024 像元×1024 像元、像元尺寸为 13μm×13μm 的紫外增强型的 CCD47-20 探测器。该探测器实际使用像元数为 797 像元(垂直)×1024 像元(水平)，垂直方向上将 22.75 个像元融合为 1 个像元使用。当不同高度层对应的辐射强度或信噪比满足反演要求的条件时，可适当减少像元融合行数，利用单行或者多行的干涉数据反演 OH 自由基数密度，从而进一步有效提高垂直方向上的空间分辨率。第二，安光所的科研人员选用了 JOBIN YVON 53022 型闪耀光栅，在 305～315nm 波段范围内，−1 级平均衍射效率优于 60%，设计理论光谱分辨率为 0.0085nm。第三，成像镜头采用前后镜组实现双远心成像，物方数值孔径为 0.045，光栅有效区域对角线大小决定物高为 22mm，前后镜组 $F/\#=3.15$。仪器的成像镜头后截距为 76.1mm，可以满足精密调焦、芯片制冷等对操作空间的要求。第四，仪器的前置功能镜头的准直镜头视场角为±0.78°，焦距为 445mm，$F/\#=14.35$，对应沿光栅刻线方向上的像高为 12.02mm；而柱面望远镜头视场角为±1°，对应仪器的水平幅宽 90km、焦距 888mm、$F/\#=14.35$ 与准直镜头匹配设计。第五，为了最大限度地保证核心空间干涉组件的稳定性，各元件的基材均采用融石英；根据通光口径和各元件顶角的设计值，兼顾光学元件的角度和面形加工精度，各元件之间的中心厚度设置在 5～7mm[26]。基于此，中高层大气 OH 自由基甚高光谱探测仪将会在后续大气 OH 自由基的研究中发挥巨大作用。

2.4　地基探测 OH 自由基

由于在实验室环境下始终无法模拟复杂的大气环境，且科研人员在理解和研究大气 OH 自由基时需要大量的实测数据支持，所以通过地基传感器探测 OH 自由基是获得长时间序列大气 OH 自由基数据的重要手段。虽然地基数据存在观测范围有限、数据获取成本高的缺点，但是现在世界上仍然存在着大量的地基观测站。例如，由位于澳大利亚塔斯马尼亚岛西北海岸的 Cape Crim 大气污染基准站、位于爱尔兰偏远西海岸的 Mace Head 大气研究站等组成的英国利兹大学的 HO_x 测量系统，位于美国科罗拉多州的 Fritz Peak 观测系统以及 2012 年中国大陆建立的首个可观测 OH 自由基的大气监测超级站——广东鹤山站等。这些地基观测站点为研究大气中的 OH 自由基提供了宝贵的数据支持。

在这些地基观测站中位于 NASA 加利福尼亚州的桌山基地(table mountain facility，TMF)内的傅里叶变换紫外光谱仪(Fourier transform ultra-violet spectrometer，FTUVS)是为了晴空、阴天和多云等多种天气情况下探测 OH 自由基而专门设计的。设计之初，科研人员认为通过从地基传感器探测到的太阳能吸收光谱分离出 OH 自由基柱量是解决昼夜、季节、年度各个时间尺度上中高层大气 OH 自由基变化问题的极好方法，当该装置完成设计并安装完成之后，自 1997 年 7 月便开始了对大气中 OH 自由基的探测。其由追踪系统、望远镜以及一台高分辨率干涉光谱仪构成，光谱分辨率达到了 0.06cm^{-1}，光谱覆盖范围为 4000～40000cm^{-1}，如图 2.14 所示，其超高的分辨率和较为宽广的光谱探测范围使得其可以观测大量的气体吸收谱线，其中就包括 OH 自由基 $A^2\Sigma^+—X^2\Pi(0,0)$跃迁带中的谱线。典型的测量周期大约需要 30min(每个临边方向各需要大约 15min)，夏季每天大约可以测量 40 次，冬季每天大约可以测量 25 次[27]。

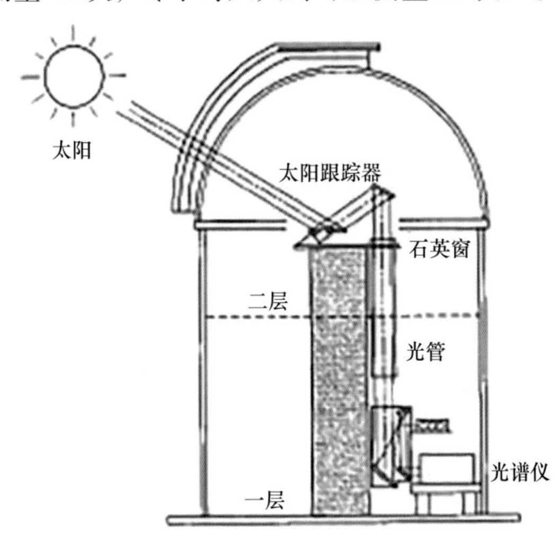

图 2.14　FTUVS 及其组件图(根据文献[28]修改)

OH 自由基关键的吸收谱线位于太阳强烈的夫琅禾费(Fraunhofer)射线区域，为了抑制太阳光谱对 OH 自由基吸收谱线的影响，需要 FTUVS 在运行时交替着对太阳进行东西两个方向的临边观测。受太阳自转周期的影响，东侧临边观测的光谱和西侧临边观测的光谱彼此之间会发生多普勒偏移(大约为 0.28cm^{-1})，这被用于从较强的太阳光谱中分离出地球大气中的 OH 自由基信息。Cageao 等利用该值分离出复杂背景大气中的 OH 自由基吸收谱线。作为反演算法一部分的 OH 自由基 $P_1(1)$吸收线，因为其特征较强，受太阳基线曲率影响最小，故被用来参与反演分析。由于 FTUVS 在一次观测中会对太阳进行东西两次临边观测，西侧临边探测的谱线需要与东侧观测的谱线相匹配，再将东侧临边观测谱线除以偏移的西侧临边观测谱线，此时太阳特征被衰减到$\frac{1}{100}\sim\frac{1}{10}$，对大气中 OH 自由基吸收谱线的扰动最小，进而建模得到多普勒展宽的 OH 自由基吸收谱线形状和相应的吸收截面，通过光谱拟合反演得到 OH 自由基柱量[28]，但是该方法影响 OH 自由基柱量精确度最大的不确定性便是波长匹配过程。为了降低波长匹配的不确定性，Mills 等使用 OH 自由基的 $Q_1(2)$吸收线作为辅助特征线，进一步提高反演精度，并利用 FTUVS 1997～2000 年的年平均 OH 自由基数据与其他观测数据做对比。由于受到地理气候、观测装置以及反演算法的影响，Mills 等希望可以建立起一个考虑各种影响因素的 OH 自由基柱量直接比较系统，将观测结果统一与大气光化学模型做比较，以更好地研究影响大气环境氧化性的因素[29]。Li 在 2005 年通过目视检查以及对光谱拟合不确定性分布的分析中从 OH 自由基 $A^2\Sigma^+—X^2\Pi(0,0)$波段众多吸收线中选择 5 条特征谱线，基于 OH 自由基柱量日变化这一加权因子来平滑获得的 OH 自由基柱量，并将其应用到 FTUVS 1998 年 1 月～2003 年 12 月的数据中，分析了在相同太阳天顶角条件下，在一个归一化的 OH 自由基柱量的日周期中出现的昼夜不对称性情况[30]。

与上述的多谱线反演算法不同，目前 FTUVS 使用的反演算法加入了较为先进的“动态谱线选择”，其接受 OH 自由基加权平均值(基于每个选定的吸收谱线的信噪比)偏离昼夜变化的二阶多项式拟合，而放弃使用较多随机噪声的谱线。经论证采用信噪比相较于先前采用的加权因子更为可靠，因为它将信号的质量和频谱拟合的质量均考虑在内，并且不用针对每天的变化进行同步假设设定[27]。下面将详细介绍这种应用在 FTUVS 上的先进算法的更多细节。

第一，科研人员需要对获得的太阳基线进行校正。在经过多普勒太阳背景光谱抑制步骤之后，需要将比率谱与每个 OH 自由基吸收线的参考谱线进行拟合，特别是对于较弱的谱线而言，清除残余基线斜率是非常重要。一个非零基线斜率可能是由以下几个因素引起的：大气湍流、云层、气溶胶以及仪器等，其造成了东西侧探测谱线之间存在微小差异，进而导致相位校正的不稳定性。对于这些因素在之前的算法中使用的是基于较强的 $P_1(1)$线和 $Q_1(2)$线的线性斜率去除技术处理的，但是并没有将此方法应用到处理较弱的谱线上。对于曲线基线用线性斜率去除通常会在反演得到的廓线中引入一个偏差，并且偏差值可能大于 10%。目前多使用可显著提高反演精度的快速傅里叶变换低通滤波器来校正光谱基线，合适的滤波器的截止频率使得该过程中 OH 自由基吸收线不会被移除。科研人员假设最宽的 OH 自由基吸收特征不超过 0.5cm^{-1}(为了比较，东西侧临边观测的多普勒频移大约为 0.28cm^{-1})，仅允许通过频率小于 0.5cm^{-1} 的谱线，因此任何有用的谱线都不会被移除。应用低通滤波器会产生更加平滑的基线曲线，然后将其从东/西光谱比率中移除，从而在进行 OH 自由基光谱拟合之前消除所有外部太阳特征。除了应用快速傅里叶变换技术之外，科研人员还测试了其他技术，如主成分分析等，但是结果均不是最佳的，目前应用快速傅里叶变换技术处理得到的结果仍是最佳的。

第二，在进行完太阳基线校正之后，科研人员需要进行光谱拟合。光谱拟合是在吸收线周围被称为“microwindow”的区域进行的，科研人员发现在进行处理时如果将多普勒模型应用于吸收线周围的狭窄窗口，则可以避免大部分背景太阳变化和噪声。因此需要选择足够窄的窗口以尽可能多地清除背景和噪声，从而提高 OH 自由基柱量的反演精度。在每条谱线的峰顶和峰谷附近使用四倍全宽半峰值宽度进行处理。该宽度比线特征稍宽，科研人员将这个围绕特征的窄窗口称为“nanowindow”，以从太阳背景中排除很多大部分背景太阳变化。之后科研人员将共轭梯度法用于“nanowindow”以及多普勒模型中获得频谱之间的最佳拟合。模拟谱包含一个二阶多项式用于获得基线的斜率和曲率，多项式的吸收值由共轭梯度曲线获得，科研人员通过实验发现，二阶多项式对于较弱的 OH 自由基谱线特别重要，但是当使用二阶多项式时，对于较强谱线如 $P_1(1)$线并没有显著的改善。对于较弱的谱线，将多项式的阶数增加到三时，结果同样没有得到改善，因此只是使用二阶多项式作为标准基线拟合函数。综上所述，拟合方法结合了“nanowindow”和数字滤波来表征基线，用共轭梯度法来估计最佳拟合参数以显著地减少拟合误差，通过这一系列改进将 OH 自由基柱量的反演精度提高了 8%～15%。

第三，早期使用 Fabry-Perot 和光栅光谱仪测量 OH 自由基的实验团队均使用了 32440.5741cm^{-1} 处的 $P_1(1)$线，因为此处的太阳基线较为平滑，并且 OH 自由基吸收谱线本身也是 $A^2\Sigma^+—X^2\Pi(0,0)$ 波段中最强的一个。早期使用 FTUVS 探测谱线的研究也分析了 32458.5918cm^{-1} 处的 $Q_1(2)$线，并且与 $P_1(1)$线结果一致。其他的 OH 自由基谱线较弱并且受太阳能量线的干扰较大，直至最近，还没有出现进行反演的可靠算法。前文中提到的 Li 在反演算法中引入了 5 条 OH 自由基吸收谱线，与单线数据相比，这种方法导致 OH 自由基昼夜剖面的散射显著减少，但该方法引入了剖面在时间上是二阶的假设，这个假设隐含地过滤了 OH 自由基中实际的时间异常。所以科研人员在此没有按照 Li 所要求的假设情况进行反演。利用与快速傅里叶变换(fast Fourier transform，FFT)技术结合的“nanowindow”和共轭梯度拟合实质上改善了来自 OH 自由基弱 $P_1(3)$和 $Q_1(3)$吸收谱线。这些弱线与强线之间的相关性足够高,以至于多线分析中包含了这些强线和弱线。对于最强的、最可信的 5 条谱线，科研人员进行了多行分析，其中包括了 5 条谱线各自的色谱柱丰度的加权平均值，他们与 Li 使用的谱线相同。这 5 条谱线选自 $A^2\Sigma^+—X^2\Pi(0,0)$ 带中 20 条最强 OH 自由基吸收线。选择依据包括确定大数据集上每条线的相应光谱拟合不确定度，其中测量误差由光谱拟合和实际测量之间的差异来定义。经过仔细观察光谱拟合不确定度进而选择 5 条 OH 自由基吸收线。虽然选择了用于反演的 5 条吸收线，但是他们在 OH 自由基柱量上提供了独立的信息，这主要是 Fraunhofer 特征的不同导致他们的质量不一样，而且一些谱线要比强谱线弱得多。利用多普勒差分方法不能够完全抑制住太阳的能量特征，而这些特征的残余会导致拟合结果的系统性偏移，特别是对于较弱的谱线，通常 OH 自由基柱量为来自 5 个 OH 自由基线的结果的加权平均值，其中加权因子来自每条线拟合的方差的倒数。因此科研人员采用了一种不同的加权方案，该方案提供了更好的数据质量，并且不用像 Li 那样做出昼夜 OH 自由基柱剖面形状假设：该方案由 5 条谱线得出的 OH 自由基柱量被由信噪比求得的加权因子平均，该加权因子定义为吸收线的峰谷振幅除以方差，或者谱拟合残差的普通最小平方作为加权因子。这被认为是最好的加权方法，因为它考虑了线路的相对强度(来自振幅)和光谱拟合不确定度(来自方差)。另外，由于光谱拟合的质量在一天中会发生变化，所以这种方法为每个时间提供了一个特定的但是有意义的加权系统，而 Li 的抛物线拟合方法是平均一整天。OH 自由基反演的另一个步骤是使用“动态选择线”。从适合于最强线 $P_1(1)$开始，将从适合其他线得出的 OH 自由基柱量连续地加到加权和上，并且在每次加法之后，从每一个加权平均的最小二乘偏差计算二阶多项式拟合。如果偏差随着线的增加而增加，则由该线反演的整个昼夜 OH 自由基廓线将在最终的加权平均计算中被去除。如果偏差减小,那么假定该行包含有意义的数据，并且将该行包括在最终加权中。

第四，对 FTUVS 数据的算法进行纠正，包含了快速傅里叶变换、共轭梯度以及使用每个光谱拟合的“信噪比”，而不是将昼夜 OH 自由基谱线的变化作为加权因子，与之前采用的算法相比，在 OH 自由基柱量的测量和反演上有着明显的改进。而且使用动态选择的过程表明，虽然每天的结果差异很大，但是对于夏季无云日的情况，所有 5 条吸收线均符合加入平均值的标准；对于冬季和部分雨天而言，只有 2 条或者 3 条符合标准，而这些数据集，主要是 FTUVS(1998～1999 年)仪器数据，它们本身具有较高的噪声，由此反演得到的 OH 自由基柱量与随后几年相应季节相应时间得到的平均 OH 自由基柱量不同。这些异常值是从 1998 年初至 2000 年春季才被发现，此后时间段内的 OH 自由基的反演显示出更高的精度。后续科研人员在仔细检查异常值后发现，OH 自由基吸收线较弱的是 $P_1(3)$线，但是相邻的 $P_1(2)$线或者 $Q_1(3)$线对 OH 自由基柱量反演也并不做贡献。实际上，它们缺少吸收线型，并且该反演算法视其为背景噪声，这导致一天中的 OH 自由基柱量测量非常不稳定。围绕较弱的 OH 自由基吸收线的数据质量的改进方法之一便是升级 FTUVS 仪器：使用更加灵敏的探测器、重新涂装和对准望远镜光学器件以提高进光量。动态选择线的方法则纠正了 2000 年春季之前的数据中多重加权线平均数导致的重大错误。该设备一直处于长时间序列的连续观测状态，获得了非常珍贵的研究数据，但是其属于地基观测仪器，只能进行固定地点观测，这就导致了其只能对特定区域进行观测，无法提供全球范围内 OH 自由基数据。

2.5　模型方法研究 OH 自由基

除了 2.1 节～2.4 节描述的探测 OH 自由基的方法之外，科研人员还希望开发出一个准确的模型来精准地预测大气中的 OH 自由基浓度，进而对全球气候变化进行准确的预测，科研人员首先想到的是利用大气光化学模型。大气光化学模型认为太阳辐射的作用不仅是改变地-气系统的辐射收支平衡，而且也驱动着大气的非平衡的化学过程。例如，太阳的紫外和可见光波段会使一些大气成分光解，产生原子、分子以及自由基等，从而进一步引发一系列化学反应，使大气环境成为一个巨大的光化学反应器，在反应器(大气环境)中的光化学反应不是反应体系中所有物质同时反应完成，而是逐步进行一系列的反应，即反应机理可表示为一连串不必也不可再细分的反应序列，而大气动力学则主要研究这一系列化学反应的快慢，即反应速率[31]。要想知道大气中发生光化学反应的根本原因，就需要清楚地了解反应机理，了解反应机理的前提，即研究该反应的反应速率。研究上述这一系列问题的模型被称为大气光化学模型，即以光化学反应作为基本原理，联合大气动力学和光化学理论，描述大气成分浓度变化与大气体发射之间关系的差分方程[32]。早期的 OH 自由基全球分布理论值就是由大气光化学模型计算得到的，1998 年，Jucks 等为了验证探空气球获得的中高层大气 OH 自由基、HO_2 以及 H_2O 等大气成分数据的准确性，利用 FIRS-2 传感器探测的数据驱动的光化学模型对后续探测数据进行了验证，使科研人员对大气光化学的理解更进一步[33]。随后 Elshorbany 等利用基于两种广泛应用于研究大气奇氢族的化学机理——RACM (regional atmospheric chemistry mechanism，是一种归纳化学机理，将大气中挥发性有机物根据排放速率和化学特性归纳成大量的模式物种，用于模拟地面至对流层的大气环境)和 MCM(master chemical mechanism，是最具有代表性的特定化学机理，每一个模式物种对应一个大气中的化合物，详细描述其在大气中的一系列化学反应)的零维光化学箱模型，分析了不同 NO_x 约束条件下奇氢族含量，并与 2005 年 7 月的一次奇氢族现场测量数据做对比，测量值与模拟值一致性较好[34]；

Siskind 等将更加准确的 $O(^1D)$ 与 H_2 的反应速率值以及更加准确的太阳拉曼 α 通量值、大气温度值输入一维昼夜光化学模型(one-dimensional diurnal photochemical model，CHEM1D)中，通过与 SHIMMER 传感器数据做比较来加深对奇氢族和奇氧族化学理解[35]。

另外，现阶段使用最具有代表性的是哈佛大学研发的 GEOS-Chem 模型。GEOS-Chem 模型是一个由 FORTRAN 语言编写的全球三维化学传输模型(global 3-D chemical transport model，CTM)。该模型利用 NASA 的戈达德地球观测系统(Goddard Earth Observing System，GEOS)下属的全球模块化与同步化办公室(Global Modeling Assimilation Office，GMAO)提供的气象数据以及结合人类排放源和自然排放源及其传输过程中的理化作用输入数据模拟大气成分的实际分布及变化过程，增进了人类对于全球大气成分变化的理解。该模型主要由排放模块、传输模块以及化学反应子模块构成，截至目前已经更新至 v11-02-final 版本。运行 GEOS-Chem 模型需要巨大的计算机资源，且该模型只能在 Linux 操作系统下运行，随着处理数据的分辨率逐渐增加，计算机内存以及硬盘空间都会成倍增加，因此在运行该模型时，科研人员多使用云计算或者是计算机集群。例如，徐博轩基于该模型研究陆表 CO_2 通量时便利用了中国科学院地理科学与资源研究所的 IBM 集群来运算模型[36]。由于 OH 自由基活性较强且化学寿命极短，科研人员对 GEOS-Chem 模型能否较好地模拟全球 OH 自由基分布持怀疑的态度。在 2005 年，Bloss 等使用 GEOS-Chem 模型(版本号 v6-05-02)和地基测量 OH 自由基实测数据探究了是否可以解决有限的地基 OH 自由基探测点无法研究全球 OH 自由基分布的问题。在此次实验中 GEOS-Chem 模型和地基实测数据相结合的办法测定的全球对流层 OH 自由基平均浓度与通过测量甲基氯仿浓度间接测得全球 OH 自由基平均浓度得到的结果具有较好的一致性，从而证明 GEOS-Chem 模型是研究 OH 自由基全球对流层分布的有效模型[37]。

随着科研人员利用理化方法、探空气球、机载仪器、星载仪器及模型对 OH 自由基的研究一步一步深入，2008 年，Wang 等利用地基 FTUVS 观测数据、星载 MLS 传感器观测数据以及 GEOS-Chme 模型模拟数据进行首次 OH 自由基柱量的季节性和年度验证。低层大气水汽强烈的吸收作用导致 MLS 的 OH 自由基数据无法在 21.5hPa 下的大气环境中使用，所以研究人员为了将 MLS 的部分数据匹配完整以和地基 FTUVS 的整层探测数据做对比，利用 v5-07-08 版本 GEOS-Chem 模型的 2003 月平均 OH 自由基产品来估计 21.5hPa 至地表的 OH 自由基浓度。同时又因为 GEOS-Chem 模型只能模拟对流层化学，研究人员便利用基于 v5-07-08 版本 GEOS-Chem 模型改进的“Harvard 2-D”模型模拟平流层底层大气中的 OH 自由基浓度。为了验证这一系列方法的准确性，科研人员利用大气光化学箱模型计算 12km 高度以上的 OH 自由基浓度，而 8～12km 高度的 OH 自由基浓度则是使用 NASA ER-2 飞机搭载实测仪器获得的。结果表明：在 100～20hPa 上，箱模型和观测值数据集与 GEOS-Chem 模型模拟值有较好的重叠；在 100～300hPa 这一 OH 自由基浓度较低的区域，箱模型和观测值数据集较 GEOS-Chem 模型模拟值低了 10%～50%；在大气边界层，除了冬季之外，箱模型和观测值数据集与 GEOS-Chem 模型模拟值有较好的一致性。因此可以证明 GEOS-Chem 模型以及其改进模型是可以很好地模拟低层大气 OH 自由基浓度的。最后通过 v5-07-08 版本 GEOS-Chem 模型的 2003 月平均 OH 自由基产品和“Harvard 2-D”模拟的 OH 自由基浓度各占整层大气 OH 浓度的 5%，引入基于太阳天顶角和时间计算得到的“转换因子”，将 GEOS-Chem 数据与 MLS 数据结合，形成一个整层大气 OH 浓度数据。这样处理之后的数据集可以用于与 FTUVS 整层大气数据集进行对比。结果表明两数据集在 3 年的长时间序列里一致性达到 3.1%[38]。

科研人员在研究和探测 OH 自由基方面走过了很长的道路，随着人类对于居住环境要求越来越高，对 OH 自由基的探测手段也在不断地更新。2.3.2 节的第 4 部分中提到的中高层大气 OH 自由基甚高光谱探测仪作为最新的探测 OH 自由基的传感器，将在未来 OH 自由基探测方面展现出巨大的优势。

参 考 文 献

[1] Bates D R, Nicolet M. The photochemistry of atmospheric water vapor[J]. Journal of Geophysical Research, 1950, 55(3):301-327.

[2] 田洪海, 邵可声, 唐孝炎. 激光诱导荧光法测定 OH 自由基[J]. 现代科学仪器, 1999, (Z1):6-8.

[3] Hard T M. Tropospheric free radical determination by FAGE[J]. Environmental Science Technology, 1984, 18(10):768-777.

[4] Heard D E . Atmospheric field measurements of the hydroxyl radical using laser-induced fluorescence spectroscopy[J]. Annual Review of Physical Chemistry, 2006, 57(57):191-216.

[5] 李素文, 杨一军, 陈得宝, 等. 利用 DOAS 技术同时反演气溶胶和大气痕量气体方法研究[J]. 光谱学与光谱分析, 2010, 30(8):2292-2294.

[6] Platt U, Stutz J. Differential Optical Absorption Spectroscopy[M]. Heidelberg：Springer, 2008.

[7] 陈浩. 基于激光诱导荧光技术的大气 OH 自由基测量方法研究[D]. 合肥：中国科学技术大学, 2017.

[8] Mauldin R L , Frost G J , Chen G , et al. OH measurements during the first aerosol characterization experiment (ACE 1): Observations and model comparisons[J]. Journal of Geophysical Research: Atmospheres, 1998, 103(D13):16713-16729.

[9] Felton C C, Sheppard J C, Campbell M J. The radiochemical hydroxyl radical measurement method[J]. Environmental Science Technology, 1990, 24(12):1841-1847.

[10] Salmon R A, Schiller C L, Harris G W. Evaluation of the salicylic acid—liquid phase scrubbing technique to monitor atmospheric hydroxyl radicals[J]. Journal of Atmospheric Chemistry, 2004, 48(1):81-104.

[11] Chen X, Mopper K. Determination of the tropospheric hydroxyl radical by liquidphase scrubbing

and HPLC: Preliminary results[J]. Journal of Atmospheric Chemistry, 2000, 36(1):81-105.
[12] 潘循皙, 陈士明, 侯惠奇. 大气环境中 OH 自由基测定[J]. 上海环境科学, 1999, (2):59-61.
[13] Torr D G , Torr M R , Swift W , et al. Measurements of OH($X^2\pi$) in the stratosphere by high resolution UV spectroscopy[J]. Geophysical Research Letters, 1987, 14(9):937-940.
[14] Tarasick D W , Wardle D I , Mcelroy C T , et al. UV spectral measurements at moderately high resolution and of OH resonance scattering resolved by polarization during the MANTRA 2002-2004 stratospheric balloon flights[J]. Journal of Quantitative Spectroscopy and Radiative Transfer, 2009, 110(3):205-222.
[15] Canty T. Stratospheric and mesospheric HO_x: Results from Aura MLS and FIRS-2[J]. Geophysical Research Letters, 2006, 331(12):347-366.
[16] Brune W H, Faloona I C, Tan D, et al. Airborne in-situ OH and HO_2, observations in the cloud-free troposphere and lower stratosphere during SUCCESS[J]. Geophysical Research Letters, 1998, 25(10):1701-1704.
[17] Conway R R, Stevens M H, Brown C M, et al. Middle atmosphere high resolution spectrograph investigation[J]. Journal of Geophysical Research Atmospheres, 1999, 104(D13):16327-16348.
[18] Conway R R, Summers M E, Stevens M H, et al. Satellite observations of upper stratospheric and mesospheric OH: The HO_x dilemma[J]. Geophysical Research Letters, 2000, 27(17): 2613-2616.
[19] Stevens M, Englert C, Grossmann K, et al. MAHRSI and CRISTA observations of the Arctic summer mesosphere[C]// Albuquerque. AIAA Space 2001 Conference and Exposition, 2006.
[20] Cardon J, Englert C, Harlander J, et al. SHIMMER on STS-112: Development and Proof-of-Concept Flight[J]. Aiaa Journal, 2003:1-10.
[21] Englert C R, Stevens M H, Siskind D E, et al. Spatial Heterodyne Imager for Mesospheric Radicals on STPSat-1[J]. Journal of Geophysical Research Atmospheres, 2010, 115(D20306):1-20.
[22] Englert C R, Stevens M H, Siskind D E, et al. First results from the Spatial Heterodyne Imager for Mesospheric Radicals (SHIMMER): Diurnal variation of mesospheric hydroxyl[J]. Geophysical Research Letters, 2008, 35(19):116-122.
[23] Barath F T, Chavez M C, Cofield R E, et al. The Upper Atmosphere Research Satellite microwave limb sounder instrument[J]. Journal of Geophysical Research Atmospheres, 1993, 98(D6):10751-10762.
[24] Waters J W, Froidevaux L, Harwood R S, et al. The Earth observing system microwave limb sounder (EOS MLS) on the aura Satellite[J]. IEEE Transactions on Geoscience and Remote Sensing, 2006, 44(5):1075-1092.
[25] 金伟. 中高层大气 OH 层析探测技术研究[D]. 合肥：中国科学技术大学, 2018.
[26] 罗海燕, 方雪静, 胡广骁,等. 中高层大气 OH 自由基超分辨空间外差光谱仪[J]. 光学学报, 2018, 38(6):1-7.
[27] Cheung R, Li K F, Wang S, et al. Atmospheric hydroxyl radical (OH) abundances from ground-based ultraviolet solar spectra: An improved retrieval method[J]. Applied Optics, 2008, 47(33):6277-6284.
[28] Cageao R P, Blavier J F, Mcguire J P, et al. High-resolution fourier-transform ultraviolet-visible

spectrometer for the measurement of atmospheric trace species: Application to OH[J]. Applied Optics, 2001, 40(12):2024-2030.

[29] Mills F P, Cageao R P, Nemtchinov V , et al. OH column abundance over Table Mountain Facility, California: Annual average 1997-2000[J]. Geophysical Research Letters, 2002, 29(15):31-32.

[30] Li K F. OH column abundance over Table Mountain Facility, California: AM-PM diurnal asymmetry[J]. Geophysical Research Letters, 2005, 32(13):L13813.

[31] 秦瑜, 赵春生. 大气化学基础[M]. 北京: 气象出版社, 2004.

[32] 汪自军, 陈圣波. 利用光化学模型的氧红外大气波段体发射率模拟[J]. 红外与激光工程, 2011, 40(4):600-604.

[33] Jucks K W, Johnson D G, Chance K V, et al. Observations of OH, HO_2, H_2O, and O_3 in the upper stratosphere: Implications for HO_x photochemistry[J]. Geophysical Research Letters, 1998, 25(21):3935-3938.

[34] Elshorbany Y F, Kleffmann J, Hofzumahaus A, et al. HO_x budgets during HO_xComp: A case study of HO_x chemistry under NO_x - limited conditions[J]. Journal of Geophysical Research Atmospheres, 2012, 117(D3):812-819.

[35] Siskind D E, Stevens M H, Englert C R, et al. A Comparison of a photochemical model with observations of mesospheric hydroxyl and ozone data[J]. Journal of Geophysical Research Atmospheres, 2013, 118(1):195-207.

[36] 徐博轩. 基于 GEOS-Chem 模型的陆表 CO_2 通量同化反演研究[D]. 徐州：中国矿业大学, 2016.

[37] Bloss W J, Evans M J, Lee J D, et al. The oxidative capacity of the troposphere: Coupling of field measurements of OH and a global chemistry transport model[J]. Faraday Discussions, 2005, 130:425-436.

[38] Wang S, Pickett H M, Pongetti T J, et al. Validation of Aura Microwave Limb Sounder OH measurements with Fourier Transform Ultra - Violet Spectrometer total OH column measurements at Table Mountain, California[J]. Journal of Geophysical Research Atmospheres, 2008, 113(D22):1971-1976.

第 3 章　空间外差光谱技术

由于传统的傅里叶技术在星载应用方面已经得到了一些发展，受尺寸以及运动部件的影响，在更高光谱分辨率的要求下无法满足星载要求，科研人员开始了 SHS 技术的进一步研究，并取得了一定的研究成果。本章从光干涉理论出发，结合仪器的相关性能参数，帮助读者加深对 SHS 的理解，同时对基于 SHS 仪器获得的干涉图像数据进行相关分析，来说明利用该方法探索 OH 自由基的优越性。

3.1　空间外差光谱技术理论

由第 1 章和第 2 章的分析可知，区分混杂在大气散射背景光谱中的 OH 自由基光谱需要很高的光谱分辨率，因此在设计传感器时不仅要考虑需要具有极高的光谱分辨率，还需要满足星载传感器体积、重量和稳定性等客观条件。传统的色散技术探测能力始终受制于入射狭缝，且需要庞大的光学系统来达到满足 OH 自由基探测的光谱分辨率要求，这对于将设计载荷搭载在卫星上的传感器来说困难较大；若使用较为成熟的傅里叶变换光谱(Fourier-transform spectral，FTS)技术，虽然解决了色散技术对弱信号光谱探测的困难，具有高精度、高光谱分辨率以及高灵敏度的特点，但是对传感器光学精度以及机械的制造和组装提出了极为严苛的要求，因此需要研发一种简便适用的高分辨光谱技术以满足精细光谱探测的需求。SHS 技术最早由日本大阪大学的 Dohi 等在 1971 年提出，由于制造技术的限制，直到 20 世纪 90 年代以后才得到迅速发展。SHS 技术综合了光栅技术和 FTS 技术，不仅具有超高的光谱分辨能力，而且基于 SHS 技术的传感器还具有尺寸小、重量轻、无运动部件以及较低的光学加工和调试精度等优点。随后 NASA 将其应用到中高层大气 OH 自由基的研究中，详细的描述在第 2 章已经给出，在此就不再赘述。在 SHS 技术发展的早期，有研究人员将 SHS 和 FTS 进行了对比，如表 3.1 所示[1]。

表 3.1　SHS 与 FTS 比较

比较项	SHS	FTS
光谱仪基本组成结构	前置光学透镜 分束器 衍射光栅 扩视场光楔 信号采集器	前置光学系统 FTS 干涉仪 FTS 变换透镜 线阵探测器

续表

比较项	SHS	FTS
干涉条纹的空间频率	入射光波数 σ 、光栅 Littrow 波数 σ_0 、光栅 Littrow 角 θ 的联合函数	正比于波数 σ
干涉图函数	$I(x)=\int_0^{\infty}\mathrm{B}(\sigma)\left(1+\cos\left\{2\pi\left[4(\sigma-\sigma_0)x\tan\theta\right]\right\}\right)\mathrm{d}\sigma$	$I(x)=\frac{1}{2}\int_0^{\infty}\mathrm{B}(\sigma)\cos(2\pi\sigma\cdot x)\mathrm{d}\sigma$
光谱分辨率 δ_σ	$\delta_\sigma=4W\sigma\sin\theta$ (W 为光栅宽度)	$\delta_\sigma=\frac{1}{2}L$ (L 为最大光程差)
光谱范围	起始点为 Littrow 波数	起始点始终为零波数

3.1.1　光干涉理论

当采取某些近似时,一束光中的强度变化可以用光线管横截面的变化来描述,但是当两个或者两个以上的光束叠加在一起时，光中的强度分布一般就不能再用这种简单的方式来描述了，如果使用特殊的仪器把光源来的光分成两束，然后再把它们叠加起来，就会发现叠加区域中的强度在极大值与极小值之间逐点变化，此时极大值会超过两光束强度之和，极小值可能为零，这种现象称为干涉。严格单色光束的叠加总能产生干涉,然而实际的物理光源产生的光不会是严格单色的,其振幅和相位都经受着极快的不规则涨落，以致眼睛和通常的物理传感器无法观测。如果两束光来自同一光源，则这两束光中的涨落一般是相关的，完全相关的称为完全相干光束,部分相关的称为部分相干光束;如果两束光来自不同的光源,涨落是完全不相关的，则这些光束就称为互不相干光束。一般通过两种方法将单个光束分为几个光束：一种方法为波阵面分割法，它是让光束通过并排放置的几个小孔，适用于光源足够小的情况；另一种方法为振幅分割法，它是采用一个或多个部分反射的表面，在各个表面上，一部分光被反射，一部分光被透射，适用于扩展光源情况。在历史上，光的干涉现象曾经奠定了光的波动性的基石，现在其在光谱学和基本度量学等中具有重要的实际应用。

最早的光的干涉演示装置是由杨氏提出的，光从单色点光源 S 出发，照射到屏 A 的两个小孔 S_1 和 S_2 上；这两个小孔靠得很近，并且与 S 等距离，如图 3.1 所示。因而它们就成为两个同样的具有方向性的次级单色点光源，从 S_1 和 S_2 出来的光束在远离屏 A 的区域叠加在一起，形成干涉图样。

当从两个点光源 S_1、S_2 发出两束波长为λ的相干球面波，假定 S_1、S_2 的电场振动方向相同，则在距离这两点足够远的观察点 $P(x，y，z)$处，两束球面波的振动方向近似相同，所以两球面波在 P 点的电场扰动可用下面的标量波近似表示：

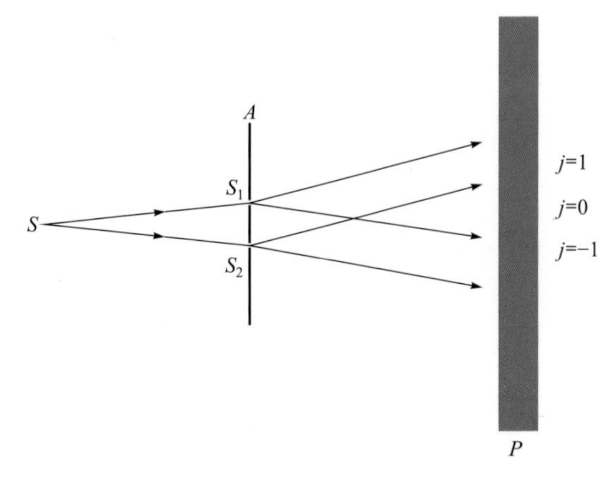

图 3.1　杨氏实验

$\dfrac{E_{10}}{d_1}\exp\left[j\left(kd_1-\omega t+\varphi_{10}\right)\right]$和$\dfrac{E_{20}}{d_2}\exp\left[j\left(kd_2-\omega t+\varphi_{20}\right)\right]$。其中，$j$ 为干涉等级；d_1 为点光源 S_1 与 P 点的距离；d_2 为点光源 S_2 与 P 点的距离；φ_{10} 为从点光源 S_1 出射时初始位相；φ_{20} 为从点光源 S_2 出射时初始位相；t 为时间；ω 为光源频率；E_{10}、E_{20} 分别为点光源 S_1、S_2 的源强度；源波面 $k=2\pi\dfrac{n}{\lambda}=2\pi\nu$，波数 $\nu=\dfrac{n}{\lambda}$，n 为介质折射率，则 nd_1、nd_2 分别为 P 与 S_1 和 S_2 之间的光程。那么 P 点的强度为

$$\begin{aligned}I(P)&=\left|\frac{E_{10}}{d_1}\exp\left[j\left(kd_1-\omega t+\varphi_{10}\right)\right]+\frac{E_{20}}{d_2}\exp\left[j\left(kd_2-\omega t+\varphi_{20}\right)\right]\right|^2\\&=\left(\frac{E_{10}}{d_1}\right)^2+\left(\frac{E_{20}}{d_2}\right)^2+2\left(\frac{E_{10}}{d_1}\right)\left(\frac{E_{20}}{d_2}\right)\cos\left[k\left(d_2-d_1\right)+\left(\varphi_{20}-\varphi_{10}\right)\right]\\&=I_1(P)+I_2(P)+2\sqrt{I_1(P)}\sqrt{I_2(P)}\cos\left[k_0l+\left(\varphi_{20}-\varphi_{10}\right)\right]\end{aligned}\tag{3.1}$$

式中，$I_1(P)$和$I_2(P)$分别为 S_1 和 S_2 单独在 P 点产生的强度；余弦函数的宗量是 S_1 和 S_2 位相差；k_0 为真空中的源波数，则 P 点对 S_1 和 S_2 的光程差 l 为

$$l=nd_2-nd_1\tag{3.2}$$

假设干涉场处于空气中，取 n=1，S_1 和 S_2 发出的球面波强度相等，即 $I_1(P)=I_2(P)$，并且初位相差 $\varphi_{20}=\varphi_{10}=0$，那么 P 点的强度就是

$$I(P)=2I_1(P)(1+\cos kl)=2I_1(P)(1+\cos 2\pi\nu l)\tag{3.3}$$

式(3.3)说明，单色光的干涉强度是关于光程差的余弦函数，对于多色光干涉的干涉条纹强度要作为概率函数来处理。但是如果取与起伏时间相比更长时间的平均值，同波长的各光束干涉条纹就以强度叠加形式形成干涉花样，在数学上表现为式(3.3)对于各个波长的叠加，则式(3.3)在探测器上所表现的信号强度为

$$I_{\mathrm{D}}(l,\nu)=2B(\nu)(1+\cos 2\pi\nu l) \tag{3.4}$$

式中，$B(\nu)$为光源或物体的光谱分布函数；l为光程差。

为求得一般情况下即输入辐射具有任意光谱分布情况下的干涉图，研究人员可以设想，式(3.4)所表达的单色辐射为具有无限窄线宽$\mathrm{d}\nu$的谱元，因而有

$$\mathrm{d}I_{\mathrm{D}}(l,\nu)=2B(\nu)(1+\cos 2\pi\nu l)\mathrm{d}\nu \tag{3.5}$$

对所有波数积分，即可得到一般情况下多色光的干涉图原始表达式：

$$I_{\mathrm{D}}(l)=\int \mathrm{d}I_{\mathrm{D}}(l,\nu)=\int_0^{\infty}2B(\nu)(1+\cos 2\pi\nu l)\mathrm{d}\nu \tag{3.6}$$

当$l=0$时有

$$I_{\mathrm{D}}(0)=\int_0^{\infty}4B(\nu)\mathrm{d}\nu \tag{3.7}$$

当$l=\infty$时，根据余弦函数性质可知，式(3.6)中包含的余弦函数积分趋于零：

$$I_{\mathrm{D}}(\infty)=\int_0^{\infty}2B(\nu)\mathrm{d}\nu=\frac{1}{2}I_{\mathrm{D}}(0) \tag{3.8}$$

由式(3.8)可得，调制充分的干涉图，也就是光学调整得很好的干涉仪给出的干涉图，其干涉主极大值应接近于$I_{\mathrm{D}}(\infty)$的二倍，这是一个对实验来说十分重要的结论。它是判断干涉仪工作情况的依据。$I_{\mathrm{D}}(\infty)$也代表了干涉图的平均值，或称干涉图的直流成分。这样可以认为，干涉图是一个相对于不相干信号电平起伏波动的信号，这个不相干信号电平就是当光程差为无穷大时的直流成分，在计算重建光谱时将它减去，于是研究人员把干涉表达式(3.6)简单地改写为

$$I_{\mathrm{D}}(l)=\int_0^{\infty}2B(\nu)(\cos 2\pi\nu l)\mathrm{d}\nu \tag{3.9}$$

而空间外差光谱仪以空间调制的方式产生两相干光束，通过改变两出射光束的波面夹角来获得光程差，实现干涉。干涉条纹的空间频率取决于入射光频率与一特定频率之间的频率差，形成频率外差干涉。

对于单个视场切片的空间外差光谱仪，两相干波前产生的干涉条纹的强度分布为两波前波矢量的函数，假设经过分束器分光之后的两光束的强度分别为I_1和I_2，波矢量分别为$\vec{k}_1$和$\vec{k}_2$，两波前在干涉位置$\vec{r}$处的位相分别为ε_1和ε_2，则干涉条纹的强度分布可表示为

$$I=I_1+I_2+2\sqrt{I_1I_2}\cos\left[\left(\vec{k}_1-\vec{k}_2\right)\cdot\vec{r}+\varepsilon_1-\varepsilon_2\right] \tag{3.10}$$

在空间外差光谱仪中，两列光波由同一光束经分束器等比例分束后至两面光

栅，则得到I_1=I_2=$I_0/2$，$\varepsilon_1=\varepsilon_2$，即式(3.10)可以简化为

$$I=I_0\left[1+\cos\left(\vec{k}_1-\vec{k}_2\right)\cdot\vec{r}\right] \tag{3.11}$$

空间外差相干双光束来自两臂光栅的衍射光波，图 3.2 为两臂光栅上的入射光与衍射光示意图，其中 x 为光栅的色散方向，z 为光轴方向，y 轴与 x、z 相互垂直，即可以理解为垂直于纸面，平行于光栅刻线方向，光矢量$\vec{k}$与 xOz 面夹角为ϕ，$\vec{k}$在 xOz 面投影与 z 轴夹角为β，光栅与光栅法线夹角为θ，$\theta=\theta_{\mathrm{L}}$。

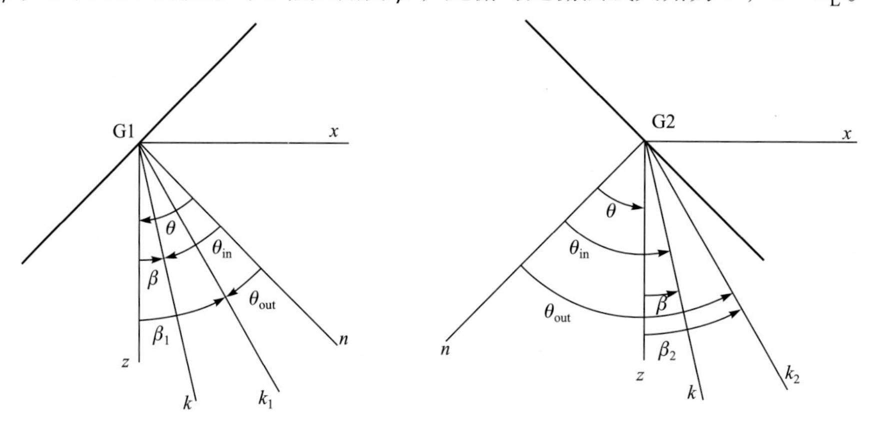

图 3.2　空间外差光谱仪中光栅衍射光示意图

光矢量$\vec{k}$在三个坐标上的分量分别为

$$\begin{cases}k_x=2\pi\sigma\cos\phi\sin\beta\\k_y=2\pi\sigma\sin\phi\\k_z=2\pi\sigma\cos\phi\cos\beta\end{cases} \tag{3.12}$$

式中，σ为入射波数。假设入射光矢量$\vec{k}$在 xOz 面内$\phi=0$，则式(3.12)可简化为

$$\begin{cases}k_x=2\pi\sigma\sin\beta\\k_z=2\pi\sigma\cos\beta\end{cases} \tag{3.13}$$

由图 3.2 可知，对于光栅 G1 存在如下关系：

$$\theta-\beta_1=\theta_{\mathrm{out}},\quad \theta-\beta=\theta_{\mathrm{in}} \tag{3.14}$$

式中，β_1为入射波数衍射之后与光轴之间的夹角，根据光栅方程可知：

$$\sigma=\left(\sin\theta_{\mathrm{in}}+\sin\theta_{\mathrm{out}}\right)=m/d \tag{3.15}$$

式中，m 为衍射级次；$1/d$ 为光栅刻线密度；θ_{out}和θ_{in}分别为入射光和衍射光的光矢量与 z 轴的夹角。假设光线沿着槽面法线入射，则有$\theta_{\mathrm{out}}=\theta_{\mathrm{in}}=\theta_{\mathrm{L}}$，于是光栅方程可改写为

$$2\sigma_{\mathrm{L}}\sin\theta_{\mathrm{L}}=m/d \tag{3.16}$$

将式(3.16)代入式(3.15)中得到：

$$\sin\theta_{\mathrm{out}}=\frac{2\sigma_{\mathrm{L}}\sin\theta_{\mathrm{L}}}{\sigma\cos\phi}-\sin\theta_{\mathrm{in}} \tag{3.17}$$

由图3.2可知，对于光栅G1和光栅G2分别有

$$\mathrm{G1}:\ \begin{cases}\theta-\beta_1=\theta_{\mathrm{out}}\\ \theta-\beta=\theta_{\mathrm{in}}\end{cases} \tag{3.18}$$

$$\mathrm{G2}:\ \begin{cases}\theta+\beta_2=\theta_{\mathrm{out}}\\ \theta+\beta=\theta_{\mathrm{in}}\end{cases} \tag{3.19}$$

则式(3.17)变为

$$\sin\left(\theta\mp\beta_{1,2}\right)=\frac{2\sigma_{\mathrm{L}}\sin\theta_{\mathrm{L}}}{\sigma\cos\phi}-\sin\left(\theta\mp\beta\right) \tag{3.20}$$

对于沿光轴入射的 Littrow 波数光线有 $\beta=0$、$\phi=0$、$\theta=\theta_{\mathrm{L}}$，并且对于非 Littrow 波数衍射角 $\beta_{1,2}$ 较小，即 $\cos\beta_{1,2}\approx 1$，$\sin\beta_{1,2}\approx\beta_{1,2}$。对于式(3.20)左边进行三角函数展开并取近似可得

$$\beta_{1,2}=\pm 2\tan\theta_{\mathrm{L}}\frac{\sigma-\sigma_{\mathrm{L}}}{\sigma} \tag{3.21}$$

由式(3.20)可知经两光栅衍射后出射波前与光轴具有相同的夹角，但方向相反。则 $\vec{k}_1-\vec{k}_2$ 变为

$$\begin{cases}k_{x_1}-k_{x_2}=2\pi\sigma\left(\beta_1-\beta_2\right)=2\pi\cdot 4\tan\theta_{\mathrm{L}}\left(\sigma-\sigma_{\mathrm{L}}\right)\\ k_{y_1}-k_{y_2}=0\\ k_{z_1}-k_{z_2}=0\end{cases} \tag{3.22}$$

将式(3.21)代入式(3.22)，此时式变为

$$I(x)=I_0\left(1+\cos\left\{2\pi\left[4\tan\theta_{\mathrm{L}}\left(\sigma-\sigma_{\mathrm{L}}\right)x\right]\right\}\right) \tag{3.23}$$

即空间外差光谱仪干涉条纹频率 $f_x=4\tan\theta_{\mathrm{L}}\left(\sigma-\sigma_{\mathrm{L}}\right)$，从此式中可以看出 f_x 与空间外差波数成正比，在基频波长左右两侧波数均可形成干涉条纹。空间外差干涉光谱仪采取频率外差的调制方式，极大地降低了对空间频率记录的要求，解决了传统干涉仪短波难以实现的问题。

由式(3.23)可知，干涉图与 y、z 无关，仅仅是 x 的函数，即干涉条纹的强度仅沿 x 轴发生变化。对式(3.23)进行积分可得轴上点多色点光源的干涉图表达式：

$$I(x)=\int_0^{\infty}B(\sigma)\left(1+\cos\left\{2\pi\left[4\tan\theta_{\mathrm{L}}\left(\sigma-\sigma_{\mathrm{L}}\right)x\right]\right\}\right)\mathrm{d}\sigma \tag{3.24}$$

式中，$B(\sigma)\mathrm{d}\sigma$ 为 σ 波数的入射光强度，显而易见的是式(3.24)右边第一项为常数项，与光程差及其改变无关，是干涉图的直流成分。干涉图是一个相对于不相干信号电平起伏波动的信号，在通过干涉图计算复原光谱时应该减去直流成分，因此干涉图的可变部分表达式：

$$I(x)=\int_{0}^{\infty}B(\sigma)\left(\cos\left\{2\pi\left[4\tan\theta_{\mathrm{L}}(\sigma-\sigma_{\mathrm{L}})x\right]\right\}\right)\mathrm{d}\sigma \tag{3.25}$$

由式(3.25)可知，干涉光函数 $I(x)$ 为入射光函数 $B(\sigma)$ 的傅里叶余弦变换，其随着光程差的改变而改变，对于 Littrow 波数的入射光，经分束后再次相遇的两束光的光程差 l 与 x 之间的关系式为

$$l=4x\tan\theta_{\mathrm{L}} \tag{3.26}$$

为了使干涉图经过傅里叶变换之后得到光谱图，假设入射光谱为一偶函数，即 $B(\sigma')=B(-\sigma')$，从而将光谱扩展到负波数区域。因此空间外差光谱仪系统中的入射光谱可以表示为

$$B(\sigma)=\frac{1}{2}\left[B(\sigma')+B(-\sigma')\right] \tag{3.27}$$

式中，$\sigma'=\sigma-\sigma_{\mathrm{L}}$。将式(3.27)代入式(3.25)得到空间外差光谱仪的一般表达形式：

$$I(x)=\int_{-\infty}^{+\infty}B(\sigma)\left(\cos\left\{2\pi\left[4\tan\theta_{\mathrm{L}}(\sigma-\sigma_{\mathrm{L}})x\right]\right\}\right)\mathrm{d}\sigma \tag{3.28}$$

3.1.2 光谱分辨能力

要想明确光谱仪的光谱分辨能力，首先就要确定要采用什么样的判据来定义分辨率。最常用的有瑞利(Rayleigh)判据和 Sparrow 判据。其中瑞利判据认为当甲、乙两条强度相等的对称光谱线恰能分辨时，甲光谱线的中央极大位置恰与乙光谱线的第一极小位置重合，反之亦然，当仪器函数为 $\sin c^2 x$ 型函数时，两谱线主峰值间的凹陷点强度值约为主峰值强度的 80%，则认为二谱线是可以分辨的。而 Sparrow 判据则是直接以仪器输出的光谱形状作为其是否可分辨的依据：当两等强度的对称谱线可被分辨时，其合成光谱分布曲线中二谱线峰之间有下凹(即将二谱线之间的平坦视为是否可分辨的极限)。

空间外差光谱仪在不需要扫描动镜的情况下，就可以在极窄的波段范围内获得超高的光谱分辨能力，系统基频波数形成零空间频率干涉条纹保证了探测器的像元得到充分利用，在需要探测的波段范围内选择合适的基频波长，SHS 系统便可以在该探测波段上实现超高的光谱分辨率。

假设两相干波的最大光程差为 L，则根据式(3.26)可知 $L=4x_{\mathrm{m}}\tan\theta_{\mathrm{L}}$，$x_{\mathrm{m}}$ 为

光栅色散方向最大长度。由瑞利判据可得空间外差光谱仪的光谱分辨率的波数差为

$$\delta_\sigma = \frac{1}{8x_m \tan\theta_L} = \frac{1}{2L} \tag{3.29}$$

假设光栅宽度为 W，那么光栅与投影到探测器面上的宽度 x_m 如图 3.3 所示，则有 $W = 2x_m / \cos\theta_L$，因此空间外差光谱仪的分辨能力为

$$R_0 = 4W\sigma\sin\theta \tag{3.30}$$

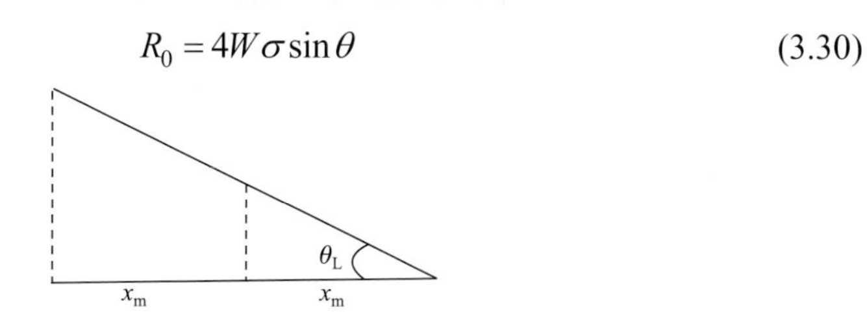

图 3.3　光栅面与探测器的投影图示意图

根据光栅方程：

$$2\sigma\sin\theta = \frac{k}{d} \tag{3.31}$$

式中，d 为光栅刻线数。衍射级 k 取 1，则

$$R_0 = 2\cdot W\cdot\frac{1}{d} \tag{3.32}$$

由式(3.32)可知，空间外差光谱仪的分辨能力等于两个光栅的理论分辨能力。

3.1.3　仪器线型函数

仪器线型函数(instrumental line shape，ILS)与仪器分辨率直接相关，通过将单色光入射至仪器后获取的谱线分布函数，就可以得到仪器线型函数。根据半高线宽判据，要使复原光谱可分辨，需要两单色谱线的间距大于仪器线型函数半高线宽。由于仪器的原始 ILS 并非理想谱线函数，需要对其进行切趾处理以消除主峰附近的旁瓣,从而改变空间外差光谱仪 ILS 的形状,光谱分辨率也因此有所下降。

对于波数为 σ_1 的单色光，其光谱可用狄拉克函数 δ 表示为

$$B(\sigma) = \frac{1}{2}\left[\delta(\sigma+\sigma_1) + \delta(\sigma-\sigma_1)\right] \tag{3.33}$$

空间外差光谱仪探测器记录的是干涉光谱函数 $I(u)$，目的是求得入射光谱函数：

$$B(\sigma') = \int_{-\infty}^{+\infty} I(u)\cos(2\pi\sigma' u)\,\mathrm{d}u \tag{3.34}$$

测量到无限大的光程差，永远是测量到某一有限的最大光程差 L 为止，因此在计算复原光谱时计算的是 $B(\sigma')$，其表达式为

$$B(\sigma') = \int_{-\infty}^{+\infty} I(u)T(u)\cos(2\pi\sigma' u)\mathrm{d}u \tag{3.35}$$

$$T(u) = \mathrm{rect}\left(\frac{\mu}{2L}\right) = \begin{cases} 1, & u < L \\ 0, & u > L \end{cases} \tag{3.36}$$

式(3.35)和式(3.36)表明，矩形函数的作用是计算$-L \sim L$的干涉图，而截去这一区域以外的干涉图。根据卷积定理可知两个函数乘积的傅里叶变换等于各自傅里叶变换的卷积，因此计算输出光谱$B_{\mathrm{e}}(\sigma')$等于输入光谱$B(\sigma')$与仪器线型函数的卷积[2-4]。

$$B_{\mathrm{e}}(\sigma') = B(\sigma') \times \mathrm{FT}^{-1}\left[T(u)\right] = B(\sigma')\mathrm{ILS} \tag{3.37}$$

式中，FT^{-1}表示傅里叶逆变换。

仪器线型函数可以被认为是对单色光干涉图进行复议后的光谱曲线，该光谱曲线是对矩形截断函数$T(u)$的傅里叶变换结果，因此空间外差光谱仪的仪器函数可以表示为

$$\begin{aligned} t(\sigma' - \sigma_1') &= 2L\left\{\frac{\sin\left[2\pi L(\sigma' - \sigma_1')\right]}{2\pi L(\sigma' - \sigma_1')} + \frac{\sin\left[2\pi L(\sigma' + \sigma_1')\right]}{2\pi L(\sigma' + \sigma_1')}\right\} \\ &= 2L\left\{\sin c\left[2\pi L(\sigma' - \sigma_1')\right] + \sin c\left[2\pi L(\sigma' + \sigma_1')\right]\right\} \end{aligned} \tag{3.38}$$

对于复原光谱$B_{\mathrm{e}}(\sigma')$，在仪器设计和制造的过程中，其波数范围是有限的，因此实际得到的光谱数据为

$$B_{\mathrm{e}}(\sigma') = B(\sigma') \times \mathrm{FT}^{-1}\left[T(u)\right] = B(\sigma')\mathrm{ILS}, \sigma_{\min} \leqslant \sigma' \leqslant \sigma_{\max} \tag{3.39}$$

由式(3.39)可知，实际影响复原光谱的因素有两个因素：一个是光谱截断函数$T(u)$，另一个是仪器线型函数 ILS。

3.1.4　其他相关理论

在空间环境下，由于温度特性的影响，可能形成集成干涉仪的温度梯度，且集成干涉仪由于光学材料和金属结构材料差异，膨胀系数不一致，从而产生内部应力及微小形变，尤其光栅刻线周期发生变化将会严重影响集成干涉仪的性能。

环境温度的改变对于无焦的各棱镜元件而言，只能引起其光轴上中心厚度的变化以及径向尺寸的改变。对于光栅，由于高温膨胀，其刻线密度会随之减小，低温收缩，其刻线密度会随之增大。因此针对干涉组件中其余元件参数不受温度变化的影响，这里我们讨论仅改变光栅刻线密度，即可定量分析光栅周期受温度微量改变而对谱图的影响。

光栅刻线密度的改变会使得系统基频和光谱分辨率均发生变化。温度升高时，

刻线密度变小，依据光栅方程可知，当 Littrow 角不变的情况下，基频会随着刻线密度的减小而增大。同时依据光谱分辨能力关系式(3.30)和式(3.32)可知，探测器大小和成像镜头的缩放比决定了光栅有效刻画区域的尺寸为常量保持不变，当高温引起刻线密度下降时，光谱分辨能力也随之下降。

3.2　干涉图数据分析与处理

光谱仪得到的原始数据是干涉数据，而科研人员最终需要的数据是光谱数据。因此在光谱数据重建过程中，干涉数据的精确程度和算法的好坏对最终的光谱数据质量至关重要。

毫无疑问的是 SHS 技术是一种全新的具有超高分辨率的光谱技术。与传统的傅里叶变换光谱仪调制方法不同，空间外差光谱仪使用空间外差调制获取干涉图，信噪比易受多种因素影响，且干扰信号的精细谱线亦会同时被探测到，因加工和调整误差、背景及其他干扰都将引起干涉图变化，这对目标信息的提取提出极高的要求。需要使用适当的算法对干涉图像进行处理和分析。

3.2.1　光谱图重建

本书涉及的光谱图重建主要包括以下几步：去除低频分量，相位校正与干涉数据共轭傅里叶变换及充零[5]。

1. 去除低频分量

实际的空间外差光谱系统中常数因子 C 往往不是理想的恒定的某一个值，而是光学系统视场效用、各光学元件的透过率以及装调误差引入的低频误差综合作用的结果。在干涉数据中表现为一个缓变的低频成分。其傅里叶变换的结果也体现在有效光谱范围之外的低频部分，通常在实际的数据处理过程中采用多项式拟合的方法在干涉数据中将缓变的低频成分扣除，拟合公式如下所示：

$$I_a(i\cdot\Delta x)=a_0+a_1(i\cdot\Delta x)+a_2(i\cdot\Delta x)^2+\cdots+a_{n-1}(i\cdot\Delta x)^{n-1} \tag{3.40}$$

其中 $a_i(i=0,1,2\cdots,n-1)$ 为拟合出的多项式系数。最小二乘求解多项式系数的原理是使拟合曲线与被拟合曲线之间的判据值达到最小，判据公式表示为

$$\varphi(a)=\sum_{k=1}^{N}(I_k-I_{ak}) \tag{3.41}$$

令 $x=(I_k-I_{ak})$，经典最小二乘拟合中的代价函数定义为

$$\chi(x)=x^2 \tag{3.42}$$

即与平均信号偏差越大的数据在拟合中占的权重也就越大。对于连续光产生的干涉数据，在零光程差点数值理论上是光程差无穷大处干涉数据的两倍，并且在其附近数据也剧烈振荡。干涉数据的多项式拟合是为了去除数据中的缓变成分，传统最小二乘拟合过程中，零光程差点及其附近数据在拟合系数求解中所占权重较大，影响计算拟合系数。去除低频分量的结果，使得干涉数据基线值在零值附近，干涉数据旁瓣在基线附近振荡[5, 6]。

2. 相位校正

傅里叶变换基本方程组成立的前提是干涉图数据必须为一个对称数据，并且对称中心为零光程差点。而实际中采用一定面积探测器像元对干涉数据的采样过程中往往无法对零光程差点进行准确采样，此时我们得到的是一个非对称的干涉数据，最终导致通过傅里叶变换获得的光谱中存在相位误差。此外，分束器的色散效应、电子学系统中的滤波和噪声等都会引入相位误差。

相位校正就是将非对称的干涉图对称化的过程，由于光谱相位一般是随着波数缓慢变化的，因此实际中为了减小计算量往往通过短双边干涉数据计算相位，然后通过充零的方式匹配数据点数。相位校正可以在光谱域乘以 $\mathrm{e}^{-i\phi(\sigma)}$ 或者在干涉域卷积 $\mathrm{e}^{-i\phi(\sigma)}$ 的傅里叶变换完成，分别对应 Mertz 法和 Forman 法[7, 8]。

Mertz 法相位校正核心思想就是在光谱域乘以相位误差的倒数，即校正后的光谱

$$B_{\mathrm{c}}(\sigma)=\left[B(\sigma)\mathrm{e}^{i\phi(\sigma)}\right]\mathrm{e}^{-i\phi(\sigma)} \tag{3.43}$$

首先以零光程差点为中心提取短双边对称干涉图，对干涉图进行切趾，利用切趾后的短双边干涉数据分别计算光谱的实部、虚部及相位，相位需要通过差值与待校正光谱数据采样点匹配。干涉数据切趾并复原光谱，过零采样干涉数据切趾函数需要保证以零光程差为中心左右两侧数据权重一致。根据式(3.43)在光谱域通过乘以相位误差的倒数最终得到校正的光谱。

Forman 法相位校正又称对称卷积法，同样利用短双边干涉数据计算低分辨率相位，通过式(3.43)将相位谱通过傅里叶变换转换到光谱域得到相位校正函数(phase correction function，PCF)，

$$\mathrm{PCF}(x)=\int_{-\infty}^{+\infty}\mathrm{e}^{-i\phi(\sigma)}\mathrm{e}^{2\pi\sigma x}\mathrm{d}\sigma \tag{3.44}$$

PCF 切趾后与待校正干涉数据进行卷积，得到校正之后的干涉数据 $I_{\mathrm{C}}(x)$：

$$I_{\mathrm{C}}(x)=I_{\mathrm{O}}(x)\otimes\mathrm{PCF}(x) \tag{3.45}$$

Mertz 法与 Forman 法理论上具有相同的校正效果，但比较两种方法的校正过程可知，Mertz 法校正过程中要求对原始干涉数据进行切趾，这会大大降低复原光谱的分辨率；Forman 法求出的相位校正函数可以进行切趾处理，避免在校正过程中引入截断误差[6]。

3. 干涉数据共轭傅里叶变换及充零

空间外差光谱仪干涉数据每个数据点都含有所有测量谱段的信息，傅里叶变换就是将干涉数据按频率信息重新排列解调的过程。空间外差光谱仪干涉数据以像元大小等间隔采样，因此可以采用快速傅里叶变换进行空域到频域的转换[9-11]。因此双边对称采样干涉数据不建议在干涉数据处理过程中使用共轭对称化处理[6]。

为了更好地了解光谱的细节，干涉数据复原光谱时往往进行充零处理。充零就是在干涉数据末端补零，根据傅里叶变换的性质，干涉数据时域补零相当于频域插值，充零后复原光谱点数变多，原来的光谱特征由更小间隔的数据点体现，光谱细节更加明显，但不改变光谱的真实分辨率。

3.2.2　干涉图数据处理

空间外差光谱仪在采集干涉数据时，常常受到各种因素的影响而产生许多的噪声信息：两臂光栅的转角不一致、厚度不一致；窄带滤光片截止深度和陡度的误差；分束器的误差；准直系统的偏差；探测器的制造工艺等。结合不同噪声信息的性质，我们采取不同的消噪方法：有的噪声信息需要通过实验测试的方法进行校正，有的噪声信息则需要数学算法的手段进行消噪处理。

1. 干涉图预处理

干涉图预处理是为了消除光谱转换之前就存在的误差以提高转换之后光谱数据的准确度，主要包括去噪、去基线等处理。

1) 干涉图重复采样去噪

干涉图噪声主要来源于两个方面：一是系统所用的透镜、光栅等光学器件在制造时制造技艺导致的细微畸变；二是数据采集过程中周围环境带来的干扰，如空气中的灰尘等。目前针对这类噪声的抑制方案有许多种，传统的低通滤波、高通滤波以及自适应滤波都可以起到去噪的作用。当采用面阵 CCD 探测器进行干涉图采样时，被测信号是恒定不变的，那么可以对同一信号进行多次重复采样，取平均值就可以有效地消除高频噪声。

2) 去基线

基线是干涉系统中一个重要的参数，去基线在干涉图预处理中也是一个必不可少的过程。干涉数据存在低频基线的干扰将会导致傅里叶变换光谱中出现低频假信号。目前去基线的方法主要有一阶差分去基线、阈值拟合技术、小波去基线等。其中一阶差分去基线通过将干涉图的后一点的值减去前一点的值来起到相当于高通滤波的作用；阈值拟合技术综合利用曲线拟合和阈值截断技术来去基线，该方法首先读取需要处理的干涉信号，其次，利用最小二乘法对信号曲线进行拟合得到拟合曲线，再次，在信号峰值区域，把拟合曲线上的各点的值作为信号曲线上对应点的阈值，将信号曲线上超出阈值的部分截断，得到截断曲线，最后，将截断曲线进行最小二乘拟合得到新的拟合曲线，重复上述步骤，直到截断曲线以及拟合曲线刚好重合，此时得到的拟合曲线即基线；小波去基线通过小波变换的多尺度分解，在分解的低频系数中可观察到信号的基线趋势，再将原始信号减去基线即可。

2. 切趾

空间外差光谱仪获得的干涉图是在有限光程差区间内得到的干涉图，这也就意味着需要强制干涉图在此区间之外骤降为零，导致干涉图在区间边缘出现尖锐的不连续性。利用该干涉图复原光谱会产生旁瓣。虚假信号往往是正值旁瓣的来源，而临近的微弱光谱信号常常被强大的负值旁瓣所淹没。因此需要采取适当的措施抑制旁瓣，抑制旁瓣的做法称为切趾，又称为加窗。切趾实际上就是频域滤波，即用一渐进权重函数(切趾函数)与干涉图相乘。传统干涉仪干涉图的切趾函数同样适用于空间外差光谱仪的干涉图数据处理，处理过程也没有较大区别。常见的切趾函数有矩形函数、三角函数、梯形函数等 20 多种，不同的切趾函数具有不同的特性。通常切趾函数的选择要遵循以下四点要求[12]。

(1) 函数形式应较简单，计算量小，便于计算；

(2) 要使得仪器谱线函数的主瓣尽量窄；

(3) 旁瓣尽量低，避免在间断点处有大幅度的振荡；

(4) 对光谱点的统计独立性破坏要小。

同时满足以上四点的切趾函数仅存在于理论层面，具体的切趾函数选择还需要结合实际情况合理选择。

3. 相位校正

探测器采样的非对称性，导致干涉图两端不对称，采样过程没有包含真正的零光程差点，这样将会产生相位误差 $\Phi(k)$，此时干涉图变为

$$I'(x)=\int_0^{\infty}B(k)\left\{1+\cos\left[2\pi kx+\Phi(x)\right]\right\}\mathrm{d}k \tag{3.46}$$

其相位校正与传统 FTS 技术中的相位校正方法基本相同；首先对干涉图进行傅里叶变换，得到振幅光谱：

$$B'(k)=\sqrt{B_{\mathrm{r}}(k)^2+B_{\mathrm{i}}(k)^2} \tag{3.47}$$

式中，$B_{\mathrm{r}}(k)$表示傅里叶变换光谱强度的实部；$B_{\mathrm{i}}(k)$表示傅里叶变换光谱强度的虚部。傅里叶变换所得到的相位光谱表达式为

$$\Phi(x)=\arctan\frac{B_{\mathrm{i}}(k)}{B_{\mathrm{r}}(k)}=\arctan\frac{\int_{-\mathrm{L}}^{+\mathrm{L}}I'(x)\sin(2\pi kx)\mathrm{d}x}{\int_{-\mathrm{L}}^{+\mathrm{L}}I'(x)\cos(2\pi kx)\mathrm{d}x} \tag{3.48}$$

从而得到最终的校正光谱为

$$B(k)=B_{\mathrm{r}}(k)\cos\left[\Phi(k)\right]+B_{\mathrm{i}}(k)\sin\left[\Phi(k)\right] \tag{3.49}$$

4. 波长定标

将干涉图像转换为光谱图像时，虽然可以利用公式进行理论计算获得光谱的光谱范围和光谱分辨率，但在实际应用中，系统误差会导致光谱谱线频移以及展宽，从而使得光谱范围和光谱分辨率与理论值之间存在较大误差。波长定标的目的就是获取空间外差光谱仪光谱范围和光谱分辨率的实际值。通过波长定标得到的光谱才是准确的谱线。科研人员根据波长定标的实际要求，利用可调谐激光器(可在一定范围内连续改变激光输出的波长)和元素光谱灯(利用各种不同气体或金属蒸气的蒸气放电灯发出特定波长的光谱)作为实验光源，制定了两种光谱定标方案，可以准确地进行波长定标[13]。

5. 辐射定标

光谱仪直接获取的是探测仪输出的灰度值，辐射定标的目的就是建立仪器输出信号与输入光谱辐亮度之间的定量关系。实际情况中，辐射定标数据处理与分析包括空间外差光谱仪系统稳定性检验以及系统响应度的计算。稳定性定标采用光源均匀性和稳定性都很好的积分球系统，而响应度定标科研人员一般采用标准灯和漫反射板系统作为已知亮度光源来对空间外差光谱仪进行响应度定标[13]。

通过上述一系列的处理，最终从仪器直接获得的干涉数据已经转换为可以用于反演的辐亮度光谱数据。

随着空间外差光谱技术的迅速发展，传统的空间外差光谱仪在某些方面已经不能满足当前的科研需求了，已经有科研人员开始改进传统的空间外差光谱仪来满足新时代的研究需求。例如中国科学院西安光学精密机械研究所在 2018 年开始研究紧凑型空间外差成像光谱仪，相较于传统的空间外差光谱仪，该光谱仪低色

散模块与高色散模块的参数匹配使得干涉图定域于干涉仪外部，全系统仅需要一组前置望远镜即可实现对观测目标干涉图和影像的获取，易于实现仪器的紧凑小型化设计[14]；安光所在 2016 年通过增加光栅到分束器的距离，着手解决由光谱分辨率、光谱范围以及探测器像元之间的制约关系导致的空间外差光谱仪只能在一个非常窄的光谱范围内具有极高的光谱分辨率的问题[15]。

参 考 文 献

[1] 叶焕玲，叶松，王日明. 空间外差光谱技术与 FTS 的比较研究[J]. 光学技术，2009, 35(1):102-104.

[2] 叶松. 空间外差光谱技术研究[D]. 合肥：中国科学院安徽光学精密机械研究所, 2007.

[3] 刘鹏, 王培纲, 华建文,等. 傅里叶光谱仪光谱定标及仪器线性函数测定[J]. 科学技术与工程, 2007, 7(17):4408-4411.

[4] Saarinen P, Kauppinen J. Spectral line-shape distortions in Michelson interferometers due to off-focus radiation source[J]. Applied Optics, 1992, 31(13):2353-2359.

[5] Mazet V, Carteret C, Brie D, et al. Background removal from spectra by designing and minimising a non-quadratic cost function[J]. Chemometrics and Intelligent Laboratory Systems, 2005, 76(2):121-133.

[6] 李志伟. 空间外差光谱仪光谱重构关键技术研究[D]. 北京：中国科学院大学，2015.

[7] Forman M L, Steel W H, Vanasse G A. Correction of asymmetric interferograms obtained in Fourier spectroscopy[J]. Josa, 1966, 56(1):59-61.

[8] Sanderson R B, Bell E E . Multiplicative correction of phase errors in Fourier spectroscopy[J]. Applied Optics, 1973, 12(2):266-270.

[9] 相里斌, 袁艳. 单边干涉图的数据处理方法研究[J]. 光子学报, 2006, 35(12):1869-1874.

[10] 李苏宁, 朱日宏, 李建欣, 等. 傅里叶干涉成像光谱技术中的重构方法[J]. 应用光学, 2009, 30(2):268-272.

[11] 季虎, 夏胜平, 郁文贤. 快速傅里叶变换算法概述[J]. 现代电子技术, 2001, (8):11-14.

[12] 杨露. 干涉成像光谱技术中干涉图处理的研究[D]. 南京：南京理工大学, 2007.

[13] 施海亮, 熊伟, 邹铭敏, 等. 空间外差光谱仪定标方法研究[J]. 光谱学与光谱分析, 2010, 30(6):1683-1687.

[14] 尹诗, 冯玉涛, 白清兰. 紧凑型空间外差成像光谱仪设计[J]. 光子学报, 2018, 47(3): 155-163.

[15] 李志伟, 熊伟, 施海亮, 等. 非对称空间外差光谱技术研究[J]. 光谱学与光谱分析, 2016, 36(7):2291-2295.

第 4 章　大气辐射传输基础

太阳辐射能是大气辐射传输的基本物理量，也是重要的入射参量，清楚地了解辐射传输物理机制是痕量气体反演的研究基础。利用遥感数据进行痕量气体成分反演时,需要清楚地掌握大气辐射的观测几何特性和辐射机理等相关理论知识，同时还需要清楚地了解大气辐射传输原理。

4.1　地球大气的基本组成

地球由大气圈、水圈、岩石圈以及生物圈构成，而大气圈作为离人类最遥远但是关系却又最密切的圈层,对其的研究从探空气球到遥感卫星,就从未停止过。从人造卫星上观测地球大气，它就像地球的一层薄壳，呈浅蓝色且透明。地球大气由多种气体混合而成。在 85km 高度之下的各种气体成分中，一般可以分成两类。第一类被称为常定成分，即各种成分之间大致保持固定的比例，这些成分主要包括氮、氧，以及氦、氖、氩、氙等微量惰性气体。第二类气体被称为可变成分，这些成分在大气中所占的比例随时间、地点而变，而且变化幅度很大，如水汽存在相变；二氧化碳和臭氧在大气中所占比例虽然很小，但是它们含量的变化具有影响气候的重要作用；此外还有一些碳、硫、氮的氧化物，由于人类活动的影响或者特殊的自然条件下，在局部区域浓度会变得很大，这样会产生一系列的有害环境问题。干空气中的四种主要成分见表 4.1，次要成分见表 4.2。

表 4.1　干空气的主要成分(对流层内)

气体		分子量	容积百分比/%	质量百分比/%	浓度/(μg/m^3)	比气体常数/[J/(kg · K)]
常定成分	氮(N_2)	28.0134	78.084	75.52	9.76×10^8	296.80
	氧(O_2)	31.9988	20.948	23.15	2.98×10^8	259.82
	氩(Ar)	39.948	0.934	1.28	1.66×10^7	208.13
可变成分	二氧化碳(CO_2)	44.0099	0.033	0.05	$(4\sim8)\times10^5$	188.92

表 4.2　干空气的次要成分(对流层内)

气体		分子量	浓度/ppmv[①]	浓度/(μg/m³)
常定成分	氖(Ne)	20.183	18.18	1.6×10^4
	氦(He)	4.003	5.24	920
	氪(Kr)	83.80	1.14	4100
	氙(Xe)	131.30	0.087	500
可变成分	一氧化碳(CO)	28.01	0.01～0.2	10～200
	甲烷(CH_4)	16.04	1.2～1.5	850～1100
	甲醇(CH_2O)	30.03	0～0.1	0～16
	氧化亚氮(N_2O)	44.01	0.25～0.6	500～1200
	氨(NH_3)	17.03	0.002～0.02	2～20
	二氧化氮(NO_2)	46.00	$(1～4.5) \times 10^{-4}$	2～8
	二氧化硫(SO_2)	64.06	0～0.02	0～50
	硫化氢(H_2S)	34.07	$(2～20) \times 10^{-3}$	3～30
	氯(Cl_2)	70.90	$(3～15) \times 10^{-4}$	1～5
	碘(I_2)	253.80	$(0.4～4) \times 10^{-5}$	0.05～0.5
	氢(H_2)	2.016	0.4～1.0	36～90
	臭氧(O_3)	47.998	0～0.05	0～100

简单地了解地球大气成分的基本组成之后，再来了解一下地球大气的结构组成。

根据地球大气在不同高度具有的不同特征，可将大气分为若干层。最为常用的分层法有以下几种：第一，按地球大气的温度结构分层，即根据垂直温度梯度，把地球大气分为对流层、平流层、中间层和热层。第二，按大气的成分结构分层，把大气分为均质层和非均质层。第三，按大气的压力结构分层，分为气压层和外大气层(逸散层)。第四，按大气的电离结构分层，分为电离层和磁层。这其中以按大气的温度结构分层的方法最为人们所熟知，如图 4.1 所示，对流层的高度为 5～10km，随着高度的升高，温度逐渐降低(平均而言，每升高 100m，对流层大气温度就会下降约 0.65℃)。该层大气的对流交换作用，使得此层内的空气得以上下交换，又因为该层集中了大气质量的四分之三和几乎全部水汽，所以云、雨主要在该层形成。平流层的高度介于对流层顶以上至 50km 高度附近。平流层底层的温度随高度增加基本不变或者微微升高，其主要成分是臭氧，该层对太阳紫外辐射具有强烈的吸收作用，使得紫外辐射对人体的伤害大大减小；平流层顶以上至 85km 左右的大气被称为中间层，此层气温随高度增加而递减，到达中间层顶

① ppmv 为体积混合比百万分，表示大气成分的体积和与之共存的空气的体积之比(百万分之一)。

时达到最低。当高度达到 85km 以上时，空气极为稀薄，大气温度也随高度的增加而迅速增加，大约在 500km 附近温度可达到 2000K，一般将此层大气称为热层。

通常意义上将高度为 20～120km 的大气层称为中高层大气，这包括了大部分平流层、全部中间层及热层底部。从工业革命开始到现在，人类向大气中排放了越来越多的气体，已经扰动了中高层大气的大气结构并影响了其中的许多化学反应，影响了整层大气环境，导致一系列的全球性气候环境问题，如气候变暖、臭氧层空洞。有研究表明，中间层和热层的降温、夜间云出现频次增加等现象与越来越多的人为排放的甲烷和二氧化碳气体有密切关系。中高层大气是目前人类认识较少的大气区域，虽然其质量占总大气质量不到 10%，但却是各类航天飞行器的主要活动区域，也是其发射和运行的重要区域，因此成为空间天气和空间环境研究的热点区域之一，而在全球气候变化的背景下，中高层大气对痕量气体的负载和清除能力已经越来越成为科学家们关注的焦点，本书将中高层大气确定为研究 OH 自由基的高度范围。

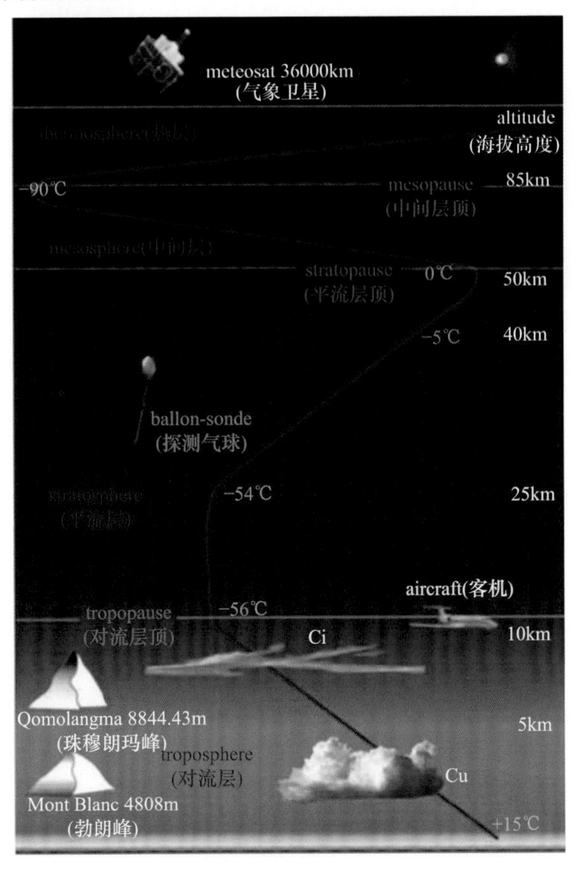

图 4.1　大气垂直结构

4.2 辐射传输的基本物理量

在辐射传输中会涉及许多有关辐射的物理参量。下面对这些基本的辐射传输相关物理量进行简单介绍。

辐射量的定义有两种：辐射测量(radiometry)和光度测量(photometry)。这两个量之间有着不同的术语和单位。辐射测量是以伽马射线到电磁波的整个波长范围为对象的物理辐射量的测定；而光度测量是对人类具有视觉感应的波段即可见光所引起的物理辐射量的测定。

(1) 在单位时间内传输的辐射能量，称为辐射通量(radiant flux)：

$$\Phi = \mathrm{d}\mathcal{Q} / \mathrm{d}t \tag{4.1}$$

辐射通量又称为辐射功率，单位是 W。在大多数情况下，辐射与所考虑的波长和光谱间隔关系很大，常常涉及光谱辐射通量(spectral radiant flux)，定义为

$$\Phi_\lambda = \mathrm{d}\mathcal{Q} / \mathrm{d}\lambda \tag{4.2}$$

光谱辐射通量的单位是 W/nm。对光谱辐射通量积分，就可以得到特定光谱间隔中的辐射通量。分析辐射场常常需要考虑立体角(solid angle)内的辐射能量，立体角定义为锥体所拦截的球面积 σ 与球半径 r 的平方之比，可表示为

$$\Omega = \sigma / r^2 \tag{4.3}$$

光源放射的辐射通量通常在各个方向是不均一的，大多数类型的表面在不同程度上显示出余弦特性，如太阳和绝大部分地球表面。如图 4.2 所示，在立体角元 $\mathrm{d}\Omega$ 中放射的辐射通量 $\mathrm{d}\Phi$ 随着与面法线的夹角 θ 的变化遵从式(4.4)：

$$\mathrm{d}\Phi_\theta = \mathrm{d}\Phi_n \cos\theta \tag{4.4}$$

这就是 Lambert 余弦定律，对于遵循该定律的反射体或者反射体就称为 Lambert 体或者全漫射面。

(2) 对于一个点辐射源，定义射向某一方向的单位立体角的光谱辐射通量为辐射强度(radiant intensity)。

$$I = \mathrm{d}\Phi / \mathrm{d}\Omega \tag{4.5}$$

(3) 强度的概念也可以应用到扩展源的元面积上，它可以是放射体也可以是一个反射体的表面。把单位立体角、单位时间内，从外表面在某一方向的单位投影面积上辐射出的辐射能量称为辐射亮度(radiance)，如图 4.3 所示。

$$L = \frac{\mathrm{d}^2\Phi}{(\mathrm{d}A\cos\theta)\mathrm{d}\Omega} \tag{4.6}$$

辐射亮度有时简称为辐亮度，单位是 W/(m^2 · sr[①])。辐射亮度是遥感探测中使用最多的术语，这是因为传感器采集的数据与辐射亮度具有对应关系。

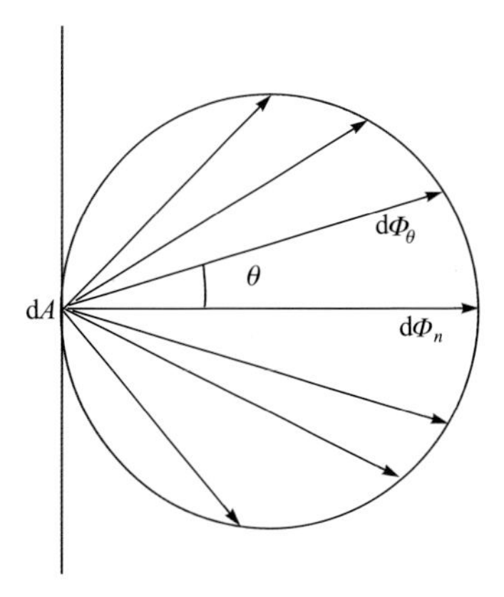

图 4.2　Lambert 余弦辐射体图

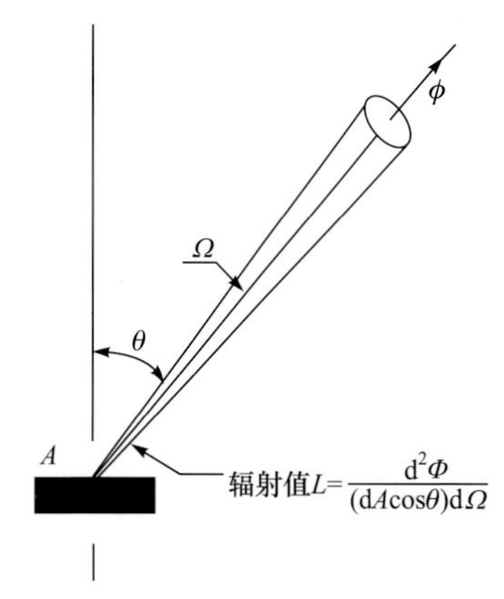

图 4.3　辐射亮度的定义

(4) 辐射亮度的法向分量对整个球面立体角的积分定义为辐射照度(irradiance)：

$$F = \int_{\Omega} L\cos\theta \mathrm{d}\Omega \tag{4.7}$$

通常辐射照度特指单位时间、单位面积、单位波长上接收的辐射能量，而用辐射出射度(emittance)代表辐射出的能量。辐射照度可简称为辐照度，单位是 W/m^2。

根据上述辐射亮度和辐射照度的定义，可以看出 $F = \mathrm{d}\theta/\mathrm{d}A$ ，所以辐射照度也可以称为辐射通量密度。从辐射亮度的定义还可以看出，对 Lambert 体而言，辐射亮度 L 与辐射射出的方向θ无关,在极坐标中对一个 Lambert 表面向半球空间放射的辐射亮度积分，可以容易地得到该表面的单位面积放射的辐射通量，也就是该表面的辐射出射度 πL 。

(5) 吸收率 A，反射率 R，透过率 T，表观反射率 ρ 。

射到物体的辐射能一部分会被物体吸收转变为物体的内能或其他形式的能量，一部分会被反射回去，一部分会穿透物体射出去。假设投射至物体的辐射能量为 Q_O,其中被吸收的部分为 Q_A,反射的能量为 Q_R，投射出去的部分为 Q_T，即 $Q_O=Q_A+Q_R+Q_T$，定义：

$$\text{吸收率 } A = \frac{Q_A}{Q_O} \quad \text{反射率 } R = \frac{Q_R}{Q_O} \quad \text{透过率 } T = \frac{Q_T}{Q_O} \tag{4.8}$$

显然有 $A+R+T=1$ 的关系；表观反射率是仪器入瞳处的入射能量和太阳入射能

① sr 是球面度，1sr=1m^2/m^2=1。

量的比值，包含了目标、大气和环境的反射率。

对单色辐照度的吸收率，反射率和透过率为

$$A_\lambda = \frac{F_{A,\lambda}}{F_{O,\lambda}} \quad R_\lambda = \frac{F_{R,\lambda}}{F_{O,\lambda}} \quad T_\lambda = \frac{F_{T,\lambda}}{F_{O,\lambda}} \tag{4.9}$$

显然也有 $A_\lambda + R_\lambda + T_\lambda = 1$ 的关系。

4.3　比尔–朗伯定律

通过 4.1 节和 4.2 节相关内容的介绍，我们对地球大气有了简单的认识，对辐射传输中基本的物理量有了一定的了解。那么辐射传输的原理又是什么呢?

电磁波通过均匀各向同性物质的时候，因与介质的相互作用会受到衰减，辐射强度要减少，这种现象 Bouguer 在 1729 年和 Beer 在 1852 年都进行了描述，用公式表述辐射强度 $I(\lambda)$ 的衰减量 $\mathrm{d}I(\lambda)$：

$$\mathrm{d}I(\lambda) = -I(\lambda)K_\mathrm{e}(\lambda)\mathrm{d}s \tag{4.10}$$

式中，$\mathrm{d}s$ 为辐射传播方向上通过的介质厚度；$K_\mathrm{e}(\lambda)$ 为介质的消光系数，单位是 m^{-1}，消光系数等于吸收系数 $K_\mathrm{a}(\lambda)$ 和散射系数 $K_\mathrm{s}(\lambda)$ 之和：

$$K_\mathrm{e} = K_\mathrm{a}(\lambda) + K_\mathrm{s}(\lambda) \tag{4.11}$$

这表明辐射的衰减是介质的吸收以及介质对辐射的散射造成的；另外，辐射强度也可以由相同波长上物质的反射以及多次散射而增强，可以定义源函数 $\mathcal{J}(\lambda)$ 来表示发射以及多次散射造成的强度增大，联合式(4.10)和式(4.11)就可以得到不加坐标系的普遍辐射传输方程：

$$\frac{\mathrm{d}I(\lambda)}{K_\mathrm{e}(\lambda)\mathrm{d}s} = -I(\lambda) + \mathcal{J}(\lambda) \tag{4.12}$$

在不考虑发射和散射，求解式(4.10)可以得到单色辐射从路径 0 传播至 S_1 后，强度从 $I_0(\lambda)$ 衰减至 $I(\lambda)$，其中 $I(\lambda)$ 可表示为

$$I(\lambda) = I_0(\lambda)\exp\left[-\int_0^{S_1} K_\mathrm{e}(\lambda)\mathrm{d}s\right] \tag{4.13}$$

这就是著名的比尔定律(Beer law)，或称为布格定律(Bouguer law)，也可以称为朗伯定律(Lambert law)，因此在这里称为比尔–布格–朗伯定律(Beer-Bouguer-Lambert law)，简称比尔–朗伯定律，它指出，通过均匀消光介质传输的辐射强度按简单的指数函数减弱，该指数函数的自变量是质量消光截面和路径长度的乘积。由于该定量不涉及方向关系，所以它不仅适用于强度量，而且适用于通量密度和通量。

4.4　大气辐射传输影响因素

由 4.3 节中不加坐标系的普遍辐射传输方程可知，太阳辐射在与大气中介质相互作用的时候可以简单地认为辐射被衰减的同时也会增加，因此我们在这一节介绍影响辐射传输的散射、吸收以及折射的因素。

4.4.1　大气分子散射

散射是指电磁波在通过介质时，一部分能量因为碰撞到介质粒子，向四面八方重新传输的过程。目前通常认为大气中的粒子很少有球形的，但是球形粒子的宏观散射统计特征在一定的情况下可以描述大气中粒子的散射特性。因此我们在粒子是球形的假设前提下，可以了解到散射是有波长选择性的，而且与散射质点的半径大小有关。为了说明这个问题，把尺度数定义为

$$\chi = \frac{2\pi r}{\lambda} \tag{4.14}$$

式中，r 为质点半径；λ 为入射辐射波长。在大气中造成散射的粒子尺度谱很宽，从大气分子(10^{-8}cm)到大雨滴(约 1cm)。因此根据粒子的尺度，将散射分为以下三类。

(1) 当 $\chi \ll 1$(即 $r \ll \lambda$)时，发生瑞利散射(Rayleigh scattering)。例如，大气分子对阳光的散射，云滴、雨滴对微波的散射；尘埃质点对于地球辐射来说也属于瑞利散射。

(2) 当 $1 \ll \chi \ll 50$ (即 $r \approx \lambda$)时，发生洛伦兹–米散射(Lorenz-Mie scattering)，简称米散射。例如，计算气溶胶或云对太阳光的散射时，通常假设散射粒子为球形，用米散射理论来处理。

(3) 当 $\chi > 50$ ($r \gg \lambda$)时，属于几何光学范畴。例如，大雨滴对可见光的散射就属于此类。这时光在雨滴上就要产生折射和反射等现象，并服从几何光学规律。

由大气成分引起的瑞利散射，也称分子散射或 Cabannes 散射，这一过程是不相干弹性散射，没有能量的吸收和损失，光的频率保持不变，并且入射光和散射光之间没有相位相关。又因为散射光是部分极化的，所以要描述一个完整的散射过程需要考虑四维 Stokes 向量，但如果仅限于辐射强度的研究，则可忽略 Stokes 向量中扫描极化效应的第二至第四维分量。英国科学家 Rayleigh 在关于太阳光散射的研究中首次提出该理论，并被用于解释天空的蓝色现象。King 推导出了一个修正因子可以将空气分子极化能力的各向异性纳入处理中。

瑞利散射的强度常用瑞利散射截面(Rayleigh scattering cross section) σ_R 来表示，单位常用 cm^2，大气组分 i 散射截面可以表达为

$$\sigma_{\mathrm{R},i} = \frac{8\pi^3}{3N_{\mathrm{A}}^2} \frac{\left(N_i^2 - 1\right)}{\lambda^4} F_{\mathrm{K},i} \tag{4.15}$$

式中，N_{A} 为阿伏伽德罗常量(Avogadro's number)，N_i 为空气折射率(refractive index)。考虑到空气分子并不是严格的各向同性，因此增加 King 修正因子 F_{K}，通常表达为关于组分 i 的退偏振因子(depolarization factor)d_i 的函数，即

$$F_{\mathrm{K},i} = \frac{6 + 3d_i}{6 - 7d_i} \tag{4.16}$$

空气的瑞利散射截面 σ_{R} 是所有大气成分散射截面的加权平均，即

$$\sigma_{\mathrm{R}} = \sum_X f_i \sigma_{\mathrm{R},i} \tag{4.17}$$

式中，f_i 为组分 i 的体积混合比(volume mixing ratio)，引入有效 King 修正因子后，空气的瑞利散射截面可表达为

$$\sigma_{\mathrm{R}} = \frac{8\pi^3}{3N_{\mathrm{A}}^2} \frac{\left(N^2 - 1\right)}{\lambda^4} F_{\mathrm{K}} \tag{4.18}$$

F_{K} 与分子的种类、浓度有关，可由查找表得到。一般认为空气的修正因子为 1.061[1]。利用 Edlen 参数化法可计算折射率[2]。瑞利散射系数(Rayleigh scattering coefficient) α_{R} 可以由散射截面与中性气体数密度 n 之积表示，即

$$\alpha_{\mathrm{R}} = \sigma_{\mathrm{R}} n \tag{4.19}$$

式中数密度 n 可由理想气体定律得到，即

$$n = \frac{p}{k_{\mathrm{B}} T} \tag{4.20}$$

式中，k_{B} 为玻尔兹曼常量(Boltzmann constant)；p 为气压；T 为温度。

散射光的角度分布用无量纲的瑞利散射相位函数(Rayleigh scattering phase function) p_{R} 表示：

$$p_{\mathrm{R}}(\gamma) = \frac{3}{8\pi(2 + d)} \left[(1 + d) + (1 - d)\csc^2\gamma \right] \tag{4.21}$$

式中，γ 为散射角，瑞利散射相位函数正规化到 1。

4.4.2 大气分子吸收

大气成分受到分子结构的影响，其产生的大气吸收波段也不尽相同。有的成分对于太阳紫外波段辐射吸收较强，如臭氧和氮气；有的成分对于可见光和红外波段吸收较强，如水汽对红外波段强烈的吸收。这里的大气吸收是指大气粒子对

电磁波能量的吸收。大气分子对特定波长的电磁波吸收形成了气体成分特征吸收谱线。对于紫外波段大气辐射传输来说，吸收太阳辐射的主要气体是 O_3，其次是 OH 自由基。

气体分子的内能可表示为

$$E = E_e + E_v + E_r + E_t \tag{4.22}$$

式中，E_e 为原子中电子能量等级；E_v 和 E_r 分别为分子振动和旋转对应的能量等级；E_t 为分子随机运动相关的转化能量，各能量均为离散化分布。量子力学指出，每个原子只能在特定结构的轨道上运行，其振幅、频率以及旋转速率由分子种类决定。每种可能的电子轨道、振动、旋转的组合代表其一定的能级，能级反映了这 3 种形式的能量之和。能量转化在这种情形下无法量子化。分子通过吸收电磁辐射跃迁到更高能级，或者通过发射辐射降到低能级。吸收和发射只能在不连续的能级变化 ΔE 过程中发生。吸收和发射的辐射频率与能级不连续变化的关系为

$$\Delta E = h\nu \tag{4.23}$$

因此可见光和更长波段的吸收率可以用谱线描述，它由许多极狭窄的吸收线组成，各吸收线由相对宽得多的对入射辐射透明的波段隔开。分子状态的变化(包括轨道转换、振动变化、旋转路线变化等)形成这些吸收线。轨道转换和紫外、可见光区的吸收线相关；振动变化和近红外、红外波段有关；旋转路线变化和红外、微波辐射有关，这是能量变化中最小的部分。

由于外界对原子和分子的影响以及发射中能量损耗，能量跃迁过程中能级通常都略有变化，因此当能量反复跃迁时，实际的发射辐射不是单色的，观测到的谱线存在增宽现象。谱线增宽的原因如下。①自然增宽：发射中的能量损耗造成振子振动的阻尼，导致能量跃迁过程中通常能级略有变化；②碰撞增宽：由于吸收分子之间以及吸收与不吸收分子之间的相互碰撞而产生的扰动，也称压致增宽；③多普勒增宽：各种分子和原子之间的热运动速度的差异造成的多普勒效应，使谱线产生不均匀展宽。实际上，发射能量中的自然增宽的半宽度 ΔV_N 非常小，在紫外波段约为 15^{-5}cm^{-1} 级别，相对于碰撞增宽和多普勒增宽可以忽略。在高层大气中，碰撞增宽和多普勒增宽共同起作用，而在 20km 以下的低层大气中，由于气压效应，碰撞增宽起主导作用。碰撞增宽的谱线形状由洛伦兹廓线给出，其数学表达式为

$$k_v = \frac{S}{\pi}\frac{\alpha}{(\nu-\nu_0)^2+\alpha^2} = Sf(\nu-\nu_0) \tag{4.24}$$

式中，k_v 为吸收系数；ν_0 为理想单色谱线的波数；α 为谱线半峰半宽；$f(\nu-\nu_0)$ 为表征谱线的形状因子；S 为谱线强度。

对于多普勒增宽，假定在高度稀薄的气体中不存在碰撞增宽，一个给定量子

态的分子在波数ν_0处辐射。如果该分子在视线方向具有分量υ，并且$\upsilon \ll c$，则波数为

$$\nu = \nu_0 \left(1 \pm \frac{\upsilon}{c}\right) \tag{4.25}$$

经过多普勒增宽后的吸收系数为

$$k_{\mathrm{v}} = \frac{S}{\alpha_{\mathrm{D}} \sqrt{\pi}} \exp\left[-\left(\frac{\nu - \nu_0}{\alpha_{\mathrm{D}}}\right)^2\right] \tag{4.26}$$

式中，$\alpha_{\mathrm{D}} = \nu_0 \sqrt[2]{\frac{2k_{\mathrm{B}}T}{mc^2}}$，是多普勒线宽的一种度量，其中，$k_{\mathrm{B}}$为玻尔兹曼常量；$m$为原子式分子质量；$c$为光速；$T$为绝对温度。吸收系数的半峰半宽为$\alpha_{\mathrm{D}}\sqrt{\ln 2}$。

在 20～50km 的高度范围内，有效谱线线型由碰撞增宽和多普勒增宽两种过程所确定。多普勒谱线的频移成分使洛伦兹谱线在ν'到ν的波数上重新分布。于是碰撞增宽和多普勒增宽的线性可以分别表示为$f(\nu' - \nu_0)$和$f(\nu - \nu')$。为了考虑所有可能的热运动速度，对洛伦兹和多普勒线性的卷积运算后求得

$$f_{\upsilon}(\nu - \nu_0) = \frac{1}{\pi^{3/2}} \frac{\alpha}{\alpha_{\mathrm{D}}} \int_{-\infty}^{+\infty} \frac{1}{(\nu' - \nu_0)^2 + \alpha^2} \times \exp\left(-\frac{(\nu - \nu')^2}{\alpha_{\mathrm{D}}^2}\right) \mathrm{d}\nu' \tag{4.27}$$

此线型为沃伊特廓线。为了简化沃伊特廓线的表达方式，令$t = (\nu - \nu')/\alpha_{\mathrm{D}}$，$y = \alpha/\alpha_{\mathrm{D}}$，$x = (\nu - \nu_0)/\alpha_{\mathrm{D}}$，有

$$f_{\upsilon}(\nu - \nu_0) = \frac{1}{\alpha_{\mathrm{D}} \sqrt{\pi}} K(x, y) \tag{4.28}$$

式中，沃伊特函数$K(x, y)$定义为

$$K(x, y) = \frac{y}{\pi} \int_{-\infty}^{+\infty} \frac{1}{y^2 + (x - t)^2} \exp(-t^2) \mathrm{d}t \tag{4.29}$$

大气吸收作用常用吸收截面表示，单位为 cm^2。吸收截面的强度和形状随着粒子种类、波长、温度、压强的变化而变化。目前计算吸收截面常常基于美国空军地球物理实验室(Air Force Geophysical Laboratory，AFGL)发布的高分辨率分子吸收数据库(high-resolution transmission molecular absorption database, HITRAN)[3]求得，该数据库包含了标准条件下多种分子的谱线参数。此外吸收截面还可从美国喷气推进实验室(Jet Propulsion Laboratory，JPL)发布的化学动力学与光化学数据库中获取[4]。

4.4.3 大气分子折射

大气折射是一种太阳光线由真空射入大气后，由于传输介质的不均匀性，导

致光线的路径发生改变的现象。大气折射的存在，会导致光线在地表大气中弯曲。还会对视线切高产生严重的影响。在入射波长λ固定的情况下，折射率 n 由组分 i 和入射光波长λ决定[5]，用光线在真空中的波长与在介质中的波长之比表示，即

$$n_i = \frac{\lambda_{\text{vac}}}{\lambda_i} = \frac{c_{\text{vac}} / \gamma}{c_i / \gamma} = \frac{c_{\text{vac}}}{c_i} \tag{4.30}$$

式中，γ 为辐射频率，在真空和介质中传输将保持不变；c_{vac} 和 c_i 分别为辐射在真空和组分 i 中的速度。空气的折射率与波长、温度和压强有关。当光线在折射率分别为 n_1 和 n_2 两种介质界面传输时，方向将会发生改变，且方向遵循 Snell 定律，即

$$n_1 \sin(\psi_1) = n_2 \sin(\psi_2) \tag{4.31}$$

式中，ψ_1 和 ψ_2 分别为 n_1 和 n_2 两种介质中光线与界面法线之间的夹角。基于 Snell 定律，Balluch 和 Lary 推导出了一种球面对称系统的折射率 $n(r)$形式[6]，即

$$r_1 n(r_1) \sin\left[\psi(r_1)\right] = r_2 n(r_2) \sin\left[\psi(r_2)\right] = \text{const} \tag{4.32}$$

式中，r 为系统的径向坐标，常量 const 对于不同几何条件下的光线有不同的取值，这种形式的折射率计算非常适用于地球大气。

对于折射率的计算，已经发展了一些参数化模式。Edlén 基于测量数据提出了一个确定干空气折射率的差量方程[2]，即

$$(n-1)\cdot 10^8 = \left(8342.13 + \frac{2406030}{130 - \nu^2} + \frac{15997}{38.9 - \nu^2}\right)\frac{0.00138823p}{1 + 0.003671T} \tag{4.33}$$

由式(4.33)可知，折射率与波数 ν、压强 p 和温度 T 有关，式中它们的单位分别为 μm、Torr①和℃。1972 年 Peck 和 Reeder 对差量方程进行了改进，推导出新的能计算 185～2000nm 更宽范围的折射率方程，且精度有所提高[7]。1984 年，Bates 在已有参数化模式的基础上结合实际测量结果制作了 200～1000nm 波段的折射率数据表[8]。

4.5　临边辐射传输过程

4.5.1　观测几何简介

辐射传输模型反映了太阳光在大气中传输到呈现在仪器上的整个过程，是气体浓度定量反演的前提。反演时只有尽可能真实地呈现大气辐射传输过程，使模拟光谱尽可能接近观测光谱，才能获得准确的反演结果。辐射传输除了受 4.4 节中描述的要素影响之外，还与卫星的观测几何有关，与一般的大气成分观测几何

① 1Torr=1mmHg=1.33322×10^2Pa。

不同的是，观测 OH 自由基这种化学活性强、变化快的大气成分时，仪器多采用临边观测模式。相较于天底(nadir)模式而言，临边(limb)模式由于穿过大气的视线长度大得多，进行临边辐射传输模拟时需要考虑的因素将会多一些。首先我们来简单介绍一下什么是临边。

星载传感器在探测大气时，其观测几何特征决定了该传感器获得的观测数据的水平分辨率和垂直分辨率，这对于后续研究的尺度范围将会有重要的影响。在此我们按照卫星探测的几何方式将卫星探测模式分为天底模式、掩星(occultation)模式和临边模式。

1. 天底模式

以天底模式观测的星载传感器直接朝下观测星下点的辐射，以大气吸收制图扫描成像频谱仪(scanning imaging absorption spectrometer for atmospheric chartography, SCIAMACHY)的天底模式举例说明，观测示意图如图 4.4 所示。传感器沿着垂直于卫星轨道方向在一定水平宽度上进行扫描，保证了较好的全球覆盖性，但是天底模式的垂直分辨率较低，只能提供有限的垂直大气结构信息。天底模式的观测数据空间分辨率由沿轨道扫描速度(受卫星速度影响)、垂直轨道扫描速度(受天底扫描速度影响)以及传感器的观测时间共同决定。该观测模式多用于估计云顶高度、云覆盖、反演大气柱量、反演气溶胶光学厚度和识别气溶胶类型[9]。

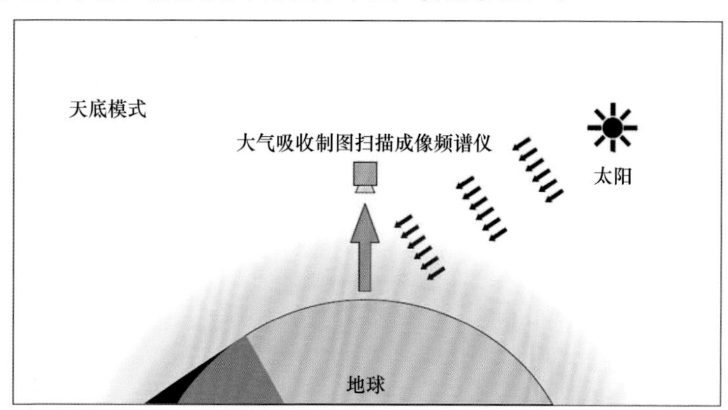

图 4.4　天底模式观测示意图(根据文献[9]修改)

2. 掩星模式

掩星模式根据选择目标的不同可分为观测太阳的掩日模式、观测月亮的掩月模式以及观测星星的掩星模式，在本书中统称为掩星模式。以掩星模式观测的传感器选择一个目标，在目标到达地平线上方时开始跟踪观测，直至观测视线达到最大切线高度，这里以 SCIAMACHY 的掩星模式为例[10]，观测示意图如图 4.5 所示。虽然此种模式利用相对高的探测深度来获得更多高度方向上的光谱信息和大气成分剖面信息且拥有高垂直分辨率，但是由于跟踪目标的原因，其地理覆盖和观测时间有限，一般只能观测 50°～80°的纬度区间，同时受季节的影响较大[11]。

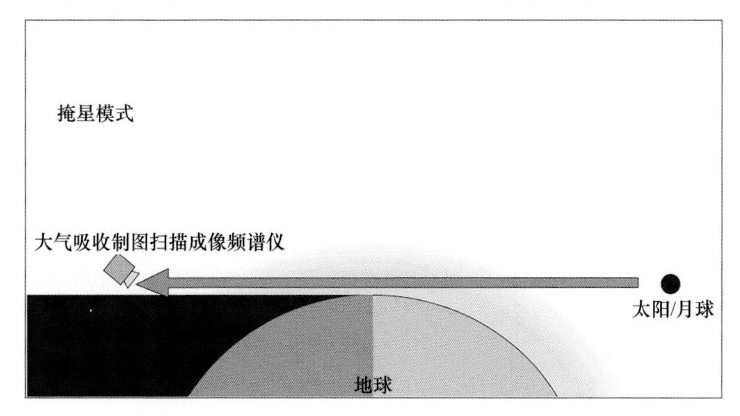

图 4.5　掩星模式观测示意图(根据文献[9]修改)

3. 临边模式

临边探测沿地表上空不同高度记录大气散射辐射，其视线与大气层相切，从而接收来自较薄高度层的大气辐射，由临边观测获得痕量气体廓线的一般方法称为临边探测。探测仪接收来自某一光线路径的大气辐射，这一光线路径可用最接近地表的切向高度来标记。通过垂直和水平方向的视场扫描来达到对大气的扫描。以 SCIAMACHY 的临边模式为例，传感器从地平线开始，首先扫描垂直于轨道方向的大气，扫描过程中切线高度保持固定的同时校正地球曲率，然后当水平扫描结束时，切线高度增加，进行反方向的下一个水平扫描，如此反复最后到达最高切线高度，观测示意图如图 4.6 所示。

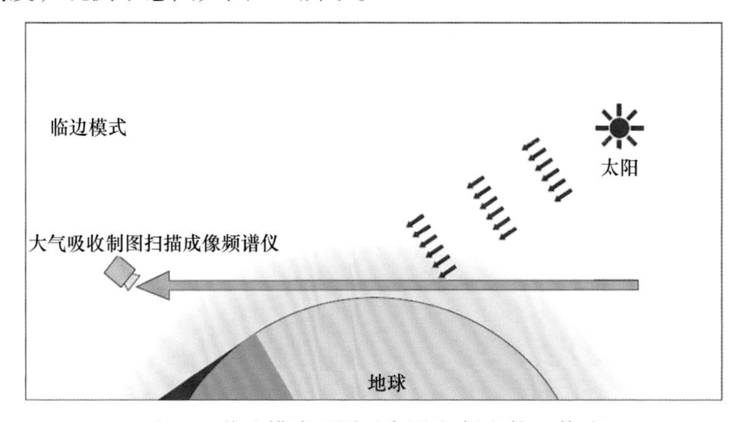

图 4.6　临边模式观测示意图(根据文献[9]修改)

临边观测的几何特征主要由切点的经度、纬度、切线高度(地表到视线的最小距离)、切点的太阳天顶角(从切点的天顶方向到太阳方向角度)、相对方位角(太阳方向的水平投影到视线的夹角)这 5 类几何参数确定。由于临边探测的视线长达上千千米，因此切点处的传感器视场具有相当大空间覆盖率；同时因为大气密度和压力随高度快速递减，传感器接收到的辐射主要在切点之上几千米的范围内，所以临边探测具有较高垂直分辨率。在中高层大气中，天底模式观测的辐亮度不能为反演大气参量提供足够的信息。因此，临边扫描技术对于推求平流层和中间层的成分和结构最为有效[12]。传感器以临边模式接收的光辐射可分为 6 种[5]：分别是经过一次大气散射的单次散射辐射(S)、经过大气多次散射的多次散射辐射(SS)、经过大气散射后到达地表并被地表反射的散射–反射辐射(SR)、直接到达地表并被反射后到达卫星入瞳处的反射辐射(R)、经过地表反射到大气并被大气散射的反射–散射辐射(RS)以及直接进入传感器的直射辐射(D)，如图 4.7 所示。对于本书研究的载荷而言，其临边观测切高指标为 15～85km，距离地表较远，载荷接收的能量均来自大气，不存在因下垫面变化而变化的情况。因此除了考虑痕量气体吸收作用外，还需要考虑直射辐射、单次散射辐射、多次散射辐射的大气作用。

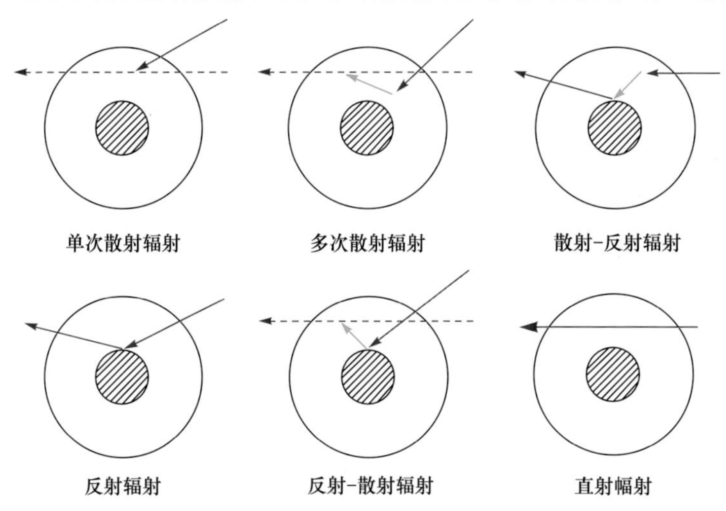

图 4.7　太阳辐射经大气到传感器的路径(根据文献[5]修改)

4.5.2　辐射传输方程

辐射传输方程需要满足以下 4 个基本特点[13]。

(1) 可以根据太阳天顶角和观测几何形状准确地确定大气中的多次散射辐射；

(2) 在各种相位函数上表现良好；

(3) 允许介质的光学特性和相位函数在空间上变化；

(4) 计算效率高。

在 4.3 节中，我们简单地介绍了不加坐标系的辐射传输方程的普遍形式，在 4.4 节中讨论了大气中的散射、吸收以及折射过程，现在我们根据研究大气成分的特征引入不同大气模型对辐射传输方程进行讨论。

1. 平行平面大气的辐射传输方程

平行平面大气模式假定大气由一组平行的水平均匀稳态介质平面组成，使用如图 4.8 所示坐标系。

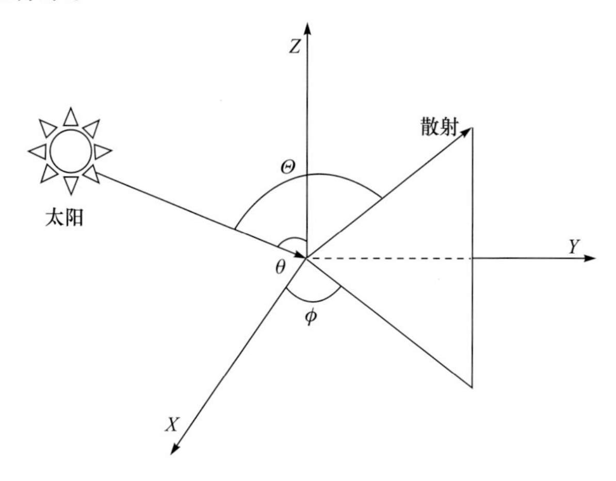

图 4.8　坐标系和角度表示

根据这一假设：

$$\frac{\partial L}{\partial x}=\frac{\partial L}{\partial y}=\frac{\partial L}{\partial t}$$

$$\frac{\partial L}{\partial s}=\frac{\partial L}{\partial z}\frac{\mathrm{d}z}{\mathrm{d}s}=\frac{\partial L}{\partial z}=\cos\theta \tag{4.34}$$

所以在平行平面大气模式中辐亮度 L 是高度、方位和波长的函数，记为 $L(z,\ \theta,\ \lambda)$。定义从大气上界向下测量的垂直光学厚度为

$$\tau(\lambda)=\int_{z}^{\infty}K_{\mathrm{e}}(\lambda)\mathrm{d}z' \tag{4.35}$$

则有 $\mathrm{d}\tau(\lambda)=-K_{\mathrm{e}}(\lambda)\mathrm{d}z$ ，并且记 $\cos\theta=\mu$ 。简略起见，不特别指明的话，以下的讨论都将略去各种辐射量的下标波长 λ 。这样辐射传输方程可写为

$$\mu\frac{\mathrm{d}L(\tau,\mu,\varphi)}{\mathrm{d}\tau}=L(\tau,\mu,\varphi)-\mathcal{I}(\tau,\mu,\varphi) \tag{4.36}$$

其中 $\mathcal{I}(\tau,\mu,\varphi)$ 为源函数。对于平行平面大气模式的边界条件是：

(1) 在大气层顶，层表面向下反射辐射的亮度为零，即 $L(\tau=0,-\mu,\varphi)=0$；此外还有入射的太阳辐射，它是一束平行光束，给出辐照度而不是辐亮度。

(2) 在大气层底，$L(\tau=\tau_t,-\mu,\varphi)$ 是向上的辐亮度，该辐亮度是由表面反射特性决定的，所以在数值辐射传输方程时，就必须知道下垫面的反射模型。如图 4.9 所示，对于边界在 $\tau=0$ 和 $\tau=\tau_t$ 的两平面之间的有限大气，式(4.36)可以求出向上和向下的辐亮度。为了计算在光学厚度是 τ 层上的向上辐亮度($\mu>0$)，只要将辐射传输方程乘以积分因子 $e^{-\tau/\mu}$，然后由 τ 积分到 τ_t 即可。

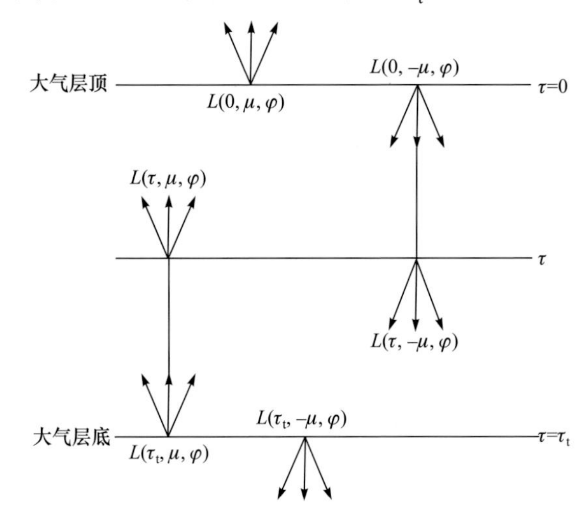

图 4.9　平行平面大气中向上和向下的辐射示意图

$$L(\tau,\mu,\varphi)=L(\tau_t,\mu,\varphi)e^{-(\tau_t-\tau)/\mu}+\int_{\tau}^{\tau_t}\mathcal{I}(\tau',\mu,\varphi)e^{-(\tau'-\tau)/\mu}\frac{d\tau'}{\mu} \tag{4.37}$$

为了计算在光学厚度是 τ 层上的向下辐亮度($\mu<0$)，只要将辐射传输方程乘以积分因子 $e^{\tau/\mu}$，且用 $-\mu$ 代替 μ，然后再由 $\tau=0$ 积分到 τ 即可。

$$L(\tau,-\mu,\varphi)=L(0,-\mu,\varphi)e^{-\tau/\mu}+\int_{0}^{\tau}\mathcal{I}(\tau',-\mu,\varphi)e^{-(\tau'-\tau)/\mu}\frac{d\tau'}{\mu} \tag{4.38}$$

式(4.37)和式(4.38)中均有 $0\leqslant\mu\leqslant1$，即 $0\leqslant\theta\leqslant\pi/2$，$L(\tau_t,\mu,\varphi)$ 和 $L(0,-\mu,\varphi)$ 分别代表在底面和顶面向介质内的源辐射亮度。

对于行星大气的应用而言，在大气顶部和底部的向外射出辐亮度与大气成分的遥感以及辐射平衡的研究有关。令式(4.37)中 $\tau=0$，可得到大气顶部向外射出辐亮度，即

$$L(0,\mu,\varphi)=L(\tau_t,\mu,\varphi)\mathrm{e}^{-\tau_t/\mu}+\int_0^{\tau_t}\mathcal{I}(\tau',\mu,\varphi)\mathrm{e}^{-\tau'/\mu}\frac{\mathrm{d}\tau'}{\mu} \tag{4.39}$$

式(4.39)等号右边第一项和第二项分别代表底面衰减到顶面和内部大气散射的贡献。同样，令式(4.38)中 $\tau=\tau_t$，可以得到大气底部向外射出辐亮度，即

$$L(\tau_t,-\mu,\varphi)=L(0,-\mu,\varphi)\mathrm{e}^{-\tau_t/\mu}+\int_0^{\tau_t}\mathcal{I}(\tau',-\mu,\varphi)\mathrm{e}^{-(\tau'-\tau_t)/\mu}\frac{\mathrm{d}\tau'}{\mu} \tag{4.40}$$

式(4.40)等号右边第一项和第二项分别代表顶面衰减到底面和内部大气散射的贡献。

在实际应用中，一般使用辐射强度来表示大气底部向外射出辐亮度，故在下面的辐射传输数值解法讨论中使用辐射强度。由于辐射传输计算是在具体情况下，求解式(4.39)和式(4.40)，其难度在于源函数 $\mathcal{J}$，对于热辐射源函数为

$$\mathcal{J}=(1-\omega_0)B(T) \tag{4.41}$$

式中，ω_0 为单次散射反照率；$B(T)$ 为普朗克函数。

对于散射源函数为

$$\mathcal{J}=\frac{\omega_0}{4\pi}\int_{4\pi}P(\theta,\varphi;\theta',\varphi')L(\theta',\varphi')\mathrm{d}\Omega'+\mathcal{I}_{\mathrm{sun}} \tag{4.42}$$

式中，$\mathrm{d}\Omega'=\sin\theta'\mathrm{d}\theta'\mathrm{d}\varphi'$；$P$ 为散射相位函数；$\mathcal{I}_{\mathrm{sun}}$ 为直射太阳辐射的源函数。

从式(4.41)和式(4.42)可以看出，源函数有散射项时，式(4.39)和式(4.40)可能没有解析解。所以必须采用合适的数学方法来解具有给定边界条件的辐射传输方程。按 Lenoble 的分法，辐射传输方程的解法分为近似解、数值解、蒙特卡罗(Monte-Carlo)方法等多种解法。目前已经发展了多种近似方法来进行辐射传输的计算，其中包括散射的逐次迭代计算、离散纵标、二流近似和爱丁顿近似等方法。经典的离散纵标的数值解法已经被广泛采用，因为它可以给出精确的辐射传输的解析解；蒙特卡罗方法则不涉及求解辐射传输方程，而是直接模拟辐射传输的过程，是一种随机模拟方法，通过对大量光子跟踪并进行统计来得到具体问题的结果[14]。

2. 球面大气的辐射传输方程[12]

当需要研究低太阳高度角时的太阳辐射传输、利用临边消光法推断臭氧、气溶胶和 OH 自由基时，必须考虑球形几何形状的作用，如图 4.10 所示。

通常球坐标系的空间算子可以写成：

$$\Omega\cdot\nabla=\Omega_r\frac{\partial}{\partial r}+\Omega_{Z_0}\frac{\partial}{r\partial Z_0}+\Omega_{A_0}\frac{\partial}{r\sin Z_0\partial A_0} \tag{4.43}$$

式中，方向余弦可以根据极坐标中的方向余弦变换得到，表示为

$$\begin{bmatrix} \Omega_r \\ \Omega_{Z_0} \\ \Omega_{A_0} \end{bmatrix} = \begin{bmatrix} \sin Z_0 \cos A_0 & \sin Z_0 \sin A_0 & \cos Z_0 \\ \cos Z_0 \cos A_0 & \cos Z_0 \sin A_0 & -\sin Z_0 \\ -\sin A_0 & \cos A_0 & 0 \end{bmatrix} \begin{bmatrix} \sin Z \cos A \\ \sin Z \sin A \\ \cos Z \end{bmatrix} \tag{4.44}$$

式中，Z_0 和 Z 为天顶角；$(A_0 - A)$ 表示球坐标系中相对方位角。

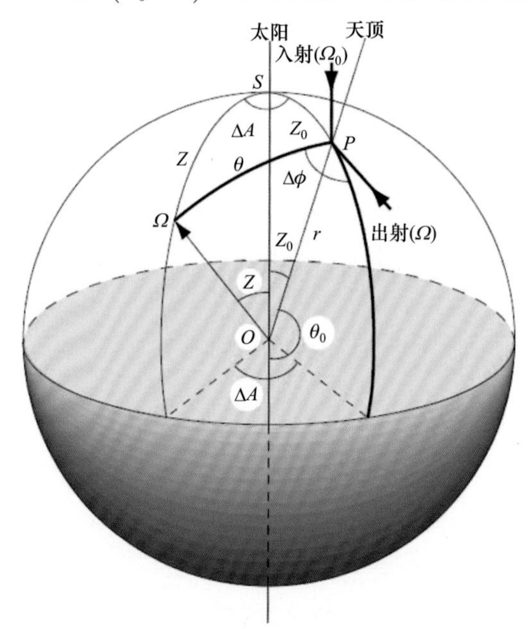

图 4.10　球坐标系[12]

点 P 为散射发生的位置；O 为球心；$r(OP)$为半径；θ_0 为与立体角 Ω_0 有关的太阳天顶角；θ 是与立体角 Ω 有关的出射角

然而，已经研究成熟的平行平面大气中的辐射传输方程是相对当地天顶而建立的，因此我们必须把球坐标系变换到相对当地天顶角的极坐标系中，在这个坐标系统中，散射强度是 4 个变量 θ 、θ_0 、$\Delta\varphi$ 和 r 的函数。因此，空间算子可以写成

$$\Omega \cdot \nabla = \Omega_r \frac{\partial}{\partial r} + \Omega_\theta \frac{\partial}{r \partial \theta} + \Omega_{\theta_0} \frac{\partial}{r \partial \theta_0} + \Omega_{\Delta\varphi} \frac{\partial}{\partial_{\Delta\varphi}} \tag{4.45}$$

由于此坐标系中方向余弦的确定很复杂，在考虑球体一系列角度的几何关系之后，我们求得

$$\Omega_r = \frac{\mathrm{d}r}{\mathrm{d}s} = \cos\theta = \mu \tag{4.46a}$$

$$\Omega_{\theta}=\frac{\mathrm{d}\theta}{\mathrm{d}s}=-\frac{\sin\theta}{r} \tag{4.46b}$$

$$\Omega_{\theta_0}=\frac{\mathrm{d}\theta_0}{\mathrm{d}s}=-\frac{\sin\theta\cos\Delta\varphi}{r} \tag{4.46c}$$

$$\Omega_{\Delta\varphi}=\frac{\mathrm{d}\Delta\varphi}{\mathrm{d}s}=-\frac{\sin\theta\sin\theta_0\sin\Delta\varphi}{r\sin\theta_0} \tag{4.46d}$$

式中，ds 是空间中相对当地天顶角方向 r 上的任意微分距离。由此可以得到，球形大气关于当地天顶角的辐射传输方程：

$$\begin{aligned}&\left(1-\mu^2\right)^{1/2}\left(1-\mu_0\right)^{1/2}\cos\Delta\varphi\frac{\partial I}{r\partial\mu_0}+\frac{\left(1-\mu^2\right)^{1/2}\mu_0\sin\Delta\varphi}{\left(1-\mu_0^2\right)^{1/2}}\frac{\partial I}{r\partial\Delta\varphi}+\mu\frac{\partial I}{\partial r}\\&+\left(1-\mu^2\right)\frac{\partial I}{r\partial\mu}\\&=-\beta_{\mathrm{e}}(r)\left[I\left(r;\mu,\mu_0,\Delta\varphi\right)-J\left(r;\mu,\mu_0,\Delta\varphi\right)\right]\end{aligned} \tag{4.47}$$

式中，I 为漫射强度；J 为源函数。

4.5.3　常用的临边辐射传输模型

当前国内外已经形成多种大气辐射传输的模式和算法，部分模式已经形成软件系统，其中应用较为广泛有 LOWTRAN(low resolution transfer model)以及 MODTRAN(moderate resolution transfer model)等。MODTRAN 是在 LOWTRAN 的基础上，由美国空军地球物理实验室开发的辐射传输模型，输入参数包含传感器参数、地表特性、大气模式、气溶胶模式和几何路径等，自 1989 年发展至今在计算精度和使用范围方面逐渐提高。但是它们主要针对的是天底模式，通常只需要一维平行平面大气即可[15]。但是利用临边模式观测 OH 自由基等痕量气体时，辐射传输的模拟需要考虑复杂的地球球面大气，且需要考虑单次和多次散射计算，这时候简单的平行平面大气辐射传输模型由于计算速度太慢已经不适用。

目前针对临边模式的辐射传输模型按照多次散射的处理方式，主要可分为蒙特卡罗模型、球面模型、伪球面模型三种[16]，其模拟精度依次下降。蒙特卡罗模型和其他如 Gauss-Seidel 算法能应用到三维球面散射问题的求解中，但是模型通常会重复计算，这就导致了运算速度很慢[17]，且当介质的光学厚度较大的情况下，利用后向散射蒙特卡罗方法模拟精度较低[13]；常见的临边辐射传输模型有球面模型，如 SASKTRAN(University of Saskatchewan radiative transfer model)和 SCIATRAN 等，以及伪球面模型，如 LIMBTRAN(limb radiative transfer model)和组合差分积分法(combined differential-integral approach，CDI)等。

1. 蒙特卡罗模型

蒙特卡罗模型计算单个光子在球面大气中传输的整个过程，采用光子计数统计方法模拟临边散射辐射。其考虑了球形大气中辐射传输相关的所有复杂情况，而且从模型内部就可以对结果进行误差统计，所以其计算结果被认为是最准确的[18]，但是由于最大限度地还原了辐射传输的物理过程，计算时对计算机资源的消耗较大，不适用于重复计算且常用的后向蒙特卡罗模型在介质光学厚度较厚或者吸收较弱的情况。

1) Siro 辐射传输模型

在 Siro 辐射传输模型之前，大多星载临边观测传感器利用辐射传输模型来计算近紫外、可见光、近红外波段的直射太阳光的能量衰减，而 Siro 辐射传输模型模拟的是临边观测中后向散射太阳辐射能量，是一种适用于窄视场传感器的后向蒙特卡罗模型，当大气成分和边界层条件在三维方向变化的情况下，可以对临边模式复杂球面几何条件进行精确的模拟[19]。一方面，该模型单次散射和多次散射以及确定计算结果的统计精度都能用光子计数统计方法计算；另一方面，由于大气层之间的成分含量是不连续的，Siro 辐射传输模型利用分段线性函数计算通过每层大气的截距，来模拟两层大气层边界之间的大气成分数密度的变化[18]。

2) MCC++辐射传输模型

MCC++(the Monte-Carlo model at C++)辐射传输模型是 Postylyakov 开发的一个基于蒙特卡罗模型的线性辐射传输模型，由于球面壳体大气与地表属性以及位置无关，其大气属性只与纬度有关，因此有科研人员利用该模型同步计算球面壳体大气中辐射值和加权函数[20]。该模型在球面壳体大气中模拟辐射传输时将极化、朗伯表面反照率、气溶胶散射和吸收、痕量气体的吸收等影响因子考虑在内，使得模型精度大大提高，对单次散射源函数沿视线进行积分直接计算单次散射辐射，用后向蒙特卡罗方法求解多次散射[16]。MCC++辐射传输模型有标量和矢量两种版本：标量 MCC++辐射传输模型简化了对光的处理，且计算精度受制于气溶胶载荷和地表反照率，因此只能在有限的领域使用；矢量 MCC++辐射传输模型可以在计算辐射能量的同时计算斯托克斯矢量(Stokes vector)所有元素相对于体积吸收系数的导数，得到更加详细的大气状态参量[21]。

2. 球面模型

球面模型在模拟临边散射辐射时，通常在计算单次散射时考虑球面大气条件，而在计算多次散射时首先将平行平面大气中多次散射的近似球面解作为初始估计值，然后再在球面大气中经过多次迭代求解多次散射[16]。

1) SASKTRAN 辐射传输模型

SASKTRAN 辐射传输模型是 Bourassa 等针对瑞典发射的搭载于 Odin 星上的光学摄谱仪和红外成像系统(optical spectrograph and infrared imager system, OSIRIS)开发的球面几何标量辐射传输模型，该模型基于连续多阶散射方法来模拟光学波长的临边散射辐射，并将分子和气溶胶的散射、散射截面以及依赖于高度的相位函数考虑在内[22]。在利用 C/C++语言开发 SASKTRAN 辐射传输模型之初，开发者就考虑到如何使该模型运转速度更快且模型界面更加友好，因此开发者使用了可以更好利用计算机性能的多线程和缓存技术以及面向对象的软件开发技术。该模型的基础版本具有两个相互交互但是独立的代码模块：初始化(initialization)模块和辐射传输引擎(radiative transfer engine)模块。驱动辐射传输引擎模块需要输入传感器的位置(the observer position)、传感器视线方向(the observer look direction)以及太阳方向(the solar direction)等参数，从而可以得到大气层顶传感器视线方向上模拟的临边太阳辐射能量值。初始化模块为辐射传输引擎模块提供了用户界面，使得辐射传输所需要的光学特性可以通过选择标准气象数据或者用户自定义的大气成分密度廓线来规定，同时初始化模块还为输入的任意临边几何形状提供了一个规范，甚至提供了 Odin/OSIRIS 姿态解决方案数据库直接接口[22]。

2) SCIATRAN 辐射传输模型

SCIATRAN 辐射传输模型是德国不来梅(Bremen)大学环境物理研究所和遥感研究所 Rozanov 等针对欧洲航天局 ENVISAT 的 SCIAMACHY 探测仪开发的具有标量和矢量两种模式的辐射传输模型。该模型的 3.8 版本(更新于 2018 年 1 月 9 日)使用 FORTRAN 2003 编写，可在 Linux 操作系统或者 Windows 操作系统下运行，运行时所需要的库为橡树岭国家实验室(Oak Ridge National Laboratory)、加州大学戴维斯(Davis)分校等联合研发的线性代数函数库 Lapack(linear algebra package)，该数据库用于解决在不同高性能计算机上高效求解数值线性代数问题。SCIATRAN 辐射传输模型能以球面模型、伪球面模型及平行平面模型等方式进行基于卫星、地基和空基仪器的辐射模拟，且可以应用于上述三种几何观测方式。以临边观测方式计算时，需要基于太阳天顶角、相对方位角、观测切高、切点处经纬度来定义临边观测几何，其包含了多种来自观测与计算结果的不同分辨率的太阳光谱、多种相关大气痕量气体的吸收特征，并拥有稳定的输入参数，如中性大气成分、太阳光谱、吸收截面和大气微量成分的垂直廓线，可以满足多样化的模拟需求。临边观测模式下，大气看作关于太阳主平面对称，使得依赖于太阳天顶角的大气成分被纳入模型的考虑之中，所以其已经被应用到许多研究领域。例如，可以快速而准确地模拟紫外-可见光-热红外波段大气遥感观测的辐射能量、可以模拟耦合的海洋-大气系统水面上和水面下的辐射能量，以及从直接或散射太阳光中反演气溶胶和痕量气体等大气成分等。

该模型共有 25 个输入文件，这 25 个输入文件可以分为 4 级。最高级别的输入文件是主控文件(control.inp)和观测几何设置的文件(control_geom.inp)。它们是 SCIATRAN 辐射传输模型运行必不可少的文件，控制着整个模型运行的过程。第二级别的输入文件主要通过各类设置来模拟大气环境：包括了设置瑞利散射的输入文件(control_ray.inp)、设置温度、压力、大气吸收廓线的文件(control_prof.inp)、设置辐射传输计算的精度和速度文件(control_ac.inp)以及设置输出格式的文件(control_out.inp)。第三级别涉及为了解决具体问题而用到的模块，包括设置气体吸收线参数的文件(control_la.inp)、设置气体吸收截面参数的文件(xsections.inp)、设置气溶胶参数文件(control_aer.inp)、设置云参数的文件(cloud.inp)、考虑地表特性参数的双向反射分布函数(bidirectional reflectance distribution function，BRDF)计算设置文件(control_brdf.inp)、与仪器响应函数结合的辐射光谱卷积运算的参数设置(control_conv.inp)、设置热辐射参数文件(control_te.inp)、设置光化学活动因子文件(control_pas.inp)、权重函数文件(control_wf.inp)、反演设置文件(control_ret.inp)、设置海洋–大气系统耦合的文件(control_uwt.inp)。正是由于这些文件的存在，SCIATRAN 可以解决大气、海洋等现实问题。第四个级别的文件为第三个级别文件的附属文件，由进一步精确设置气体吸收参数的输入文件(esft.inp)、更好地模拟气溶胶参数的五个输入文件组成，这五个输入文件包括 LOWTRAN 气溶胶设置文件(low_aer.inp)、SCIATRAN 数据库气溶胶设置文件(scia_aer.inp)、基于 WMO 数据库的气溶胶设置文件(wmo_aer.inp、wmo_general.inp)、用户自定义气溶胶设置文件(man_aer.inp)以及更好地模拟海洋–大气环境的水溶胶散射矩阵设置文件(kop_hsol.inp、man_hsol.inp)。

SCIATRAN 辐射传输模型根据具体研究目的，可以打开或者关闭一些参数以满足运算速度和结果精度之间的平衡，可以更好地满足研究过程中重复运算的需求，且该模型提供了更加细致的痕量气体参数设置接口，所以进行中高层大气 OH 自由基临边探测仪的正演以及反演模型均基于 SCIATRAN 辐射传输模型。因为研究中高层 OH 自由基的探测模式为临边探测，所以首先将模型中的气溶胶输入文件、云输入文件、光化学活动因子输入文件删去，来加快运算速度。

3) CDIPI 辐射传输模型

Picard 迭代近似的组合差分积分法(combining differential-integral approach involving the Picard iterative approximation，CDIPI)是由 Rozanov 等开发的一种忽略偏振的球面模型辐射传输模型。该模型使用组合差分积分法产生的解决方案作为 Picard 迭代方法的第一个猜测值以获得更准确的球面壳体大气中的多次散射辐射值。辐射场相对于太阳光束对称决定了 CDIPI 的解决方案正确性。科研人员通过研究之后发现在大多数情况下该辐射传输模型与计算大气层顶部辐射的蒙特卡罗模型之间结果差异小于 1%[13]。这说明其具有蒙特卡罗模型的优点，但是较蒙特卡罗模型计算效率更高。

3. 伪球面模型

伪球面模型在计算单次散射时使用的是球形大气模型,而在处理多次散射时,用平行平面模型近似三维球形大气模型，解决模型中的球形大气问题。

1) LIMBTRAN 辐射传输模型

LIMBTRAN 辐射传输模型是 Griffioen 和 Oikarinen 开发的一种伪球面三维标量辐射传输模型。该模型可以计算反演痕量气体廓线和柱量信息所需的临边散射辐射，在处理单次散射时考虑球面大气模型，而利用平行平面模型来近似处理多次散射。模型中依赖温度的痕量气体吸收截面数据既可以来自各种数据库也可以用户自定义,气溶胶和云的相位函数可以假设为 Henyey-Greenstein 模型也可以从用户提供的预计算数据文件中读取。LIMBTRAN 辐射传输模型有基于矩阵算子倍增法(matrix operator doubling and adding method，MOM)版本和有限差分模型(finite difference model，FDM)版本。这两个版本均将非均匀的非偏振散射和吸收一维平行平面大气考虑在内，能够对单次散射或者多次散射进行模拟。MOM 版本的 LIMBTRAN 可以用于任何大气条件下，且可以获得较为精准的结果，当需要进一步考虑云的影响时，FDM 版本的 LIMBTRAN 将无法处理。但是如果空间网格选择足够合理，FDM 版本的 LIMBTRAN 将会非常准确。更重要的是 FDM 版本计算速度更快，消耗内存更低，更能满足重复计算的需求[17]。

2) CDI 辐射传输模型

CDI 辐射传输模型是由 Rozanov 等开发的基于积分–微分结合方法的辐射传输模型，模拟结果比通常使用的伪球面模型更精确，且不像球面模型那么复杂，计算时间更快。模型利用积分形式的辐射传输方程进行求解，多次散射源函数则是通过求解伪球面大气中的微积分形式的辐射传输方程得到，然后基于地球大气的曲率将多次散射源函数沿视线方向积分[16]。虽然 LIMBTRAN 辐射传输模型和 CDI 辐射传输模型有相同的理论基础，但是仍然存在一些差别，如表 4.3 所示。

表 4.3　LIMBTRAN 和 CDI 辐射传输模型对比

比较项	LIMBTRAN	CDI
初始伪球面辐射传输计算处理方式	利用一维有限差分辐射传输模型计算天顶角的初始解	GOMETRAN 辐射传输模型的伪球面扩展
多次散射源函数的积分计算方法	Gaussian 求积来进行极角积分； 利用傅里叶级数展开对不同天顶角进行积分	最优二维网格对单位球面辐射进行积分
源函数沿视线的积分方法	二次 Lagrangian 插值获得沿视线变化的源函数的值	三次多项式拟合进行插值

目前，国内相关学者开发的临边辐射传输模型还较少：2004 年，Guo 等在该模式的基础上加入了气溶胶的吸收、单次散射过程、光学厚度以及相函数的运算子程序，进一步完善了该模式[23]。2014 年，部婧婧编写了一个适合于非水平均匀大气的临边矢量辐射传输模式，模拟了临边观测状态下的 4 个斯托克斯参数，该模式的核心算法是逐次散射法，光学路径积分使用二次拟合方法来近似计算，简化计算步骤，加快计算速度。在解决大气的水平非均匀的问题上，使用三维线性内插法对光学数据进行处理[24]。

综上所述，在研究 OH 自由基即大气紫外波段辐射传输时，红外辐射一般可忽略，而非弹性散射的贡献仅对辐射传输有较小的影响，且能利用拟合的方式进行校正，即用 Ring 光谱来代替对辐射方程额外的处理，故非弹性散射和红外发射效应能用弹性散射近似。由此可以得到辐射传输方程(radiative transfer equation，RTE)的积分–微分形式(integro-differential form)为

$$\Omega\cdot\nabla_r I(r,\Omega)=\kappa(r)\left[J(r,\Omega)-I(r,\Omega)\right] \tag{4.48}$$

$$J(r,\Omega)=\omega(r)\int_{4\pi}p(r,\Omega,\Omega')I(r,\Omega)\mathrm{d}\Omega' \tag{4.49}$$

式中，κ 为消光系数；Ω' 为辐射入射方向；Ω 为出射方向；r 为位置向量；p 为散射相位函数；$\omega(r)$ 为单次散射反照率(single scattering albedo)，为散射系数(α_{R})和消光系数之比，即

$$\omega(r)=\frac{\alpha_{\mathrm{R}}}{\kappa(r)} \tag{4.50}$$

临边模式下，太阳辐射在穿过大气到达传感器的过程中全部都经过了散射，包括单次和多次散射、反射散射等几种情况。而从地表反射时，将地表当作 Lambertian 表面处理，那么在临边模式下辐射传输方程可表示为

$$\begin{aligned}I(r_0,\Omega)=&\int_{s_1}^{0}\left[J_1(s,\Omega)+J_2(s,\Omega)+\sum_{i=3}^{\infty}J_i(s,\Omega)\right]\mathrm{e}^{-\tau(s,0)}\mathrm{d}s\\&+\left[I_1(s_1)+I_2(s_1)+\sum_{i=3}^{\infty}I_i(s_1)\right]\mathrm{e}^{-\tau(s_1,0)}\end{aligned} \tag{4.51}$$

式中，$J_1(s,\Omega)$ 为单次散射源函数项；$J_2(s,\Omega)$ 为辐射经过二次散射引起的源函数项；$J_i(s,\Omega)$ 为辐射经过三次或更多次散射导致的源函数项。类似地，$I_1(s_1)$ 为经过地表反射再散射到仪器的辐射；$I_2(s_1)$ 为经过二次散射来自地表的辐射；$I_i(s_1)$ 为经过三次或更多次散射来自地表的辐射。源函数 J 的最后一次散射来自大气，而 I 的最后一次散射是来自地表。实际上，对于中高层大气 OH 自由基甚高光谱探测仪来说，其探测高度为 15～85km，距离地表较远，因此在辐射传输计算时

可忽略地表的影响。电磁辐射以波的形式在大气中传输，在传输过程中，电磁波与大气介质相互作用而发生散射和吸收，折射、散射、吸收作用构成了复杂的辐射传输的基本过程。SCIATRAN辐射传输模型在临边模式运行时，考虑了大气分子散射等过程，如图4.11所示，可以较好地模拟指定状态下的光谱。

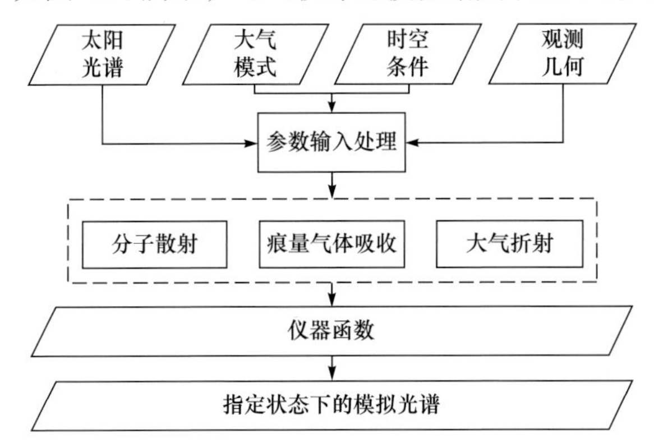

图4.11 SCIATRAN辐射传输模型紫外波段临边模式模拟流程图

参考文献

[1] Penndorf R. Tables of the refractive index for standard air and the rayleigh scattering coefficient for the spectral region between 0.2 and 20.0μm and their application to atmospheric optics[J]. Journal of the Optical Society of America, 1957, 47(2):176-182.

[2] Edlén B. The refractive index of air[J]. Metrologia, 1966, 2(2):71-80.

[3] 戴聪明, 魏合理, 胡顺星. 不同版本HITRAN数据库对高层大气辐射传输影响特性分析[J]. 光学学报, 2013, 33(5):0501001.

[4] Sander S P, Friedl R R, Ravishankara A R, et al. Chemical Kinetics and Photochemical Data for Use in Atmospheric Studies Evaluation Number 1S[M]. Pasadena: JPL Publication, 2006.

[5] Kaiser J W. Atmospheric parameter retrieval from UV-vis-NIR limb scattering measurements[D]. Bremen：University of Bremen, 2001.

[6] Balluch M, Lary D J. Refraction and atmospheric photochemistry[J]. Journal of Geophysical Research Atmospheres, 1997, 102(D7):8845-8854.

[7] Peck E R, Reeder K. Dispersion of air[J]. Journal of the Optical Society of America, 1972, 62(62):958-962.

[8] Bates D R. Rayleigh scattering by air[J]. Planetary and Space Science, 1984, 32(6):785-790.

[9] Rozanov A. Modeling of radiative transfer through a spherical planetary atmosphere: Application to atmospheric trace gases retrieval from occultation- and limb-measurements in UV-Vis-NIR[D]. Bremen：University of Bremen, 2001.

[10] Noël S, Bovensmann H, Wuttke M W, et al. Nadir, limb, and occultation measurements with SCIAMACHY[J]. Advances in Space Research, 2002, 29(11):1819-1824.

[11] Chen S. A new technique for atmospheric chemistry observations[C]// ICO20:Remote Sensing

and Infrared Devices and Systems, 2006, 60310R.

[12] Liou K N. 大气辐射导论[M]. 2 版. 郭彩丽, 周诗健, 译. 北京：气象出版社, 2004.

[13] Rozanov A, Rozanov V, Burrows J P. A numerical radiative transfer model for a spherical planetary atmosphere: Combined differential-integral approach involving the Picard iterative approximation[J]. Journal of Quantitative Spectroscopy and Radiative Transfer, 2001, 69(4):491-512.

[14] Lenoble J. Atmospheric radiative transfer[J]. Eos Transactions American Geophysical Union, 1993, 76(9):90.

[15] 金丽华. 大气 Limb 辐射亮度模拟及其敏感性分析[D]. 长春：吉林大学, 2009.

[16] 汪自军. 基于卫星临边辐射的大气痕量气体含量反演研究[D]. 长春：吉林大学, 2011.

[17] Griffioen E, Oikarinen L. LIMBTRAN: A pseudo three-dimensional radiative transfer model for the limb-viewing imager OSIRIS on the ODIN satellite[J]. Journal of Geophysical Research Atmospheres, 2000, 105(D24):29717-29730.

[18] Loughman R P, Griffioen E, Oikarinen L, et al. Comparison of radiative transfer models for limb-viewing scattered sunlight measurements[J]. Journal of Geophysical Research Atmospheres, 2004, 109(D6):1-16.

[19] Oikarinen L, Sihvola E, Kyrölä E. Multiple scattering radiance in limb-viewing geometry[J]. Journal of Geophysical Research Atmospheres, 1999, 104(D24):31261-31274.

[20] Postylyakov O V. Radiative transfer model MCC++ with evaluation of weighting functions in spherical atmosphere for use in retrieval algorithms[J]. Advances in Space Research, 2004, 34(4):721-726.

[21] Postylyakov O V. Linearized vector radiative transfer model MCC++ for a spherical atmosphere[J]. Journal of Quantitative Spectroscopy and Radiative Transfer, 2004, 88(1-3):297-317.

[22] Bourassa A E, Degenstein D A, Llewellyn E J. SASKTRAN: A spherical geometry radiative transfer code for efficient estimation of limb scattered sunlight[J]. Journal of Quantitative Spectroscopy and Radiative Transfer, 2008, 109(1):52-73.

[23] Guo X, Lu Y, Lü D. Feasibility study for joint retrieval of air density and ozone concentration profiles in the mesosphere using an ultraviolet limb-scan technique[J]. Progress in Natural Science:Materials International, 2004, 14(6):504-510.

[24] 郜婧婧. 一个简单的非水平均匀的大气临边矢量辐射传输模式[D]. 北京：华北电力大学, 2014.

第 5 章　单传感器 OH 自由基临边观测正演

传感器接收到的临边散射信号可以看作由两部分构成：OH 自由基的荧光发射能和由瑞利散射产生的大气背景能量。在模拟指定大气状态参量条件的卫星入瞳处辐亮度时，SCIATRAN 辐射传输模型仅计算了瑞利散射、臭氧吸收、OH 自由基自吸收作用，但并未考虑到 OH 自由基吸收作用与发射能量的计算，因此无法正确地模拟紫外波段临边散射辐射，所以需要将第 4 章提到的 SCIATRAN 辐射传输模型进行改进以满足研究需求。调整后的正向辐射传输模型结构图如图 5.1 所示。其中优化了太阳光谱、大气模式、观测几何条件，构建了 OH 自由基浓度数据库，以便提高正向辐射传输模型的精确度。

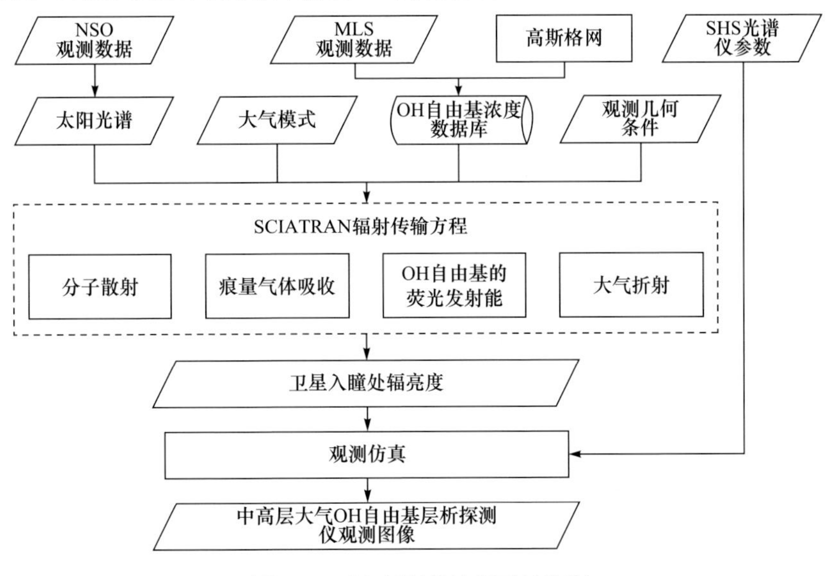

图 5.1　正向辐射传输模型结构图

5.1　太阳光谱的测定

太阳发射的电磁辐射在地球大气上界随波长的分布叫作太阳光谱(solar spectrum)。太阳光谱不仅反映太阳本身的一些物理变化情况，而且太阳作为地球最重要的外部能量来源，准确地测量太阳光谱对于更好地理解地–气系统的辐射收支平衡起到重要作用，常用的太阳光谱有以下几种。

(1) ASTM-E490 太阳光谱：其光谱范围为 0.12～1000μm，由美国材料与试验协会根据卫星、航天飞机、火箭探测以及地基太阳望远镜等观测资料计算得到。

(2) Kurucz 太阳光谱：其光谱范围为 0.2～200μm，由 Kurucz 通过理论模型和经验模型计算得到[1]。

(3) Thuillier 太阳光谱：其光谱范围为 0.2～2.4μm，由 Thuillier 等根据多次航空飞行观测资料计算得到[2]。

由于地基观测仪器观测范围的限制以及大气层对测量精度的影响，科研人员通过研发可搭载在卫星平台上的传感器来获得更加准确的太阳光谱。此节简单地介绍用于测量太阳光谱的地基传感器和星载传感器。

5.1.1 地基测量

虽然地基太阳光谱测定的方法有多种，但是各种方法的原理都是基于传感器自身特征，将太阳辐射能转化为其他不同形式的、便于测量的物理量来获得太阳光谱。应用较多的是热电型传感器和光电型传感器两种类型，热电型传感器的测量原理是将太阳光辐射转变为热量，再将热量转换为电信号进行测量；而光电型传感器则是基于光-电效应进行辐射测量，其传感器由光敏电阻、光电二极管等组成[3]。常用的地基太阳光谱测量仪器简介见表 5.1。

表 5.1　常用的地基太阳光谱测量仪器简介

	法国 CIMEL 公司 CE318 全自动太阳光度计	日本 EKO 公司的 MS 系列光谱型太阳辐射仪	荷兰 Kipp&Zonen 公司的日射辐射计	美国 Eppley Laboratory 240-8111 半球形总辐射计	瑞士 PMOD/WRC 高精度太阳辐射计
探测类型	光电型	光电型	热电型	热电型	光电型
光谱范围	340～1640nm	350～1050nm	300～3000nm	0.3～30μm	350～1050nm
主要用途	大气环境监测、卫星校正、推算大气气溶胶、水汽、臭氧等成分特性	热学研究和太阳能电池测试	气象学、农学、物理学及光学实验室	精确测量短波和长波辐射的净辐射	2014 年完成工程样机设计，应用理论和技术较为先进
装置图片					

5.1.2　卫星测量

由于大气中各种气体分子(如 OH 自由基)对太阳光的吸收和散射具有光谱选择性，所以利用大气层外观测到的太阳光谱辐照度分布对比地表观测到的太阳光谱辐照度分布，可以用于反演进而得到大气的成分和含量，此方法对于大气成分以及气候变化预测具有重要意义[4]。主要的空间太阳光谱辐照度监测仪器可分为三类：①离散的单色波长太阳光谱辐照度监测仪器，相关载荷简介见表 5.2；②紫外波段太阳光谱辐照度监测仪器，相关载荷简介见表 5.3；③宽光谱范围太阳光谱辐照度监测仪器，相关载荷简介见表 5.4。

表 5.2　离散的单色波长太阳光谱辐照度监测仪器[5]　(单位：nm)

	太阳照度计(sun photo meters, SPM)	光度振荡成像仪(luminosity oscillation imager, LOI)
主要用途	太阳震动和变化等现象的研究	对 500nm 波长处的太阳直径和太阳辐射在日盘面上分布进行测量
中心波长	335、500、862	500
空间任务信息	PHOBOS、EURECA 空间在轨观测任务；SOHO、ISS-SOLAR 空间在轨观测任务(第一通道中心波长由 335nm 替换为 402nm)	SOHO 空间在轨观测任务

表 5.3　紫外波段太阳光谱辐照度监测仪器　(单位：nm)

	太阳后向散射紫外光谱仪(solar backscatter ultraviolet spectrometer, SBUV)[6]	太阳恒星辐照度比较实验(solar stellar irradiance comparison experiment, SOLSTICE Ⅱ)[7]
主要用途	对紫外波段太阳光谱辐照度及地球辐射进行观测	测量太阳辐照度
光谱范围	160～400	FUV 通道：115～180 MUV 通道：170～320
光谱分辨率	1	FUV 通道：0.1 MUV 通道：0.09
空间任务信息	搭载于 NIMBUS7 卫星	搭载于 SORCE 卫星

表 5.4　宽光谱范围太阳光谱辐照度监测仪器　(单位：nm)

		大气吸收制图扫描成像频谱仪(scanning imaging absorption spectrometer for atmospheric cartography)
主要用途		太阳光谱辐照度监测任务
光谱范围	第 1 通道	240～314
	第 2 通道	309～405

续表

	大气吸收制图扫描成像频谱仪(scanning imaging absorption spectrometer for atmospheric cartography)	
光谱范围	第 3 通道	394～620
	第 4 通道	604～805
	第 5 通道	785～1050
	第 6 通道	1000～1750
	第 7 通道	1940～2040
	第 8 通道	2265～2380
光谱分辨率	第 1 通道	0.21
	第 2 通道	0.22
	第 3 通道	0.47
	第 4 通道	0.42
	第 5 通道	0.55
	第 6 通道	1.56
	第 7 通道	0.21
	第 8 通道	0.24
空间任务信息	搭载于 ENVISAT 卫星	

在模拟整个辐射传输过程中，首先需要考虑辐射源。对于中高层大气 OH 自由基的辐射传输模拟而言，其辐射源为太阳能量，而且 OH 自由基浓度受光化学反应的影响较大，那么模拟中高层大气 OH 自由基辐射传输对太阳能量的光谱分辨率要求极高，其原因主要为以下两点：①OH 自由基受到太阳能量激发后，从激发态回到基态时产生荧光辐射，高精度地计算荧光辐射能需要高光谱分辨率的太阳能量；②中高层大气 OH 自由基甚高光谱探测仪的光谱分辨率指标为 0.02nm，因此只有基于更高光谱分辨率的辐射源，才能获得更加符合真实观测的模拟值。基于上述原因，我们选择美国国家太阳天文台(National Solar Observatory，NSO)太阳光谱(图 5.2)作为辐射传输模型的辐射源。该产品基于 1976～2002 年的长时间序列、包含了近 3 个太阳活动周期的综合观测结果，其紫外波段的分辨率为 8.6×10^{-4}nm，远远超出了探测仪 0.02nm 的光谱分辨率指标，且其精度也达到了 OH 自由基发射线的多普勒宽度。

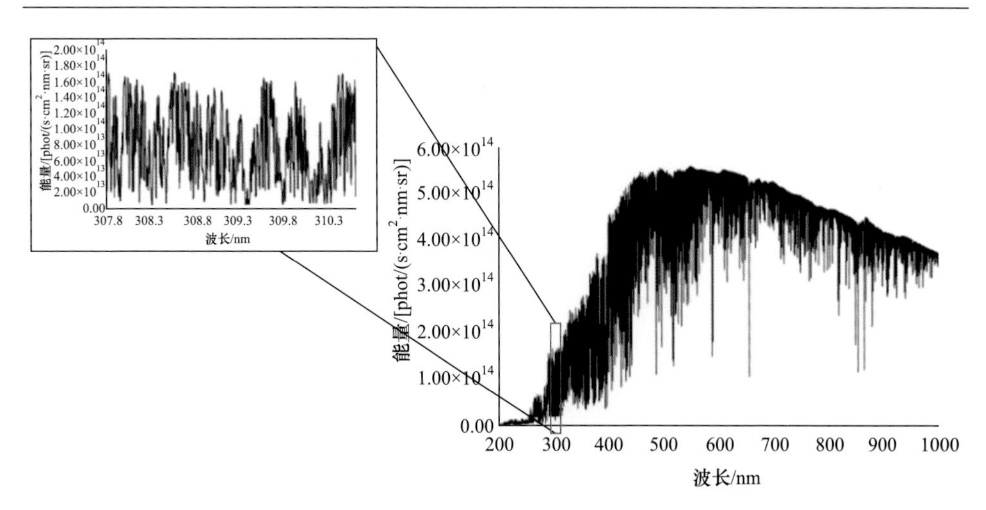

图 5.2　NSO 太阳光谱

5.2　大 气 模 式

我们所使用的大气模式由德国不来梅大学海洋环境科学研究中心提供。其包含了大气 2～90km 高度、85°S～85°N、1～12 月的大气压强和温度。4 月 41km 高度全球压强和温度分布如图 5.3 和图 5.4 所示。

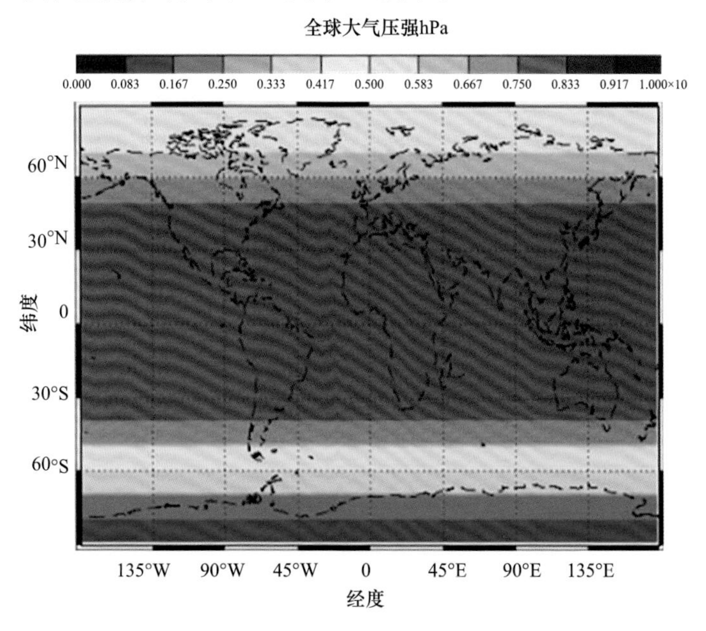

图 5.3　4 月 41km 高度全球压强分布

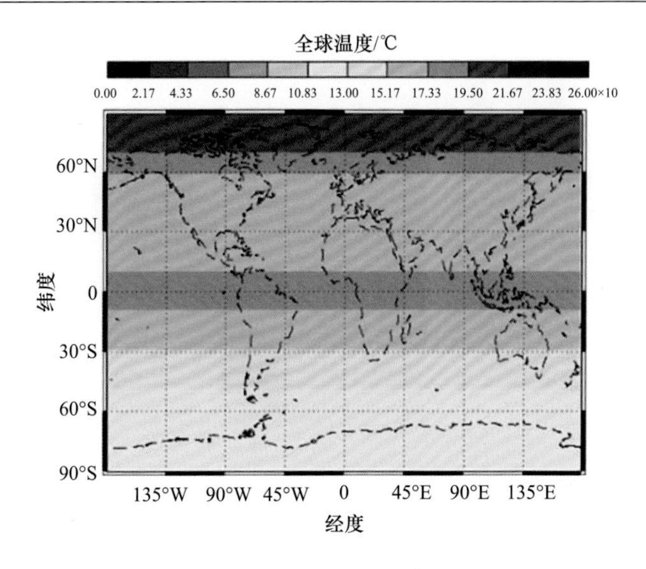

图 5.4　4 月 41km 高度全球温度分布

5.3　OH 自由基浓度数据库

中高层大气 OH 自由基临边探测的模拟对输入的 OH 自由基浓度有很高的要求，对于正向模型来说，有效的大气状态参量是正确计算传感器接收的能量值的保证。目前实现全球大范围 OH 自由基浓度探测且观测数据可被公开获取的载荷为 2.3.2 节第 3 部分提到的 MLS 传感器，因此将以该传感器的全球 OH 自由基观测结果数据构建的 OH 自由基浓度数据库作为辐射传输模拟的输入参量。但该传感器的数据在使用过程中存在少许问题，一方面，根据卫星自带的数据说明，在 0.0032～32hPa 高度范围内的数据可用于科学研究,超过这个范围的数据可信度较差；另一方面，在使用数据时选取一定范围内的 OH 自由基廓线取平均，从而减小数据中的随机误差和不确定性。所以从空间尺度和时间尺度两个方面对 MLS 传感器的全球 OH 自由基浓度数据产品进行划分，将落入单个划分单元的 OH 自由基浓度数据在各个高度上的平均结果作为该划分单元的浓度数据，构建 OH 自由基浓度时空数据库。

5.3.1　数据源

1. MLS 传感器数据简介

MLS 传感器的光学结构及相关任务的详细情况在本书的第 2 章已经给出了详

细的介绍，本部分就不再赘述，这里只详细介绍构建数据库所用到的 MLS 传感器数据。

1) OH 自由基数据

MLS 传感器上的太赫兹辐射计专门用于测量 2.5THz 光谱区域的 OH 自由基。早前版本的数据中，OH 自由基在中间层密度峰值区域约为 0.032hPa，经常显示有大量的精度指标为负值的无效数据，尤其是在夏季南半球热带地区，这导致连续时间序列的数据之间出现间隔或空白。在 v4.2 版本数据中，解决了过于严格的先验约束条件引起的这一数据问题，因此该版本的 OH 自由基数据较之前版本的数据噪声更低，有更高的使用价值。因此本书研究所使用的 OH 自由基数据为 v4.2 版本。

OH 自由基本身在大气中含量较低，且大气背景十分复杂，因此 MLS 传感器的 OH 自由基数据存在大量噪声，在其官方文件中指出对 10°跨度的经向数据进行平均，可以将数据的相对精度缩小到 10%。如果是将日数据进行平均，则 0.01～21hPa 范围内的数据，精度是满足使用要求的。如果将 4 天以上的数据进行平均处理，则数据的垂直可用范围扩展到 0.0046～32hPa。因此，在进行数据预处理时尤其要注意这点。在这里我们采用了高斯递减网格作为空间尺度上的划分依据，并依据实际情况采取了均值处理。官方文档中还对数据使用的其他指标做出了要求，如表 5.5 所示。

表 5.5　数据要求指标

数据要求	指标
适用压力范围	0.0032～32hPa
预估精度	正数
状态	偶数
质量	v4.2 版本数据可以不用考虑该指标
收敛	＞1.1

2) 臭氧数据

v4.2 版本的标准臭氧数据是基于 240GHz 辐亮度反演得到的，其数据范围覆盖了对流层上层至中间层。该版本数据优化了反演算法，较之前版本数据降低了数据使用限制条件，减少了对原始数据的筛选处理难度。同样地在使用数据之前要按照一定的要求对数据进行筛选，要求如表 5.6 所示。

表 5.6　臭氧数据要求指标

数据要求	指标
适用压力范围	0.02～261hPa
预估精度	正数
状态	偶数
质量	＞1.0
收敛	＜1.03

3) 水汽数据

水汽数据在使用之前也要按照一定的要求对数据进行筛选,要求如表 5.7 所示。

表 5.7　水汽数据要求指标

数据要求	指标
预估精度	正数
状态	偶数
质量	＞1.45
收敛	＜2.0

2. 数据预处理

MLS 传感器的 OH 自由基数据以体积混合比(VMR)形式表示，所谓体积混合比是指单位体积内痕量气体的摩尔数与大气全部组分摩尔数之比。此外其高度维采用压强进行表述。本书为了数据统一与便于直观分析，将以混合比形式表示的数据转换为数密度形式表示(数密度是指单位体积内某种粒子或者物质的数量)。体积混合比与数密度之间有如下式的转换关系：

$$\text{number density} = \text{VMR} \cdot \frac{P \cdot J}{T} \cdot 10^{-1} \tag{5.1}$$

式中，number density 为痕量气体数密度(molecules/cm^3)；VMR 为痕量气体的体积混合比(ppbv[①])；P 为当时大气压强；T 为大气温度(K)；J 为 Kelvins 系数 $[7.2429716 \times 10^{18}\,\text{J/(mol} \cdot \text{K)}]$。在研究过程中，使用了 Bremen 全球大气模式，基于待转换数据的时间以及位置信息，从 Bremen 全球大气模式中抽取与之对应的压强廓线以及温度廓线，从而将数据转换为数密度表示形式。同时将原数据中以压强表述高度维的形式，插值为千米形式，并将 OH 自由基、臭氧、水汽的浓度廓线插值到同一高度上，便于后续分析。

① ppbv 为体积混合比十亿分，表示大气成分的体积和与之共存的空气的体积之比(十亿分之一)。

5.3.2　构建方法

1. 空间尺度

空间尺度上基于圈层空间网格对 MLS 传感器的 OH 自由基全球观测结果进行组织和管理。圈层空间网格是面向整个地球立体空间构建的统一的全球空间网格，将地球立体空间数学抽象为圈层空间，按照一定的规则将圈层空间离散化为一系列的网格单元，每个网格单元具有唯一编码，从而实现对数据进行集成组织和存储管理[8]。研究过程中各个圈层面的剖分是基于 MLS 传感器的 OH 自由基数据中的高度表达进行。由于 OH 自由基浓度数据以压强的形式表达高度，所以数据分布在 0.0032～32hPa，共 24 层。建库时根据压强建立 24 个圈层面，单个圈层面上分布着该压强处所有 OH 自由基浓度数据。由于全球大气密度的不均匀性，不同区域的大气压强存在差异，因此浓度数据库构建完成后，在抽取指定位置的 OH 自由基浓度廓线时，基于该处大气模式使用插值算法，以千米为单位表达 OH 自由基廓线在高度上的分布，计算得到数据高度上限和下限分别为 81km 和 21km 左右。

单个圈层面上采用空间网格划分，网格单元连续地无缝覆盖单个圈层面。经纬线网格作为符合人们的思考和使用习惯的球面网格之一，可进行等角划分或等积划分[9]。等角划分的基本思想是用固定经纬度间隔的网格单元覆盖球面或投影面，划分结果如图 5.5 所示。

由于划分算法思路清晰、实现简单，这种球面划分的网格系统被广泛采用。但以这种方式划分的球面网格仍存在一些问题，即当网格单元从赤道到两极变化时，网格单元的面积和形状变形越来越大，从而引起面积变形，即高纬地区的单个网格面积远远小于低纬地区。为了克服这类问题，出现了球面等积划分的思想，这种思想是对经纬线网格之间的间隔使用不规则的划分方法，从而保证面积近似相等的经纬度单元覆盖球面或投影面，从而减小不同纬度之间网格的面积差异，这种网格划分被 Thuburn[10]、Bjørke 等[11]广泛采用。

在地球表面，不同纬度地区接收的太阳辐射存在差异，从而影响中高层大气的化学成分和热结构。对于受太阳能量影响较大的 OH 自由基来说，高纬地区单位面积内接收的太阳辐射较弱，因此该地区 OH 自由基浓度低于低纬地区，需要平均更多的样本以减小随机误差。在经纬度等角划分球面网格中，中高纬地区单个网格面积较小，统计计算后发现该区域 OH 自由基浓度数据中随机误差仍然很大，同时相同面积的平面范围内的网格数多于低纬地区，存在多条浓度廓线，且存在一定程度的数据冗余[12]。

基于上述发现的问题，我们使用等积空间网格中的递减高斯网格来处理单个圈层面上的空间划分问题。高斯网格是在地球科学中用于对球体进行科学建模的网格化水平坐标系统，网格中的纬度带与经度带采取了非常规的划分方法，各个纬度带关于赤道对称，随着纬度的升高，单个纬度带的纬度跨度和该纬度带上经度带数量逐渐递减，从而保证划分的各网格面积大致相等，如图 5.6 所示。

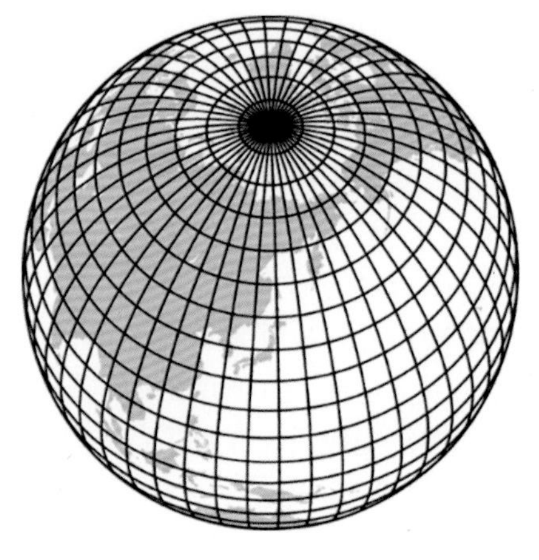

图 5.5　等角经纬线网格

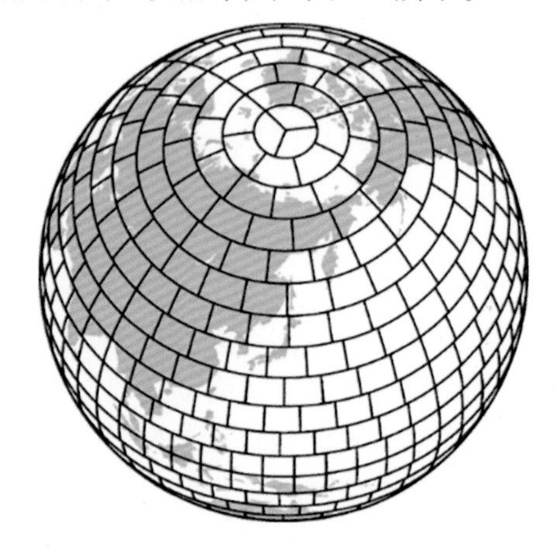

图 5.6　高斯网格

在构建浓度数据库时，由于高纬地区网格内平均的廓线数量增加，减小了数据中的随机误差，同时一定程度上也减小了数据冗余。欧洲中期天气预报中心(European Centre for Medium-Range Weather Forecasts, ECMWF)为递减高斯网格定义了通用标准，分别为 N32、N48、N80、N128、N160、N200、N256、N320、N400、N512、N640。N 后的数字表示从赤道至极点之间的纬向分隔线数量，赤道所在的纬度带划分的经度带为该值的 4 倍，随着纬度升高，纬度带上的经度带数量逐渐递减。该数字越大，即网格的空间分辨率越高，以 N32 为例，赤道至极点之间存在 32 条纬向分隔线，赤道所在的纬度带上划分 128 条经度带，如图 5.7 所示。

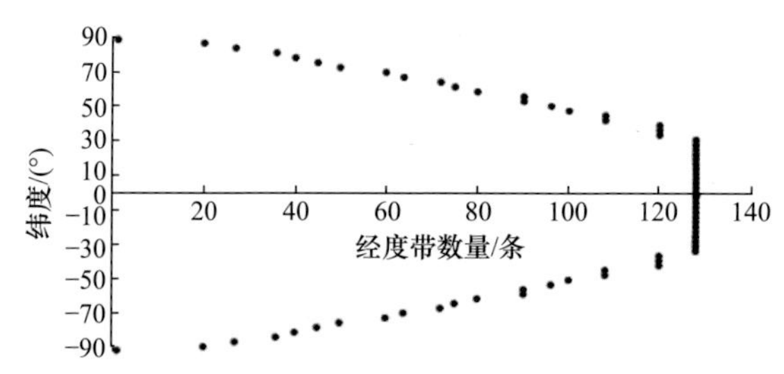

图 5.7　N32 高斯网格中各纬度上的经度带数量

构建大气 OH 自由基浓度时空数据库时，选择网格类型要兼顾空间分辨率和数据可用性。由于 OH 自由基全球观测结果有限，高斯网格空间分辨率越高，则单个网格中的 OH 自由基浓度数据越少，部分网格内甚至没有数据。以芜湖地区为例，统计了该地区在多种分辨率的高斯网格中不同月的 OH 自由基浓度，可以发现，白天的 OH 自由基浓度远远大于夜晚，且各月 OH 自由基浓度廓线的平滑程度随着网格分辨率的增加而逐渐降低，这是因为网格分辨率越高，单个网格面积越小，用于平均的样本越少，计算出的 OH 自由基浓度廓线中随机误差越大，廓线越不平滑，数据中出现负值的概率逐渐增加，当网格分辨率大到一定程度后(如 N128)会出现该网格中没有观测结果的现象，此时数据将无法使用，如图 5.8 所示。根据廓线的平滑程度和可用性，最终确定基于 N32 和 N48 网格构建全球 OH 自由基浓度时空数据库。

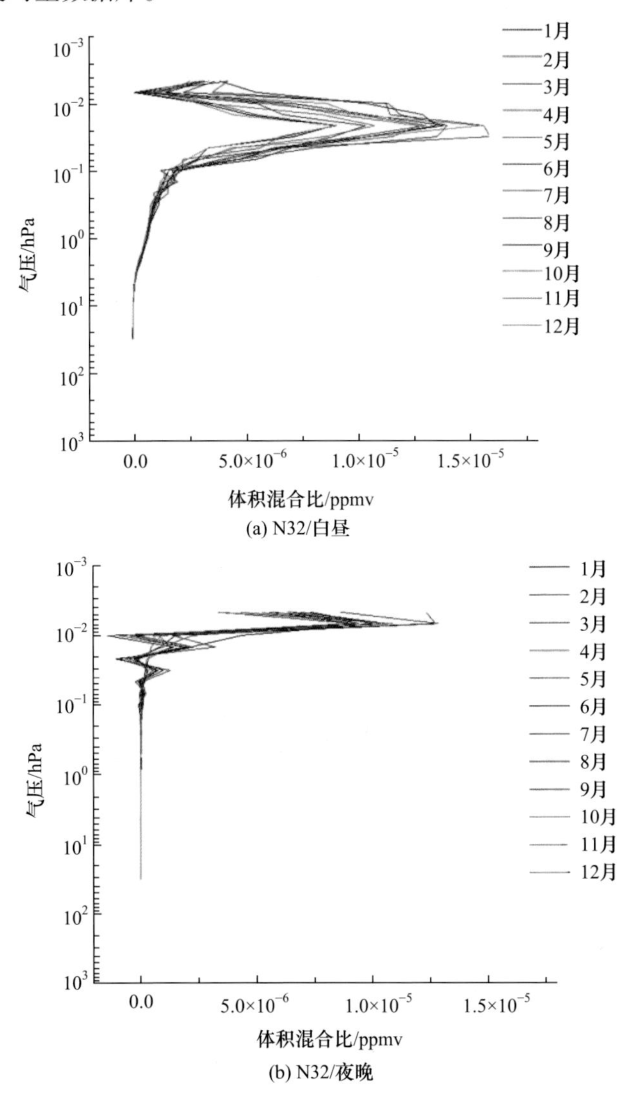

(a) N32/白昼

(b) N32/夜晚

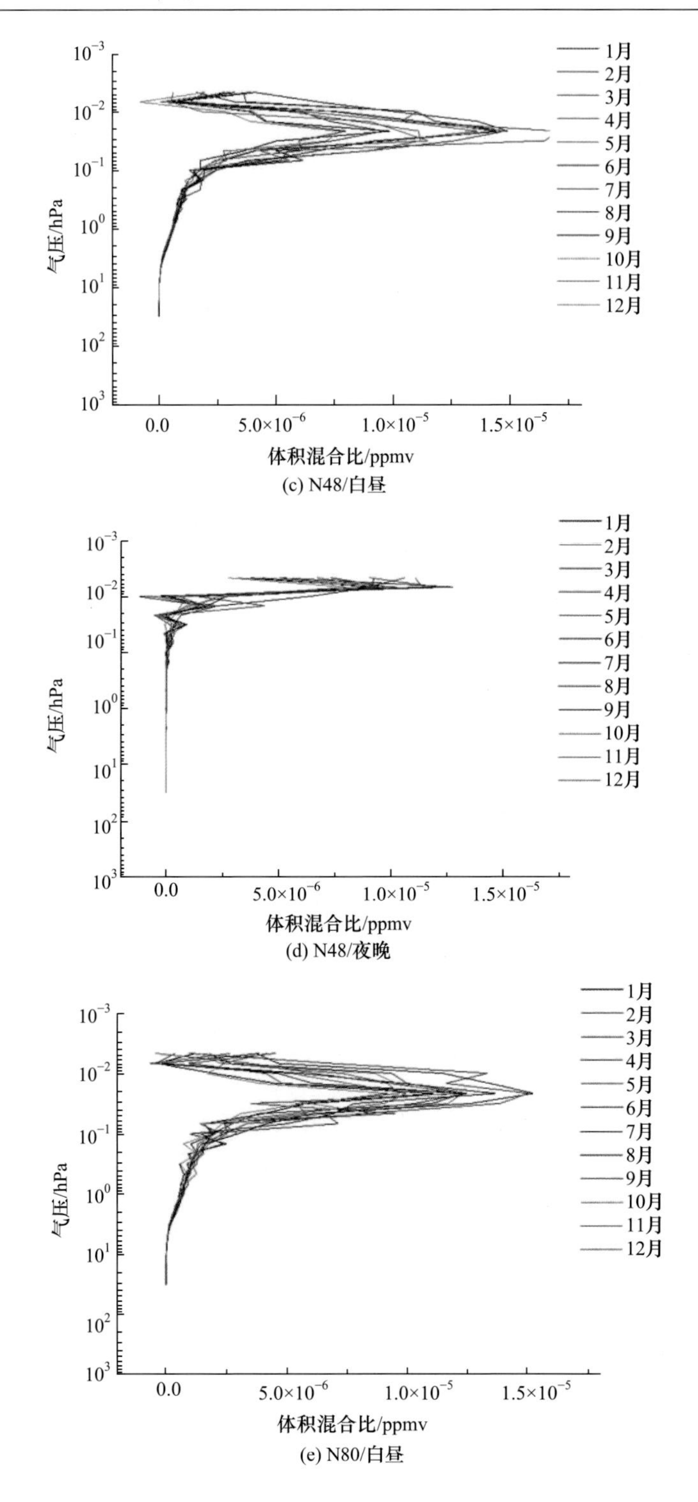

(c) N48/白昼

(d) N48/夜晚

(e) N80/白昼

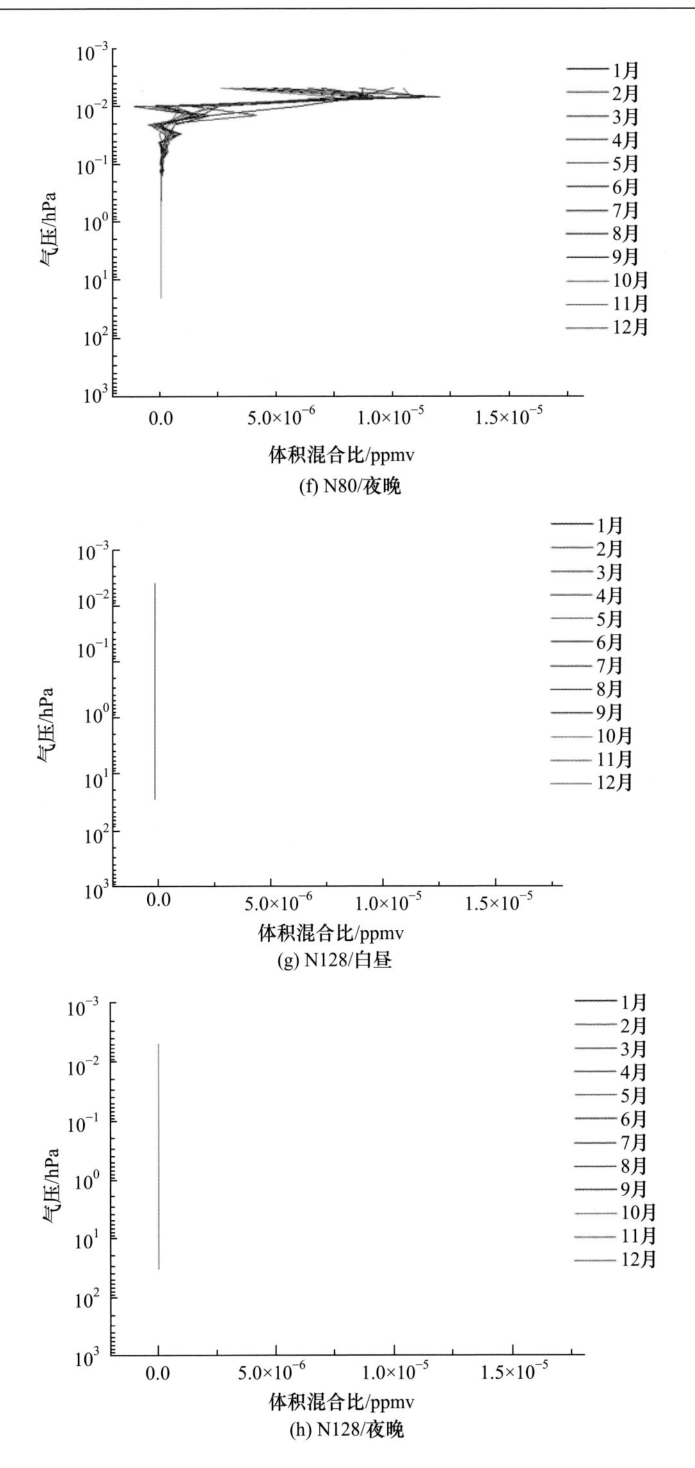

图 5.8　芜湖地区不同分辨率高斯网格中 OH 自由基浓度月平均廓线

2. 时间尺度

MLS 传感器于 2004 年 7 月随 Aura 星发射升空，当年开始提供全球范围的 OH 自由基浓度数据，直到 2009 年为了减少仪器损耗、延长使用寿命，当年 11 月至 2011 年 8 月暂停使用，随后在每年 8 月、9 月进行连续观测，从而获取 OH 自由基更长时间序列的年变化[13]。

卫星观测时的日期是以年积日(N)的形式记录的，年积日即从当年的 1 月 1 日起计算的天数，如每年的 1 月 1 日为第一日，则 1 月 5 日为第五日，以此类推。其与标准日期之间有如式(5.2)所示的函数关系，通过该函数关系式计算了卫星观测积日所属月。

$$
\begin{aligned}
N = \text{floor}\left(\text{month} \times \frac{275}{9}\right) - \text{floor}\left(\frac{\text{month}+9}{12}\right) \\
\times \left\{ \text{floor}\left[\frac{\text{year} - 4 \times \text{floor}\left(\dfrac{\text{year}}{4}\right) + 2}{3} \right] + 1 \right\} + \text{day} - 30
\end{aligned}
\tag{5.2}
$$

由 1.3.1 节可知，日间 OH 自由基和夜间 OH 自由基的生成机制和分布趋势有很大的差别，因此在研究过程中，以太阳天顶角为昼夜划分依据，在数据预处理时，当太阳天顶角大于 110°时，将数据划分为夜间；当太阳天顶角小于 110°时，将数据划分为日间。通过上述分析，我们对全球 OH 自由基的时空分布进行了研究，为建库提供一定的数据基础以及理论依据。

5.3.3 OH 自由基的全球分布

由于日间和夜间 OH 自由基的生成机制以及时空变化不同，所以接下来我们将 OH 自由基的全球分布按照日间 OH 自由基的全球时空分布特征和夜间 OH 自由基的全球时空分布特征进行分析。

1. 日间 OH 自由基的全球时空分布

由于日间 OH 自由基的生成和太阳紫外辐射的作用息息相关，全球范围内来看，不同纬度区域的太阳辐射强度是不同的，且伴随着太阳直射点的移动而变化。为了明确白天中高层 OH 自由基不同高度范围的生成机制以及时空变化，我们将从比较有代表性的北半球高纬度、北半球中纬度、赤道、南半球中纬度、南半球高纬度五个纬度区域、经度分布以及 41km 和 71km 的 OH 自由基吸收峰的高度区域来展开相关分析。

1) 不同纬度区域的 OH 自由基分布特征

(1) 北半球高纬度区域 OH 自由基分布特征。

图 5.9(a)为 2005～2009 年北半球(76.73689°N～79.5256°N)60～80km 高度 OH 自由基浓度的月变化趋势图，从连续时间变化看，OH 自由基浓度变化年周期性特征显著。在一年的周期内，OH 自由基呈柱状分布，在每年的 3～9 月是 OH 自由基浓度高值集中区，在 70～75km 高度范围内 OH 自由基存在一浓度峰值区域。在 70km 以下的高度区域内，OH 自由基含量递减，但沿时间分布变宽，在 75km 以上的高度区域内，OH 自由基浓度迅速减少，并且沿时间的分布宽度迅速收窄。图 5.9(b)为水汽浓度的月变化趋势图，水汽在每年的 3～9 月也存在明显的浓度峰值区域，在每年的 12 月至次年的 1 月存在一浓度次峰值区域，但较 3～9 月的峰值区域浓度含量低，垂直分布范围小。在每年 3～9 月水汽含量陡然升高，且垂直分布范围达到最高，70～75km 高度范围为水汽垂直分布的最高位置。虽然在较

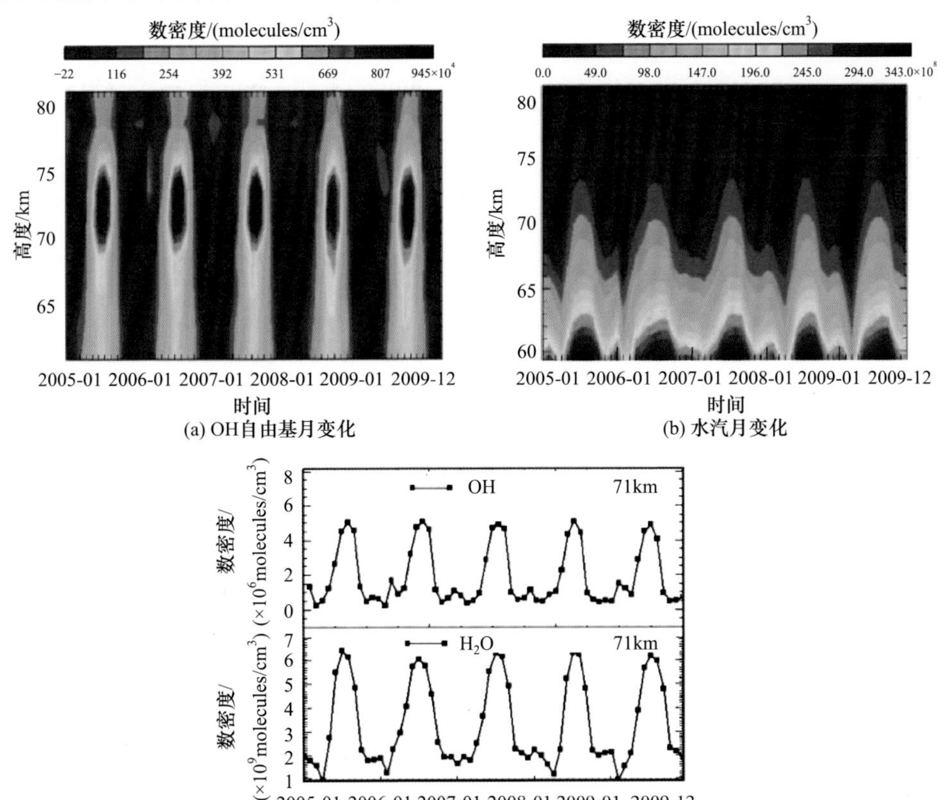

图 5.9　北半球高纬度区域 OH 自由基月变化、水汽月变化和 71km 高度 OH 自由基、水汽月变化对比

低高度处 OH 自由基的浓度低，但其趋势明显，周期性显著。从单层高度看，OH 自由基和水汽随时间的变化具有趋势一致性[图 5.9(c)]，主要是由于该区域处于北极圈内，每年的 3 月 21 日～9 月 23 日前后，北极圈内出现极昼现象，太阳辐射集中在极昼时间段内，水汽光解反应产生 OH 自由基，导致 OH 自由基浓度的升高。

图 5.10(a)为统计平均得到的 2005～2009 年北半球(76.73689°N～79.5256°N) 30～50km 高度范围 OH 自由基浓度月变化趋势图，由图可得出 OH 自由基年周期性较强，历年相同时间段内的 OH 自由基浓度、垂直分布范围等具有较高的一致性，也就是 2005～2009 年该纬度范围内的 OH 自由基没有较为异常的变化。每年的 3～9 月为 OH 自由基浓度的高值集中时间段，且在 41km 左右的高度为 OH 自由基浓度峰值区域。图 5.10(b)为该区域臭氧浓度月变化趋势图，从图中可以明确在 32km 高度以下的范围，臭氧有明显的周期性变化趋势，但在 41km 左右的高度上，臭氧的变化趋势不明显，虽有波动但整体浓度含量差别不大。由于每年的

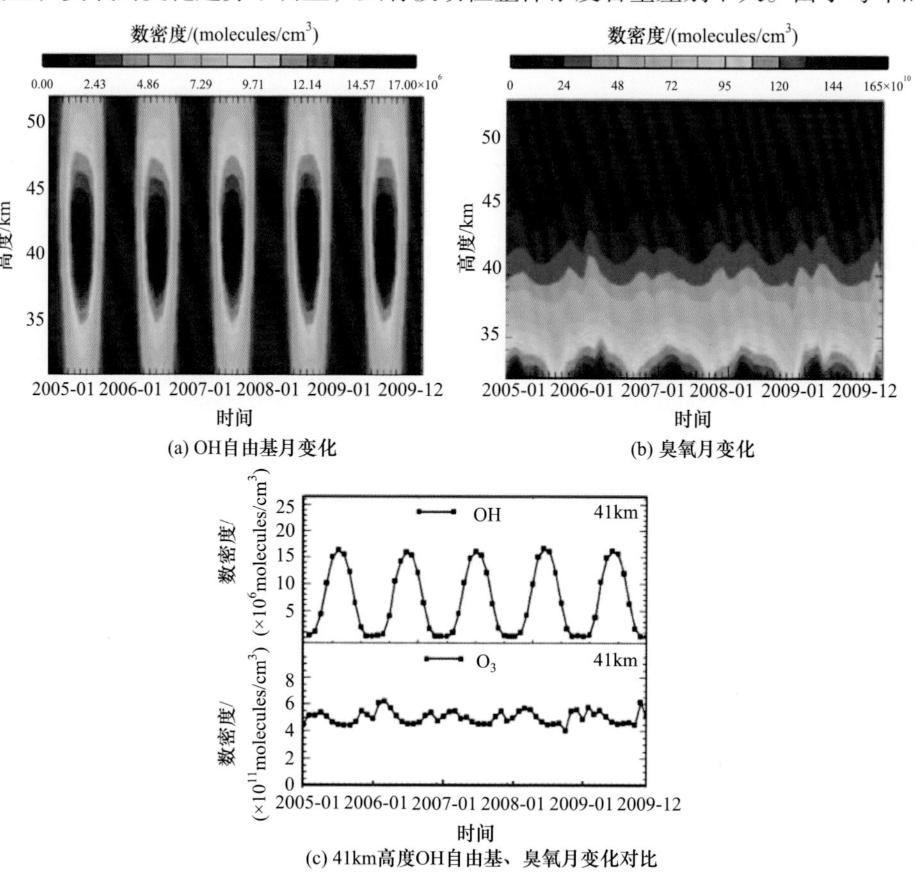

图 5.10　北半球高纬度区域 OH 自由基月变化、臭氧月变化和 41km 高度 OH 自由基、臭氧月变化对比

6 月 21 日前后为夏至，太阳直射点在北回归线附近，高纬度地区极昼区域最大，太阳辐射能量最强，因此 OH 自由基在 41km 处浓度的最高值出现在 6 月。臭氧在相应高度范围变化趋势不明显[图 5.10(c)]，浓度范围波动不大，因此 OH 自由基的浓度变化应主要受太阳辐射强度的影响。

(2) 北半球中纬度区域 OH 自由基分布特征。

图 5.11(a)为 2005～2009 年北半球(40.46364°N～43.25419°N)60～80km 高度 OH 自由基浓度的月变化趋势图。在 71km 高度附近 OH 自由基在每年的 4 月、5 月有一浓度高值区域。7～9 月为 OH 自由基浓度一年中的最大值时间段，在该段时间内 OH 自由基在 71km 左右的高度浓度值最大，且垂直分布范围最大。水汽在每年的 7～10 月为浓度峰值时间段[图 5.11(b)]。图 5.11(c)为 71km 附近 OH 浓度变化趋势和水汽自由基变化趋势对比，由图可知水汽浓度的变化趋势和 OH 自由基浓度的变化趋势较一致，水汽的光解反应是 OH 自由基浓度升高的主要原因。

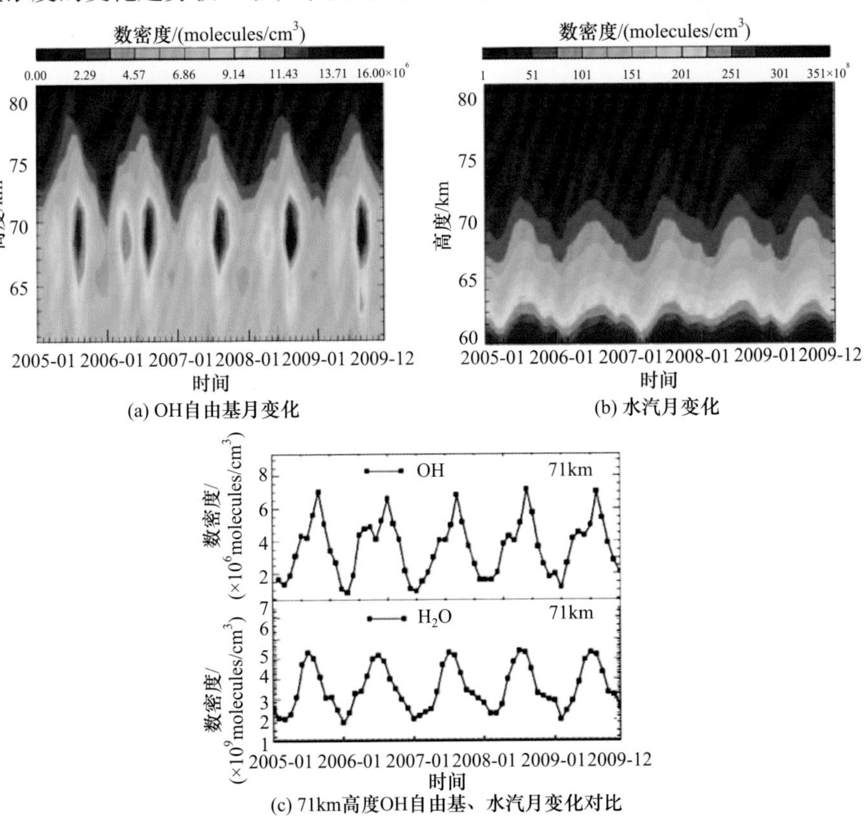

图 5.11　北半球中纬度区域 OH 自由基月变化、水汽月变化和 71km 高度 OH 自由基、水汽月变化对比

图 5.12(a)为统计平均得到的 2005～2009 年北半球(40.46364°N～43.25419°N)

30～55km 高度范围 OH 自由基浓度的月变化趋势图，图 5.12(b)为相应的 30～50km 高度臭氧浓度的月变化趋势图，由图可以看出，在 41km 附近 OH 自由基的高值区域出现在每年的 2 月、3 月、4 月、8 月、9 月、10 月，在相应的时间范围内臭氧的浓度也是存在高值区域，可以得出 OH 自由基浓度变化和臭氧浓度变化趋势一致[图 5.12(c)]，据此判断应是太阳辐射和臭氧综合作用导致 OH 自由基浓度的变化，且臭氧浓度的变化起主导作用。

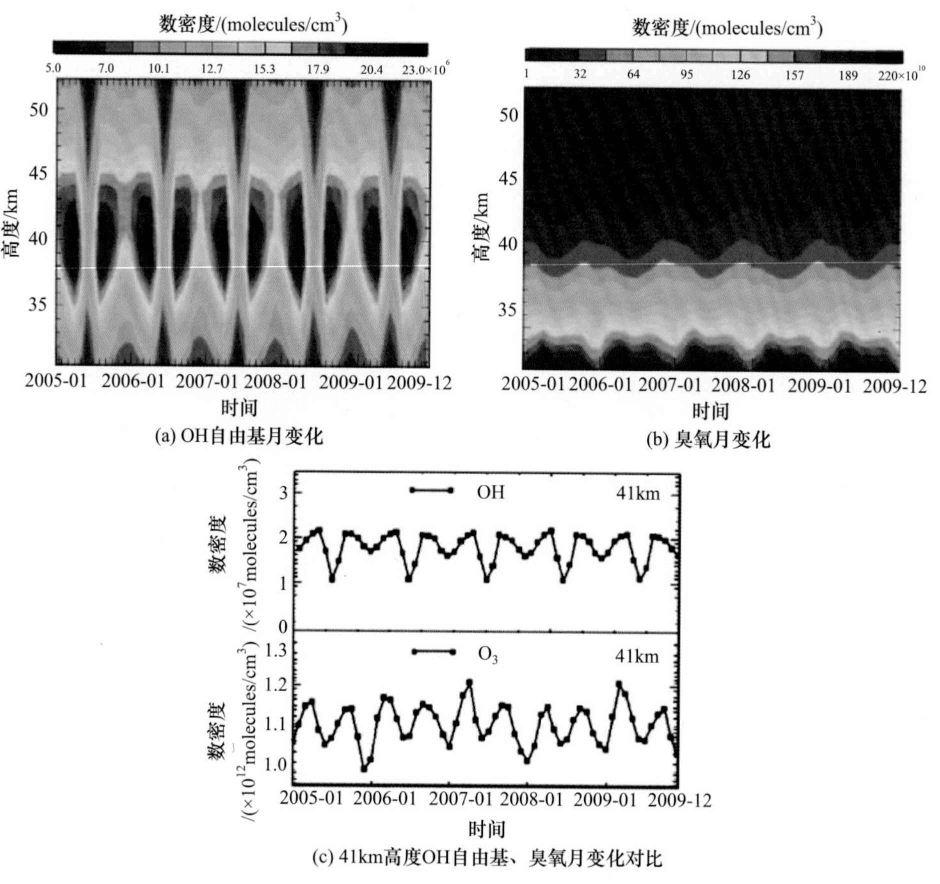

图 5.12　北半球中纬度区域 OH 自由基月变化、臭氧月变化和 41km 高度 OH 自由基、臭氧月变化对比

(3) 赤道区域 OH 自由基分布特征。

图 5.13(a)为 2005～2009 年赤道(1.3953°S～1.3953°N)60～80km 高度 OH 自由基浓度的月变化趋势图，图 5.13(b)为相应的水汽浓度月变化趋势图，可以得出在 71km 附近，OH 自由基在每年的 7 月、8 月左右有一浓度高值区域，且 71km 附近水汽浓度变化趋势和 OH 自由基变化趋势一致[图 5.13(c)]。该现象是水汽和太阳辐射强度综合作用造成的，且水汽浓度的变化对 OH 自由基浓度变化起主导作用。

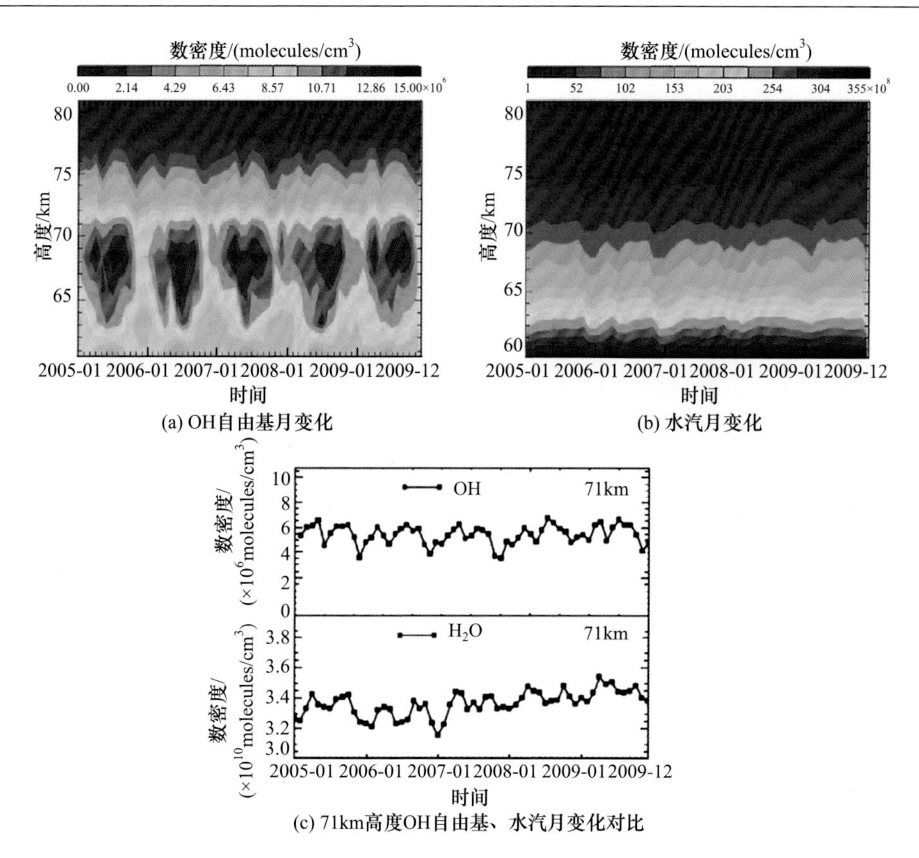

(a) OH自由基月变化　(b) 水汽月变化

(c) 71km高度OH自由基、水汽月变化对比

图 5.13　赤道区域 OH 自由基月变化、水汽月变化和 71km 高度 OH 自由基、水汽月变化对比

图 5.14(a)为统计平均得到的 2005～2009 年赤道(1.3953°S～1.3953°N)30～55km 高度范围 OH 自由基浓度的月变化趋势图，图 5.14(b)为相应的 30～50km 高度臭氧浓度的月变化趋势图。由图 5.14(c)可以得出，在赤道附近太阳辐射强度均匀，41km 附近的 OH 自由基的浓度主要受到太阳辐射强度的影响，高值区域随时间变化趋势平稳，且无明显时间变化特征。

(4) 南半球中纬度区域 OH 自由基分布特征。

依据 2005～2009 年南半球(32.09194°S～34.88252°S)60～80km 高度 OH 自由基浓度的月变化趋势图[图 5.15(a)]、水汽浓度月变化趋势图[图 5.15(b)]和图 5.15(c)可以得出 71km 附近，OH 自由基变化趋势复杂，但 71km 附近水汽浓度的变化趋势和 OH 自由基浓度变化趋势较一致，水汽的光解反应仍然是产生该现象的主要因素。

图 5.16(a)为统计平均得到的 2005～2009 年南半球(32.09194°S～34.88252°S)30～55km 高度范围 OH 自由基浓度的月变化趋势图，图 5.16(b)为相应的 30～55km 高度臭氧浓度的月变化趋势图，可以得出，在 41km 附近，每年的 10 月至次年的 2 月(南半球夏季)为 OH 自由基的高值区域，臭氧在相应时间内也是高值区域，41km

附近臭氧的浓度变化趋势和 OH 自由基的浓度变化趋势一致[图 5.16(c)]，太阳辐射强度和臭氧浓度是产生该趋势的主要因素。

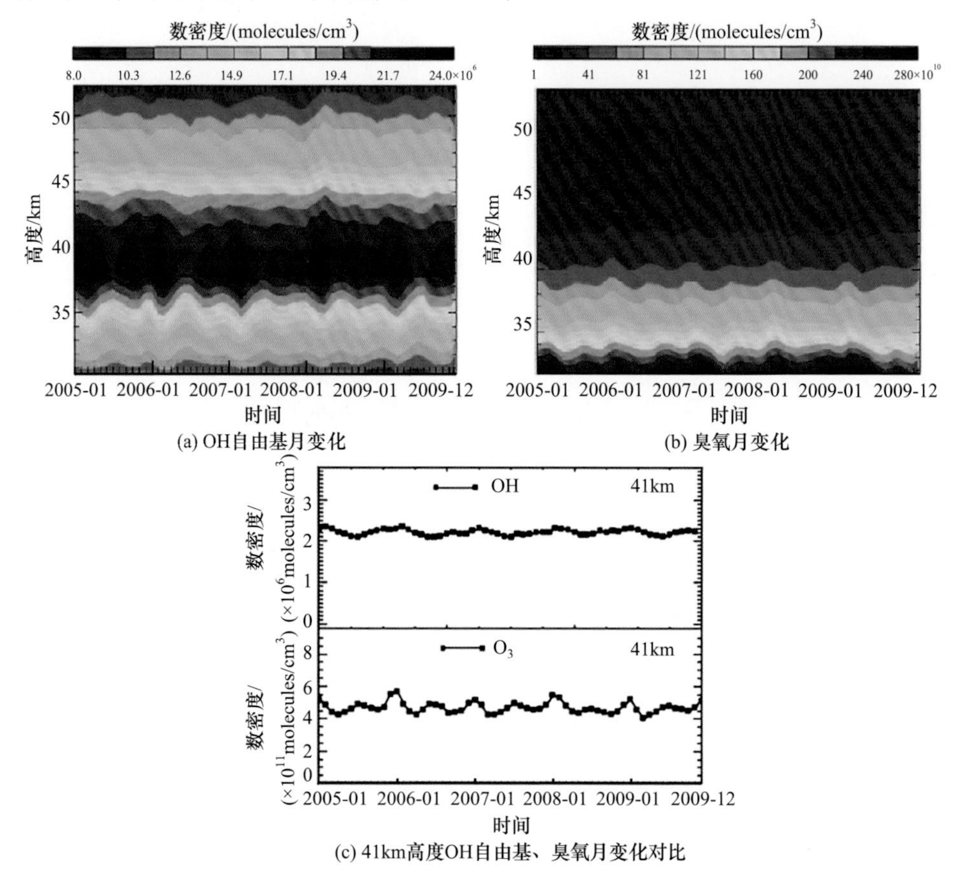

图 5.14　赤道区域 OH 自由基月变化、臭氧月变化和 41km 高度 OH 自由基、臭氧月变化对比

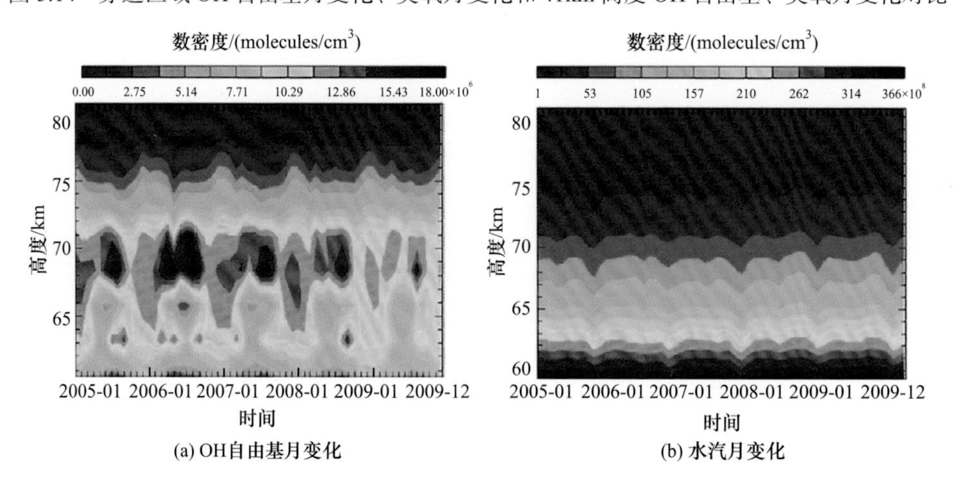

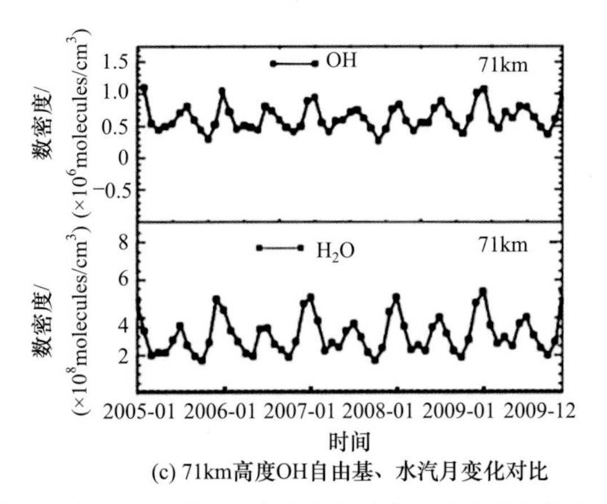

(c) 71km高度OH自由基、水汽月变化对比

图5.15　南半球中纬度区域OH自由基月变化、水汽月变化和71km高度OH自由基、水汽月变化对比

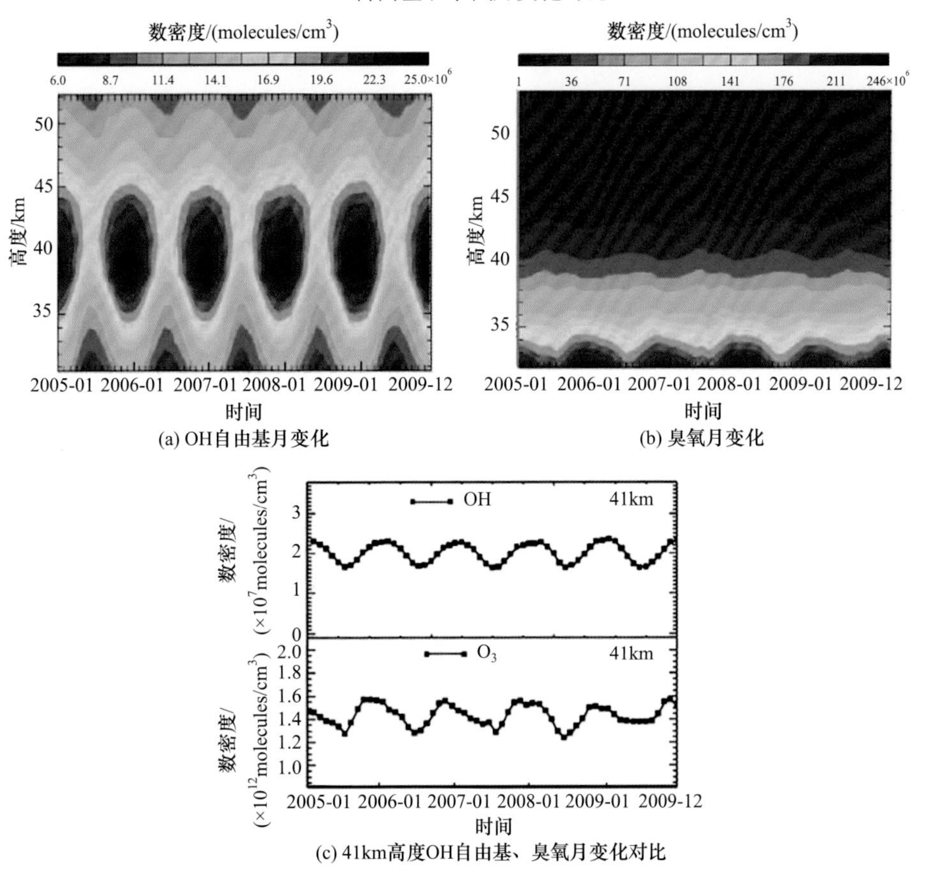

(a) OH自由基月变化　(b) 臭氧月变化

(c) 41km高度OH自由基、臭氧月变化对比

图5.16　南半球中纬度区域OH自由基月变化、臭氧月变化和41km高度OH自由基、臭氧月变化对比

(5) 南半球高纬度区域 OH 自由基分布特征。

图 5.17(a)为统计平均得到的 2005～2009 年南半球(76.73689°S～79.5256°S) 60～80km 高度 OH 自由基浓度的月变化趋势图，图 5.17(b)为相应的 60～80km 高度水汽浓度的月变化趋势图，可以看出 71km 附近 OH 自由基在每年的 9 月至次年 3 月存在高值区域，其他月 OH 自由基浓度较低。水汽在每年的 3～10 月也存在明显的浓度峰值。图 5.17(c)为 71km 高度 2005～2009 年 OH 自由基和水汽变化趋势，由图可知 OH 自由基浓度和水汽浓度随时间的变化趋势一致。由于该区域处于南极圈内，每年 9 月至次年 3 月南极圈内出现极昼现象；太阳辐射强度集中在极昼时间段内，水汽光解反应产生 OH 自由基，导致 OH 自由基浓度升高。

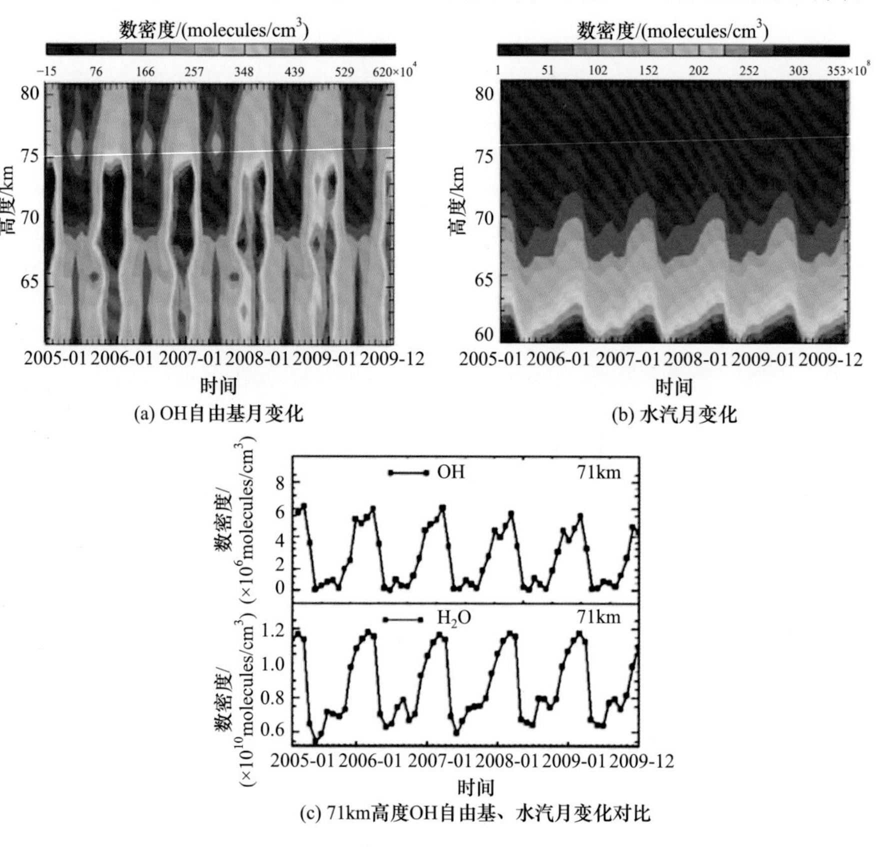

图 5.17　南半球高纬度区域 OH 自由基月变化、水汽月变化和 71km 高度 OH 自由基、水汽月变化对比

图 5.18(a)为统计平均得到的 2005～2009 年南半球(76.73689°S～79.5256°S) 30～55km 高度范围 OH 自由基浓度的月变化趋势图，图 5.18(b)是相应的 30～55km 高度臭氧浓度的月变化趋势图，由图可知极昼情况下，受太阳辐射强度的

影响，OH 自由基在 41km 附近每年 9 月至次年 1 月浓度极高；每年的 12 月 21 日前后为冬至，太阳直射点在南回归线附近，高纬度地区极昼区域最大，太阳辐射最强，因此 OH 自由基在 41km 处浓度的最大值出现在 12 月；41km 处臭氧浓度与 OH 自由基浓度变化趋势一致[图 5.18(c)]，OH 自由基的浓度变化主要是受太阳辐射强度和臭氧浓度的综合影响。

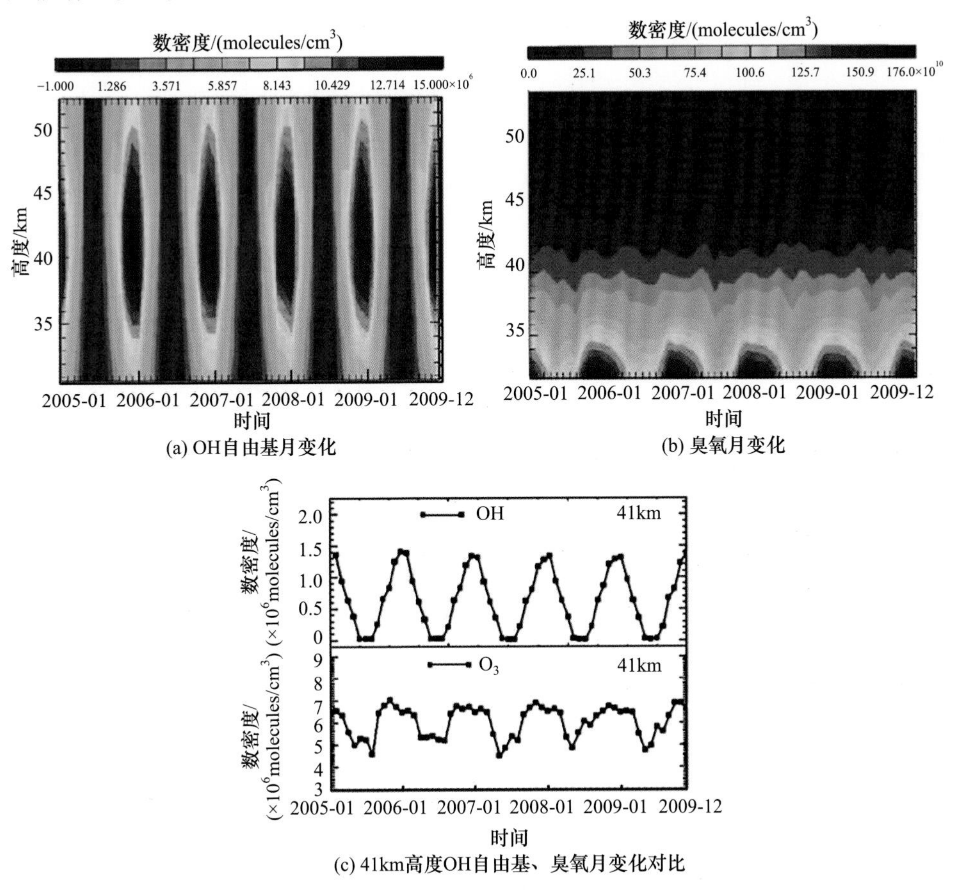

图 5.18 南半球高纬度区域 OH 自由基月变化、臭氧月变化和 41km 高度 OH 自由基、臭氧月变化对比

2) 不同高度 OH 自由基全球季度分布特征

在 5.3.2 节中，将 MLS 数据以体积混合比形式转换为数密度形式之后，数据高度上限和下限分别为 81km 和 21km 左右，同时 OH 自由基数密度在 40km 和 70km 附近存在明显峰值，如图 5.19 所示。其中 41km 附近为 OH 自由基的峰值区域，71km 附近为 OH 自由基含量的次峰值区域。因此本部分在对 OH 自由基全球季度分布特征及其与臭氧、水汽的关联特征进行分析时，选择 OH 自由基 41km

高度和 71km 高度两个浓度特征峰值区域展开讨论。

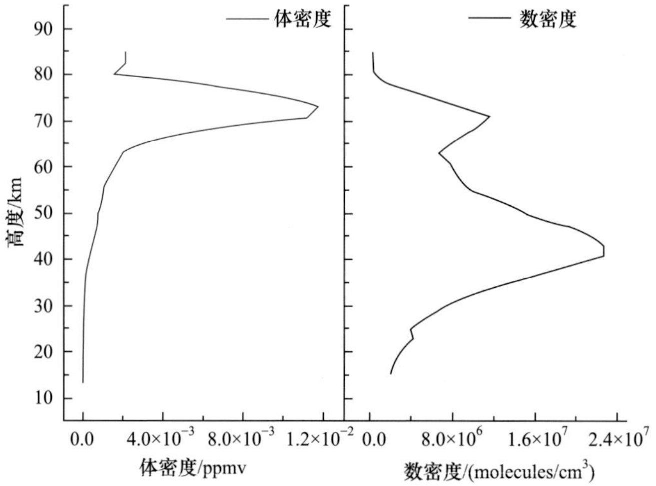

图 5.19　OH 自由基体密度和数密度

(1) 41km 高度处 OH 自由基全球季度分布特征。

图 5.20 与图 5.21 为 41km 高度附近不同季度 OH 自由基和臭氧的浓度分布图，可以看出，第一季度太阳直射点由赤道往北移动，北半球所受太阳辐射强度大于南半球，臭氧浓度高值区域分布在赤道附近，且赤道以北高值区域范围大于对应的南半球区域[图 5.21(a)]，受太阳辐射和臭氧浓度的综合影响，OH 自由基浓度的高值区域集中在赤道两侧且北半球高于南半球[图 5.20(a)]。第二季度为北半球夏季，太阳直射点在北半球中低纬地区移动，北半球中纬度地区太阳辐射较强，北极圈内有极昼、南极圈有极夜现象，同时，臭氧浓度高值区域集中在北半球中低纬度地区[图 5.21(b)]。因此 OH 自由基浓度高于南半球相同纬度区域，北极圈内存在明显高值区域，南极圈内则存在 OH 自由基浓度的低值区域[图 5.20(b)]。第三季度太阳直射点由赤道逐渐南移，南半球太阳辐射强度高于北半球，臭氧浓度高值区域分布在赤道两侧，且赤道以南范围较大[图 5.21(c)]，OH 自由基浓度高值区域集中在赤道两侧且南半球浓度高于北半球浓度[图 5.20(c)]。第四季度为南半球夏季，太阳直射点在南半球中低纬度区域，臭氧浓度高值区域出现在赤道以南的中低纬度地区[图 5.21(d)]。受此影响，南半球中低纬度区域 OH 自由基浓度明显高于其他区域，且第四季度南极圈内出现极昼现象，太阳辐射强度集中，故在南极圈内存在明显高值区域[图 5.20(d)]。此外，从秋冬季 41km 附近全球臭氧浓度分布图[图 5.21(c)和图 5.21(d)]中可以看出，秋冬季北半球高纬度地区臭氧分布在纬度向上极不均匀，从俄罗斯的西部地区至美国的阿拉斯加，臭氧浓度较同纬度其他区域高。

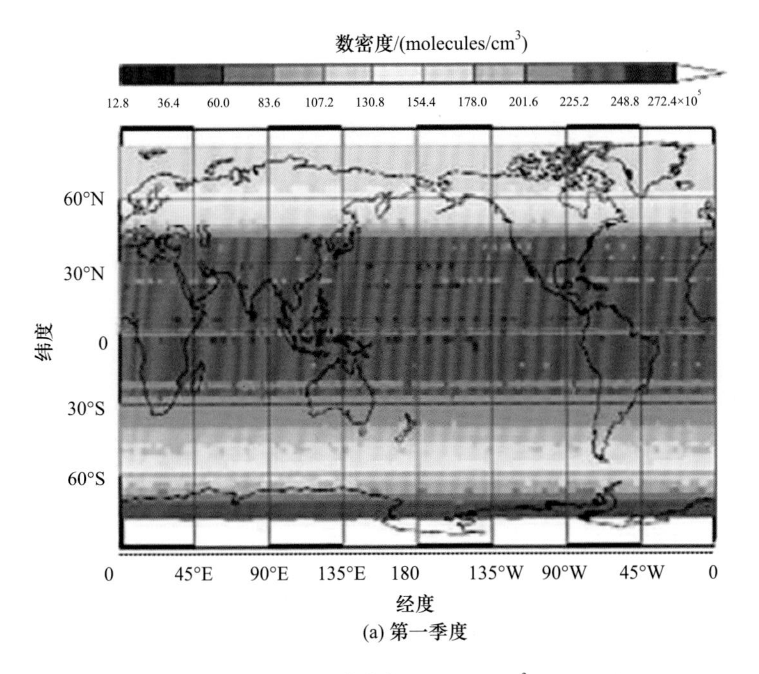
数密度/(molecules/cm³)
12.8 36.4 60.0 83.6 107.2 130.8 154.4 178.0 201.6 225.2 248.8 272.4×10⁵
60°N
30°N
0
30°S
60°S
纬度
0 45°E 90°E 135°E 180 135°W 90°W 45°W 0
经度

(a) 第一季度

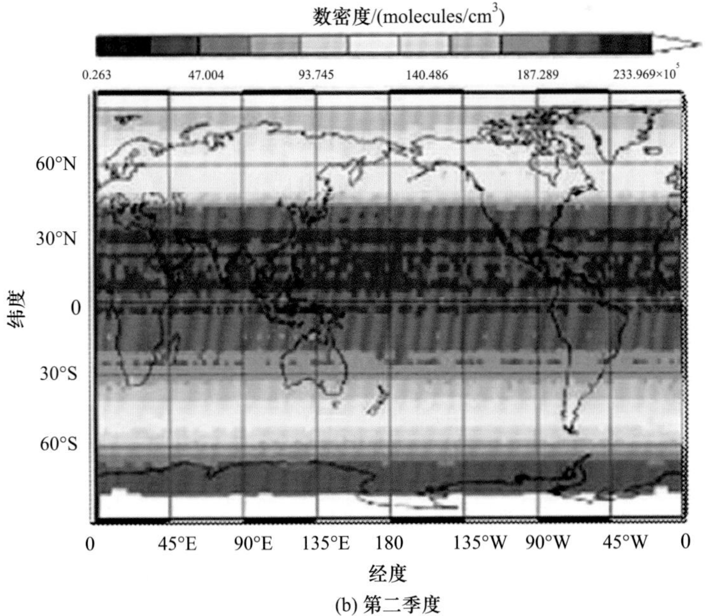
数密度/(molecules/cm³)
0.263 47.004 93.745 140.486 187.289 233.969×10⁵
60°N
30°N
0
30°S
60°S
纬度
0 45°E 90°E 135°E 180 135°W 90°W 45°W 0
经度

(b) 第二季度

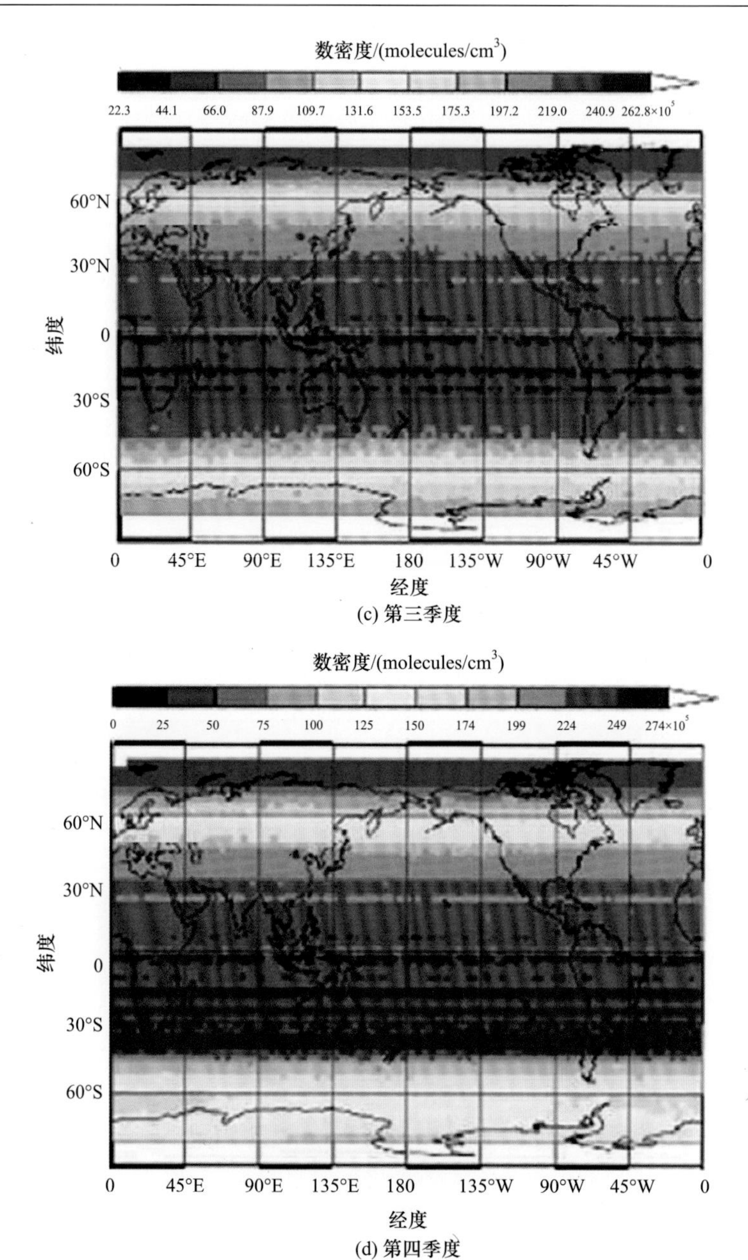

(c) 第三季度

(d) 第四季度

图 5.20　41km 高度 OH 自由基第一季度、第二季度、第三季度和第四季度全球分布

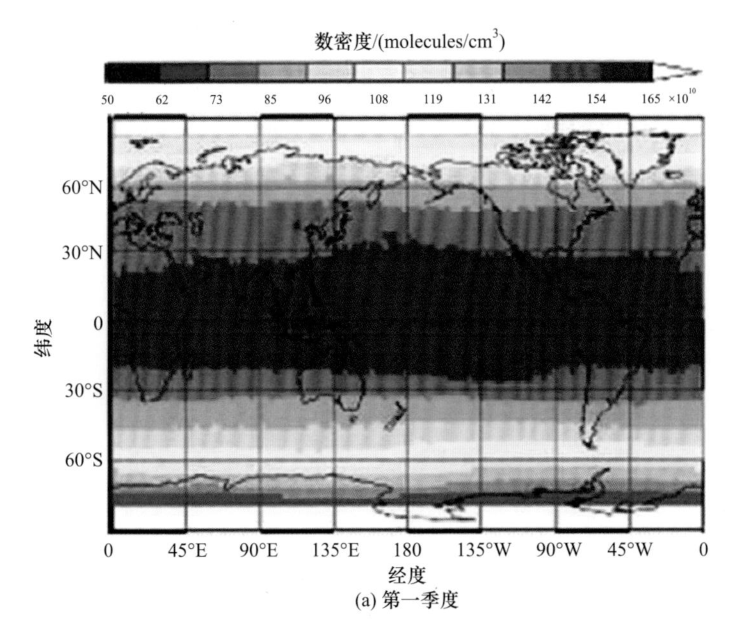

数密度/(molecules/cm³)
50 62 73 85 96 108 119 131 142 154 165 ×10¹⁰
60°N
30°N
0
30°S
60°S
纬度
0 45°E 90°E 135°E 180 135°W 90°W 45°W 0
经度

(a) 第一季度

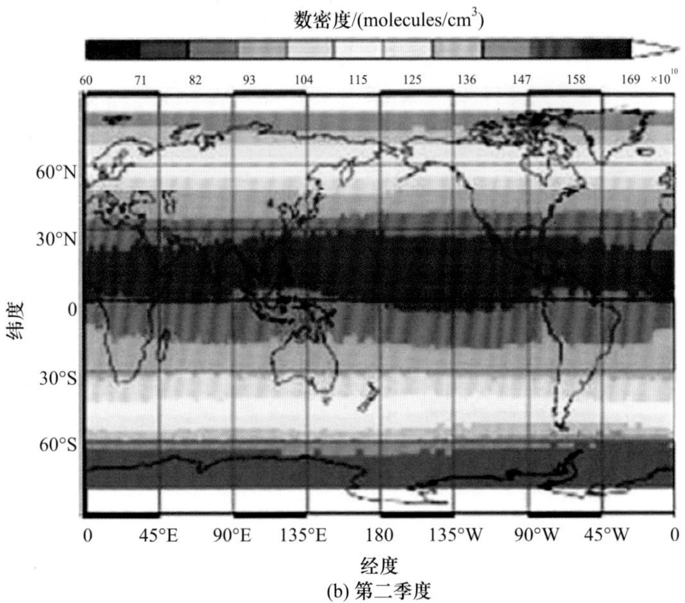

数密度/(molecules/cm³)
60 71 82 93 104 115 125 136 147 158 169 ×10¹⁰
60°N
30°N
0
30°S
60°S
纬度
0 45°E 90°E 135°E 180 135°W 90°W 45°W 0
经度

(b) 第二季度

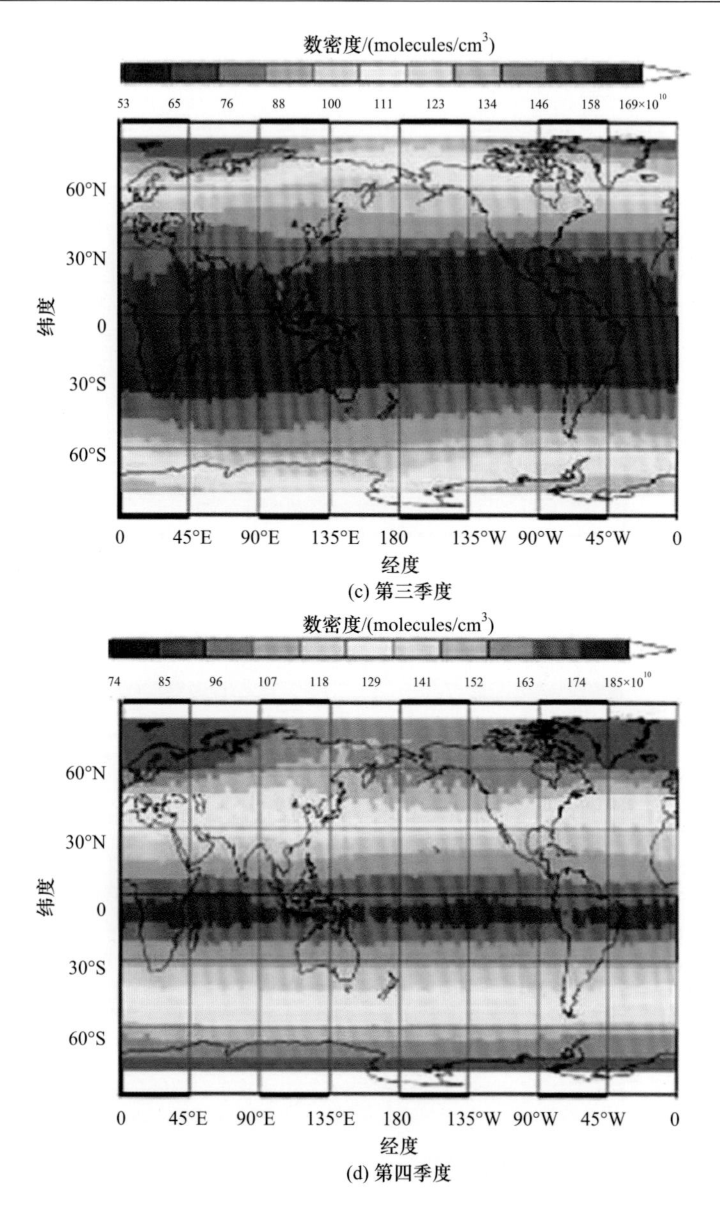

(c) 第三季度

(d) 第四季度

图 5.21　41km 高度臭氧第一季度、第二季度、第三季度和第四季度全球分布

(2) 71km 高度处 OH 自由基全球季度分布特征。

图 5.22 与图 5.23 为 71km 高度附近不同季度 OH 自由基和水汽的浓度分布图，可以看出，第一季度太阳直射点由赤道往北移动，北半球所受太阳辐射强度大于南半球，水汽浓度高值区域分布在赤道附近，但赤道以南浓度高值区域范围大于北半球[图 5.23(a)]，受太阳辐射和水汽浓度的综合影响，OH 自由基浓度的高值区

域集中在赤道两侧，且赤道以南低纬度地区 OH 自由基浓度大于北半球相对应区域[图 5.22(a)]。第二季度为北半球的夏季，太阳直射点在北半球中低纬地区移动，北半球中纬度地区太阳辐射较强，北极圈内有极昼、南极圈有极夜现象，同时北半球水汽浓度整体大于南半球[图 5.23(b)]。因此 OH 自由基浓度高于南半球相同纬度区域，北极圈内存在明显高值区域，南极圈内则存在 OH 自由基浓度的低值区域[图 5.22(b)]。第三季度太阳直射点由赤道逐渐南移，南半球太阳辐射强度高于北半球，水汽浓度高值区域分布在赤道两侧[图 5.23(c)]，故 OH 自由基浓度高值区域集中在赤道两侧且南半球高于北半球[图 5.22(c)]。第四季度为南半球夏季，太阳直射点在南半球中低纬度区域，水汽浓度高值区域出现在赤道以南中低纬度地区[图 5.23(d)]。受此影响，南半球中低纬度区域 OH 自由基浓度明显高于其他地区，且第四季度南极圈内出现极昼现象，太阳辐射强度集中，故在南极圈内存在明显高值区域[图 5.22(d)]。此外，通过分析 71km 附近秋冬季全球水汽浓度分布图[图 5.23(c)和图 5.23(d)]可以得出水汽出现了与臭氧相同的分布现象，即在北半球秋冬季高纬度地区分布呈纬度非对称性，从俄罗斯西部地区至美国阿拉斯加，水汽浓度明显高于同纬度其他区域。

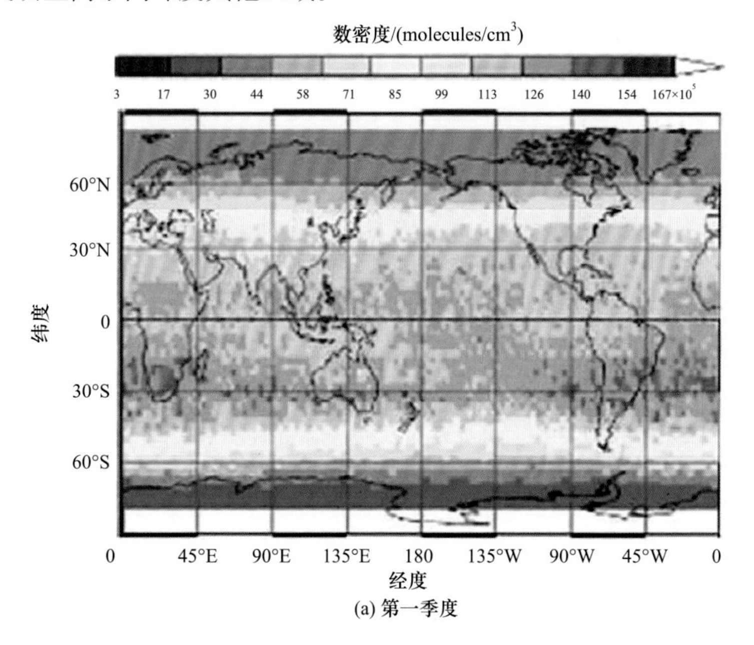

(a) 第一季度

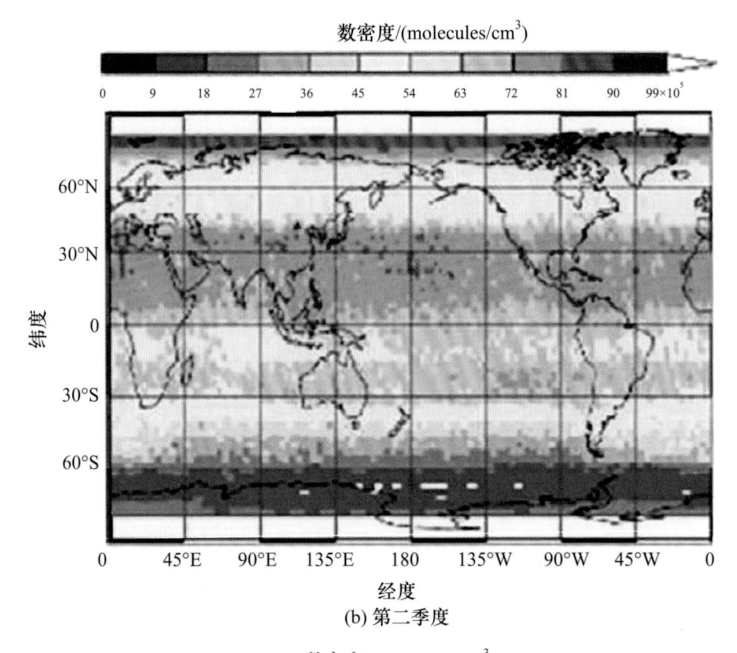

数密度/(molecules/cm³)
0
9
18
27
36
45
54
63
72
81
90
99×10⁵
60°N
30°N
0
30°S
60°S
纬度
0
45°E
90°E
135°E
180
135°W
90°W
45°W
0
经度

(b) 第二季度

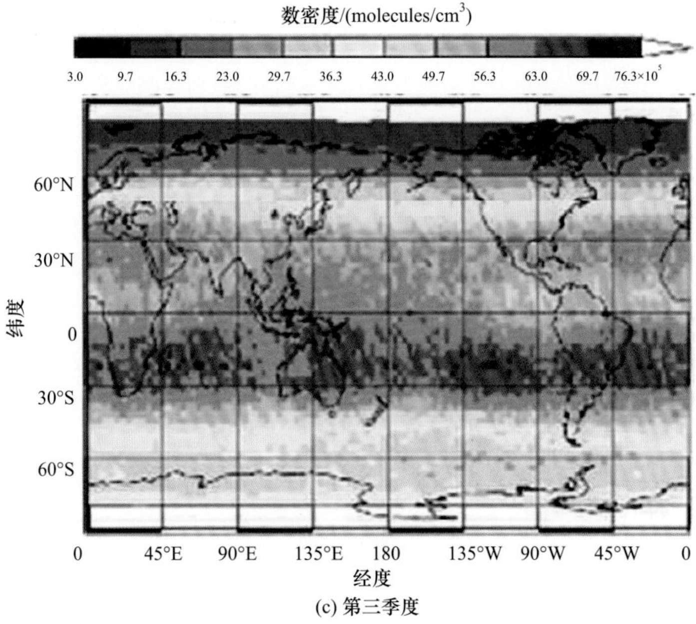

数密度/(molecules/cm³)
3.0
9.7
16.3
23.0
29.7
36.3
43.0
49.7
56.3
63.0
69.7
76.3×10⁵
60°N
30°N
0
30°S
60°S
纬度
0
45°E
90°E
135°E
180
135°W
90°W
45°W
0
经度

(c) 第三季度

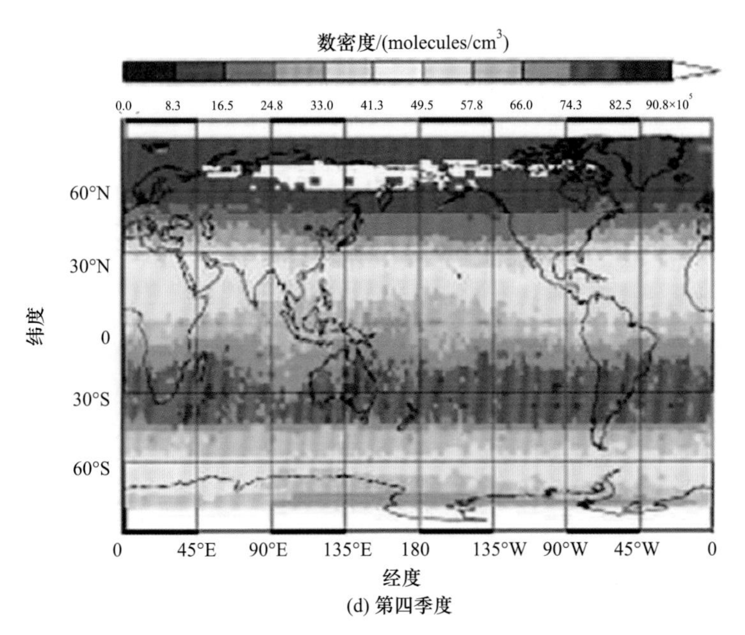

(d) 第四季度

图 5.22　71km 高度 OH 自由基第一季度、第二季度、第三季度和第四季度全球分布

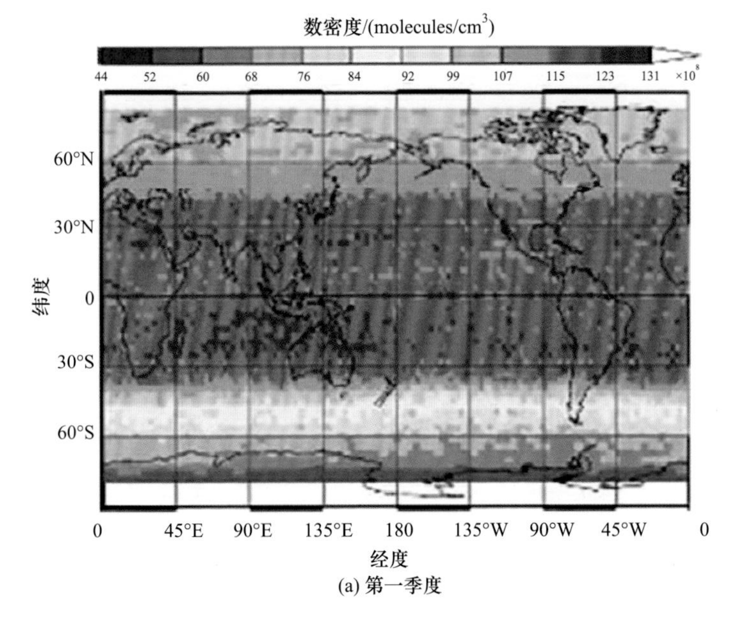

(a) 第一季度

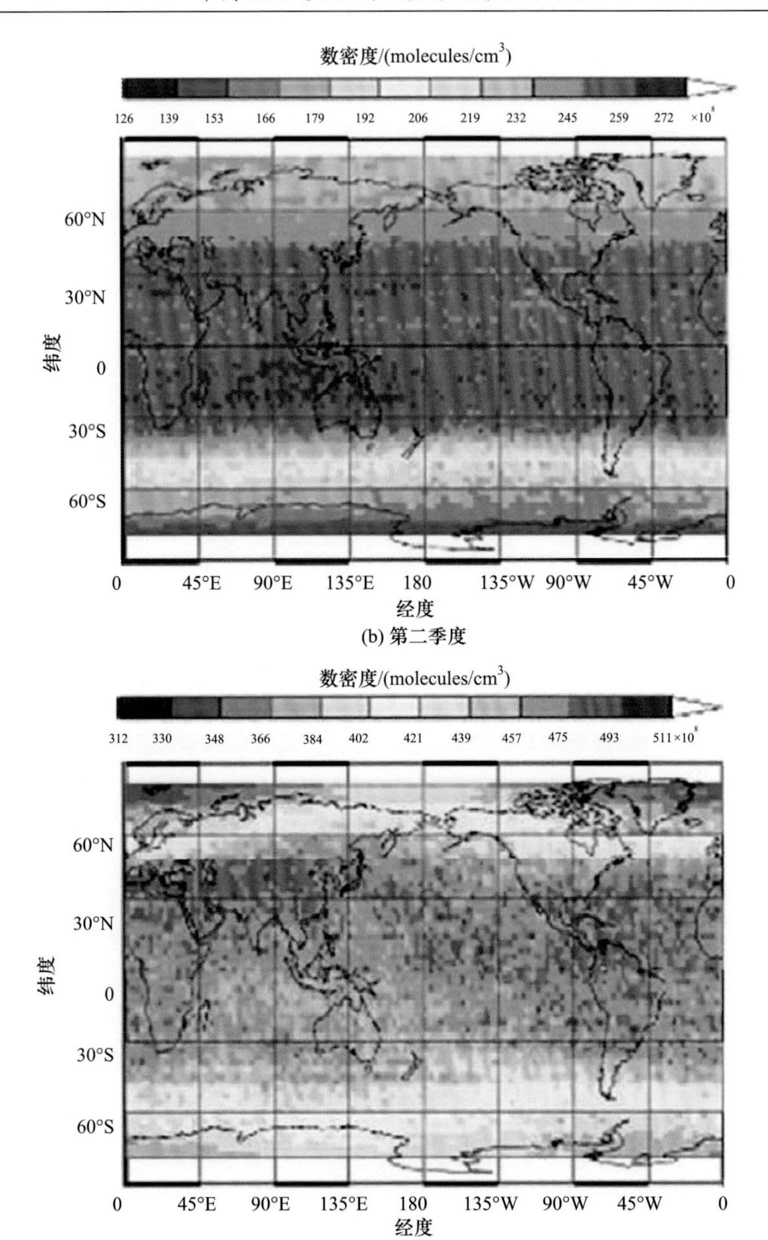
数密度/(molecules/cm3)
126 139 153 166 179 192 206 219 232 245 259 272 ×10^8
60°N
30°N
纬度
0
30°S
60°S
0 45°E 90°E 135°E 180 135°W 90°W 45°W 0
经度
数密度/(molecules/cm3)
312 330 348 366 384 402 421 439 457 475 493 511×10^8
60°N
30°N
纬度
0
30°S
60°S
0 45°E 90°E 135°E 180 135°W 90°W 45°W 0
经度

(b) 第二季度

(c) 第三季度

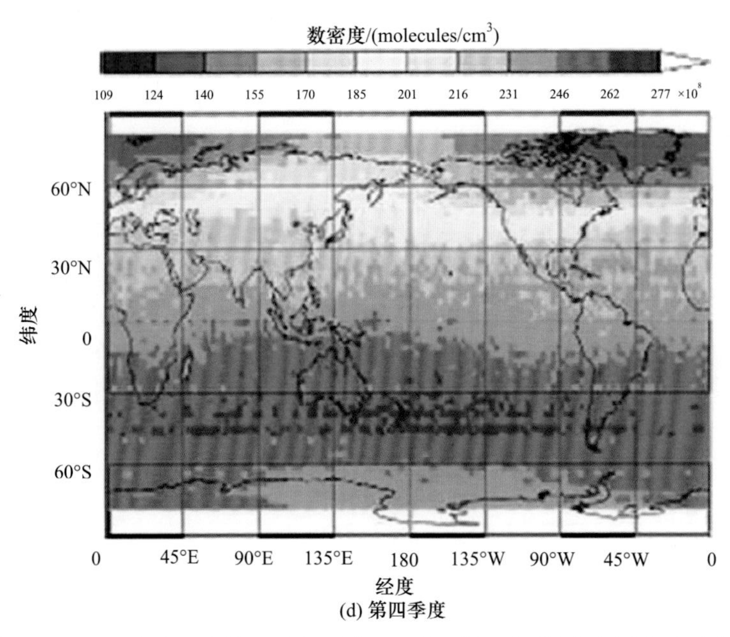

(d) 第四季度

图 5.23　71km 高度水汽第一季度、第二季度、第三季度和第四季度全球分布

3) OH 自由基垂直–经向分布特征

由本小节上述内容可得出 OH 自由基的变化具有明显的年周期性，因此本节选用 OH 自由基 2006 年全年各月垂直–经向分布来对日间 OH 自由基分布特征及变化进行分析。

图 5.24 为 1～3 月的 OH 自由基在 25～80km 高度、80°N～80°S 范围内的整体分布趋势。在 41km 左右高度上有浓度峰值区域，在 71km 左右高度上有浓度次峰值区域。从整体上看 1～3 月 OH 自由基南半球的总体含量、垂直分布范围均高于北半球，但随着月份的增加，OH 自由基北半球含量逐渐增加，垂直分布范围逐渐增大。在本小节中前面内容的分析表明，白天 OH 自由基的分布及浓度与太阳辐射有较强的相关性。1～3 月太阳直射点从南回归线往赤道移动，1 月南半球高纬度区域仍存在极昼现象，从图 5.24 也可以明显地看到在 80°S 区域上，OH 自由基有浓度峰值区域，而北半球对称区域 OH 自由基浓度极低；南半球赤道及中纬度区域 OH 自由垂直分布范围最大、浓度最高。2 月南半球高纬度区域 OH 自由基含量降低，OH 自由基总体分布向北半球移动，北半球 OH 自由基浓度高值区域分布范围扩大、含量增高，但南半球 OH 自由基垂直分布范围以及浓度均大于北半球。3 月 21 日为春分日，太阳直射点在赤道上，该时间段南北半球的太阳辐射度大体相等，OH 自由基以赤道为对称轴均匀分布在赤道两侧。

如图 5.25 所示，4～6 月太阳直射点从赤道向北回归线移动，北半球的太阳辐射强度要大于南半球，4 月北半球中低纬度区域的 OH 自由基在垂直分布范围、

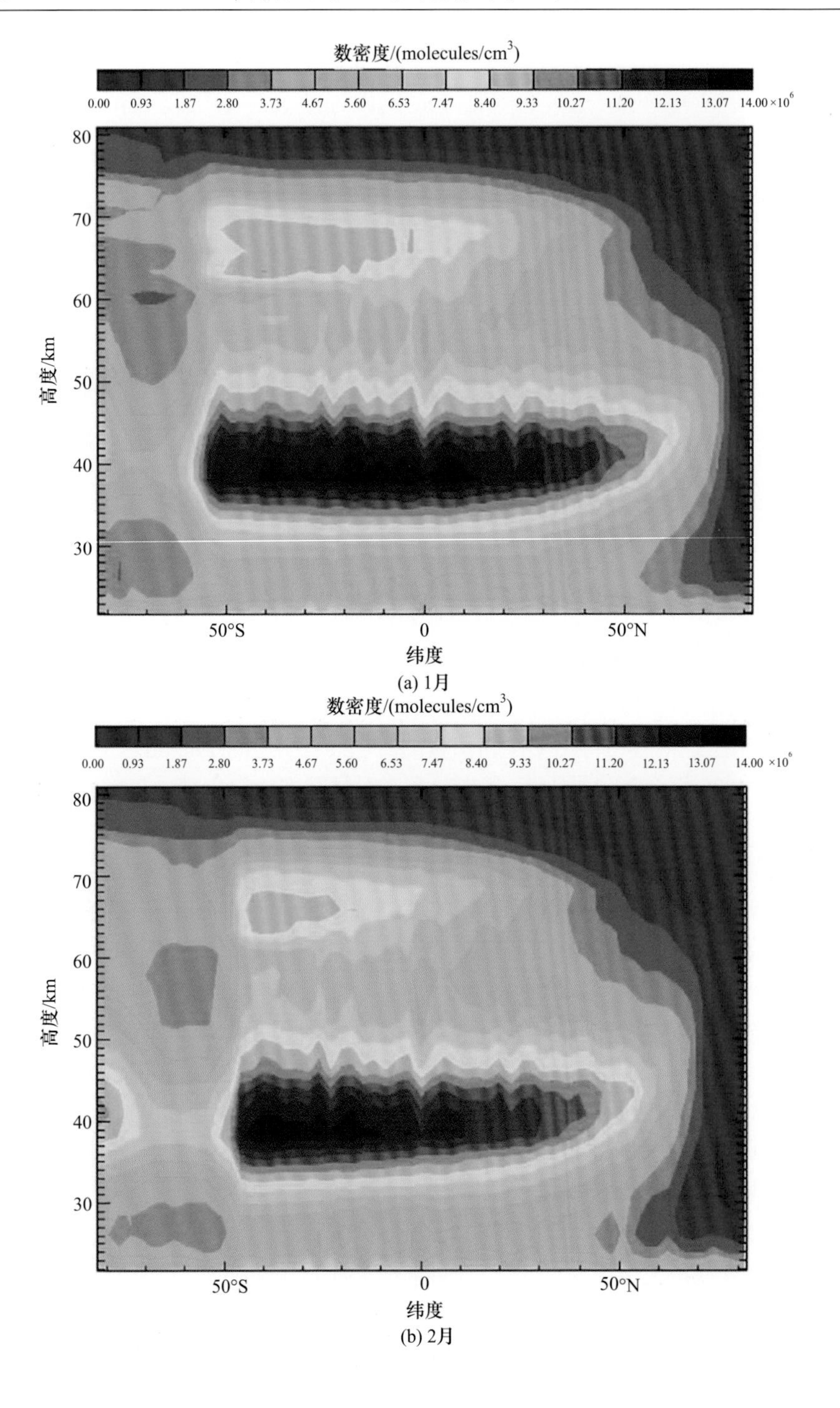

数密度/(molecules/cm³)
0.00 0.93 1.87 2.80 3.73 4.67 5.60 6.53 7.47 8.40 9.33 10.27 11.20 12.13 13.07 14.00 ×10⁶
80
70
60
50
40
30
高度/km
50°S
0
50°N
纬度
数密度/(molecules/cm³)
0.00 0.93 1.87 2.80 3.73 4.67 5.60 6.53 7.47 8.40 9.33 10.27 11.20 12.13 13.07 14.00 ×10⁶
80
70
60
50
40
30
高度/km
50°S
0
50°N
纬度

(a) 1月

(b) 2月

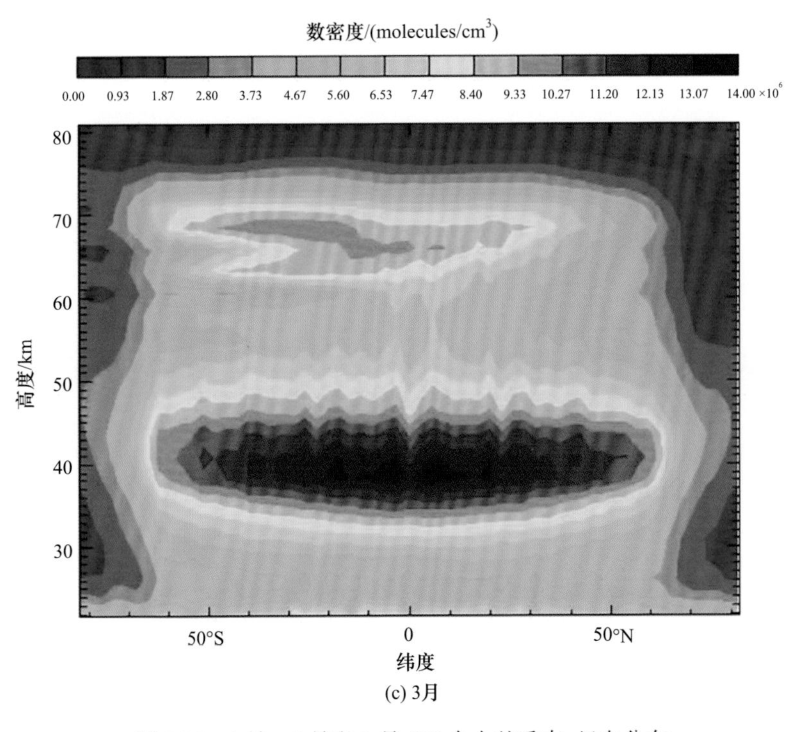

(c) 3月

图 5.24　1 月、2 月和 3 月 OH 自由基垂直-经向分布

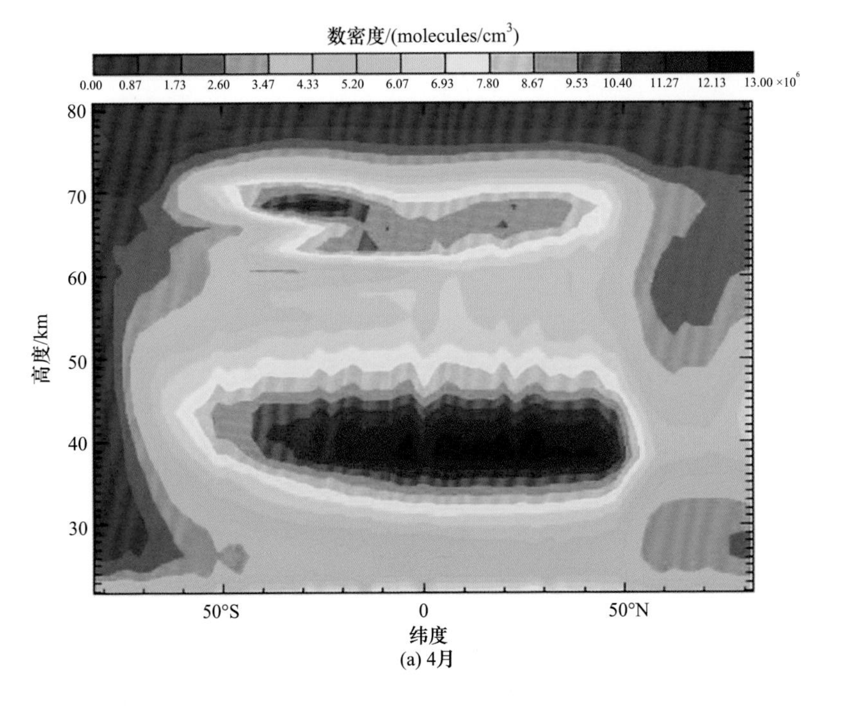

(a) 4月

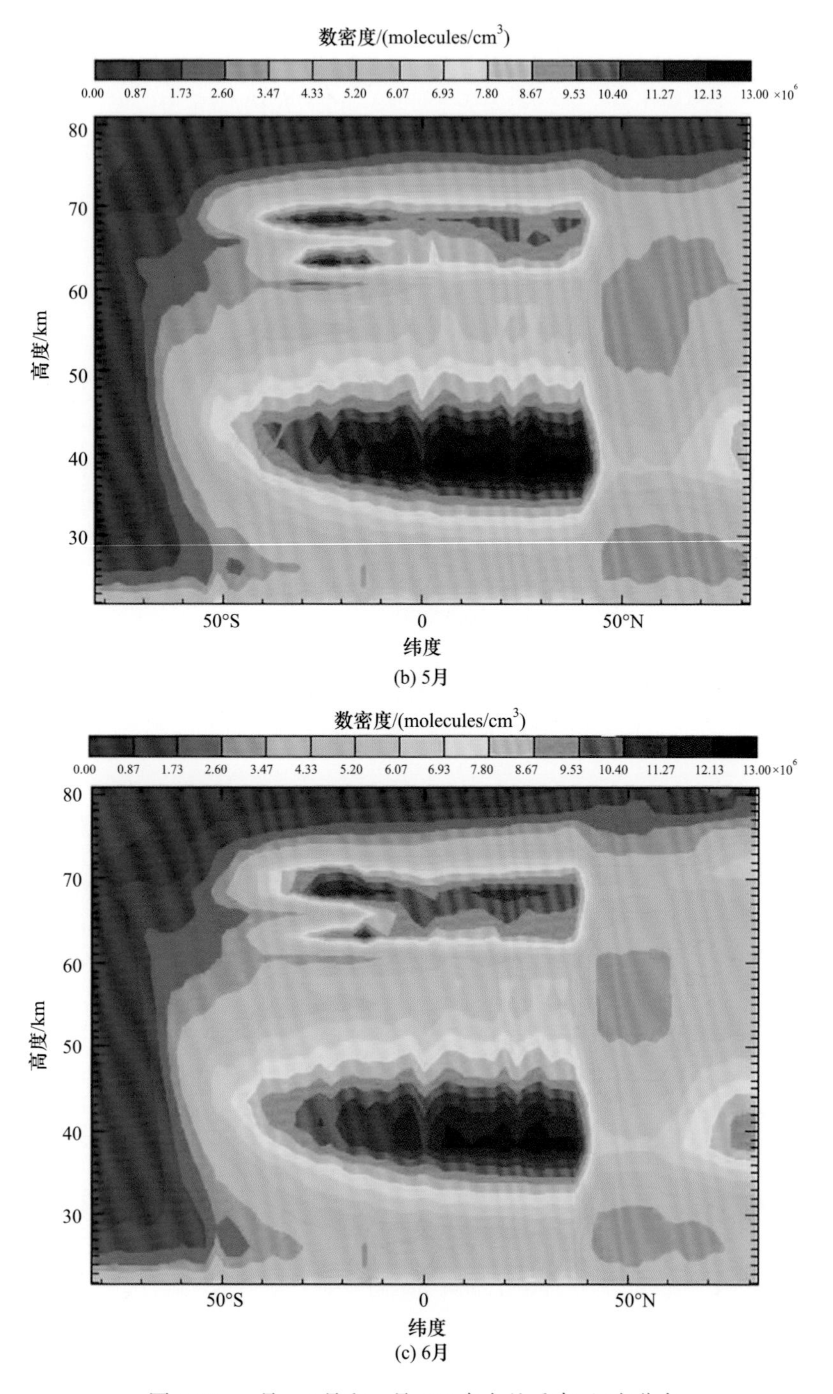

(b) 5月

(c) 6月

图 5.25　4 月、5 月和 6 月 OH 自由基垂直–经向分布

总体含量上要大于南半球，北半球高纬度区域出现 OH 自由基高值区域，对称区域南半球 OH 自由基浓度极低。5 月太阳直射点继续北移，北半球太阳辐射强度增大，高纬度区域的 OH 自由基浓度升高、分布范围扩大，南半球相对应的高纬度区域浓度低值区域扩大。6 月 21 日为夏至日，太阳直射点于北回归线上，此时间段内北半球太阳辐射强度为全年最强，北半球高纬度区域出现极昼现象，南半球 OH 自由基出现极夜现象，北半球高纬度区域 OH 自由基浓度升高，南半球 OH 自由基分布范围进一步缩小。

如图 5.26 所示，从 7～9 月太阳直射点从北回归线往赤道移动，南半球太阳辐射强度逐渐增强，北半球相对降低，但总体上北半球仍大于南半球。7 月在北半球高纬度区域OH 自由基仍有浓度高值区域，但 7～9 月，该高值范围逐渐缩小。北半球中低纬度区域 OH 自由基整体分布往南半球移动，8 月北半球的 OH 自由基垂直分布范围以及含量仍大于南半球。南半球高纬度区域 OH 自由基浓度低值范围逐渐缩小。在 9 月 23 日为秋分日，太阳直射点位于赤道上，该时间范围内，南北半球太阳辐射强度大致相同，OH 自由基均匀分布在赤道两侧。

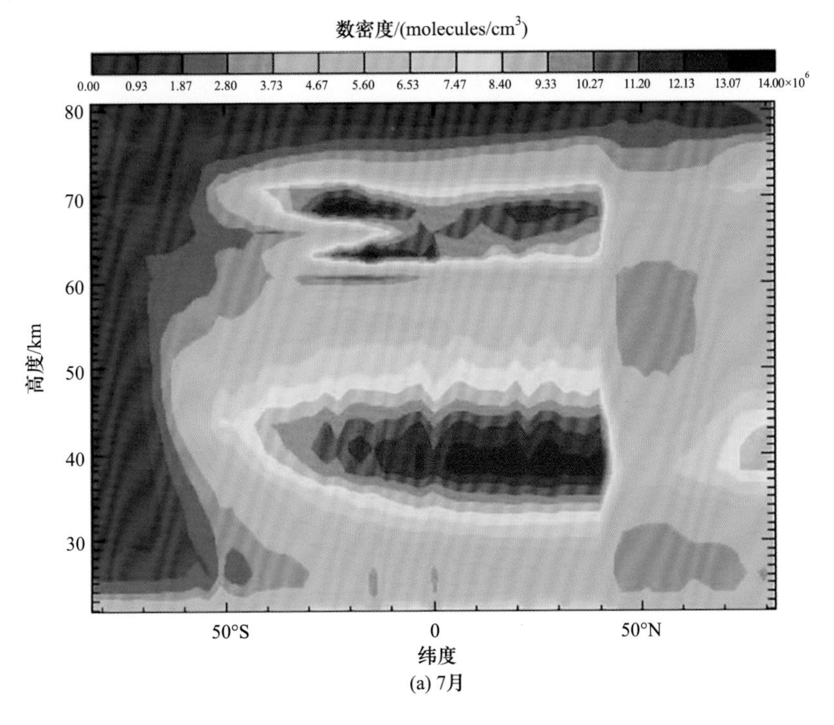

(a) 7月

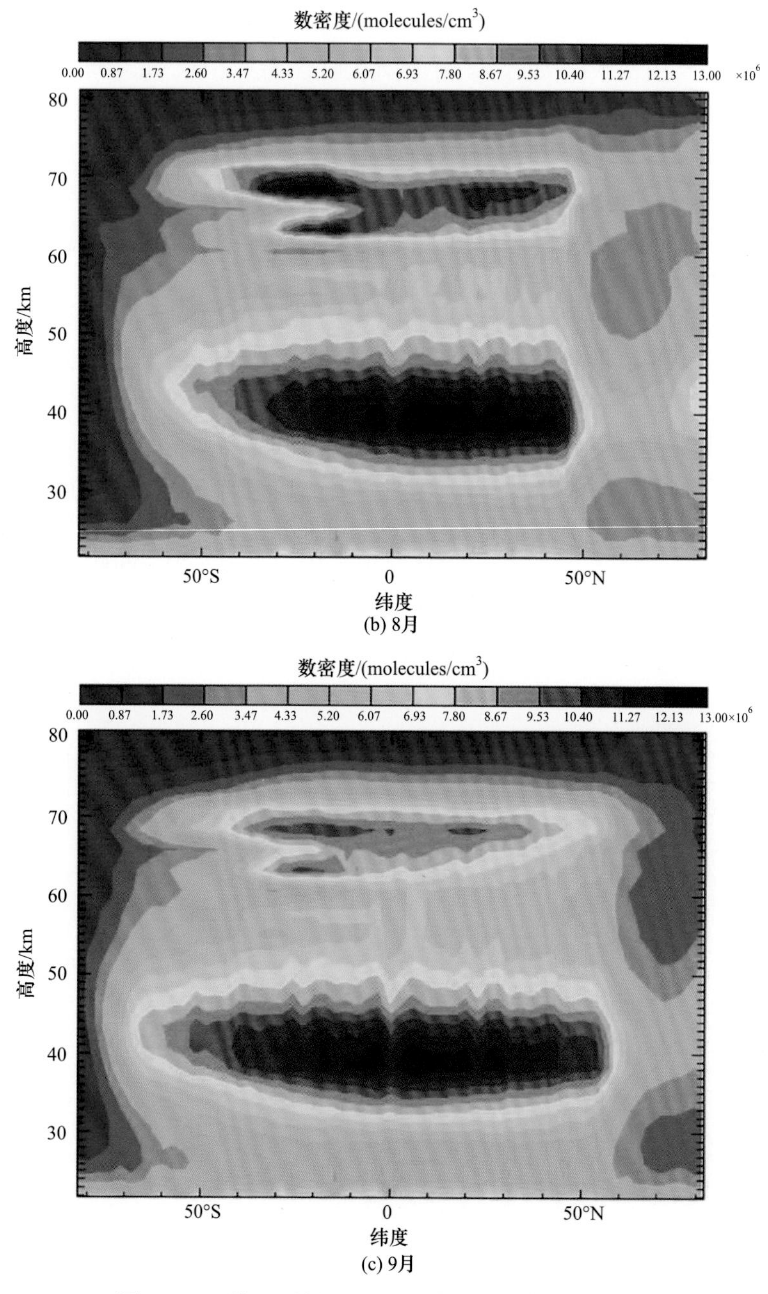

(b) 8月

(c) 9月

图 5.26　7 月、8 月和 9 月 OH 自由基垂直–经向分布

如图 5.27 所示，10～12 月太阳直射点从赤道线向南回归线移动，南半球太阳辐射强度逐渐增强，12 月 22 日为冬至日，太阳直射点位于南回归线，该时间段南半球辐射强度最大，10～12 月，OH 自由基在 41km 和 71km 高度范围浓度高

值区域逐渐南移，北半球 OH 自由基垂直分布宽度、浓度等均小于南半球；南半球极地高纬度区域有极昼现象，南半球极地高纬度地区在 41km 和 71km 高度处出现 OH 自由基浓度高值区域。

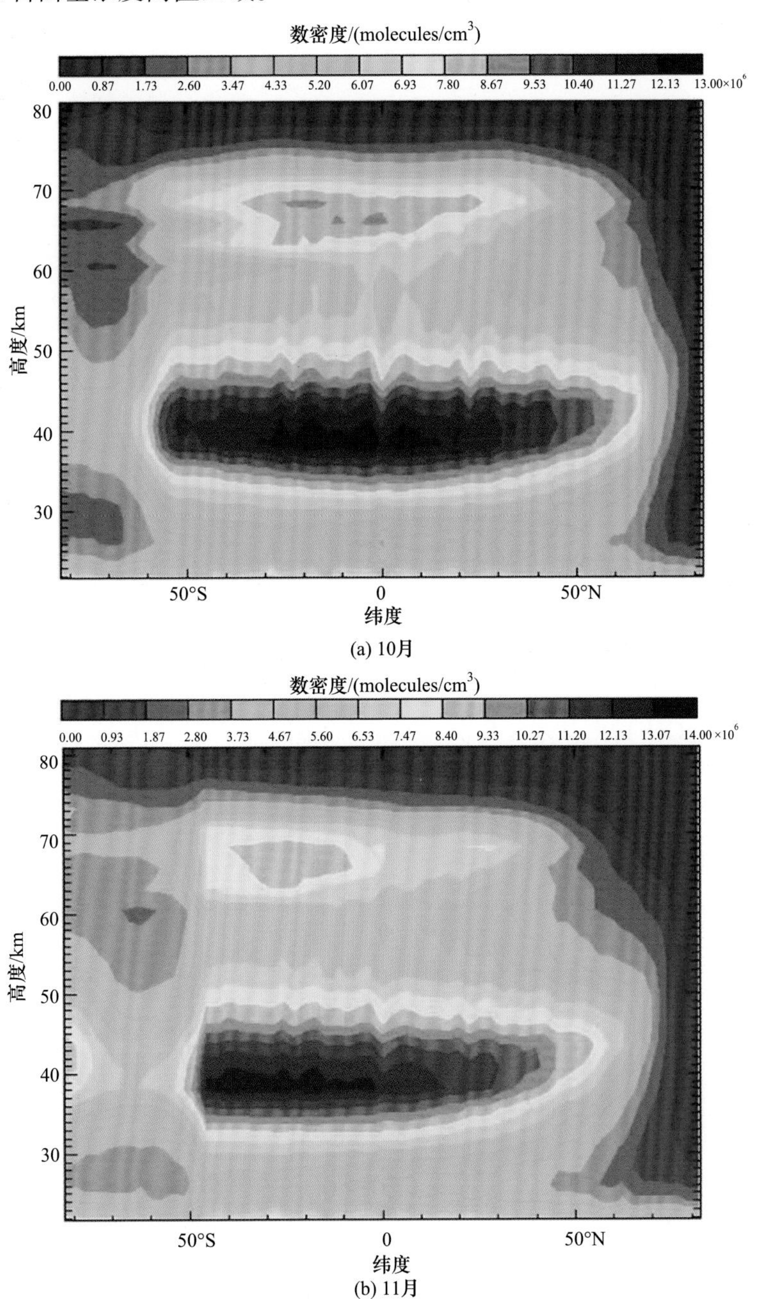

(a) 10月

(b) 11月

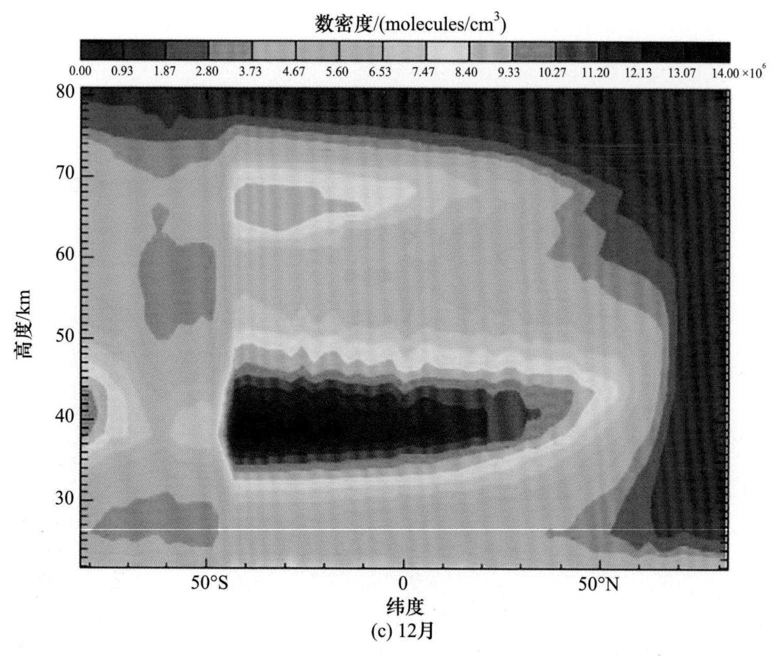

图 5.27　10 月、11 月和 12 月 OH 自由基垂直-经向分布

通过对大气平流层和中间层 OH 自由基在不同纬度时间变化、全球范围季度分布及其在平流层和中间层与臭氧和水汽的关联特征进行分析后，得出如下结论。

(1) 从时间分布上来看，OH 自由基浓度有着明显的季节变化特征，第一季度和第三季度的 OH 自由基浓度高值区域在赤道附近；第二季度北半球 OH 自由基浓度明显大于南半球，但是第四季度南半球则大于北半球，且第二季度北极极地地区受极昼影响，OH 自由基浓度较高，第四季度南极圈内受极昼影响，OH 自由基浓度有明显的高值区域。

(2) 从空间分布上看，同一时段内，OH 自由基浓度在不同纬度区域的分布和成因有较大区别，在两极极地区域，OH 自由基浓度受极昼极夜影响明显；中纬度地区 OH 自由基浓度受水汽和臭氧影响更大；在低纬度区域，由于一年中太阳辐射均匀，OH 自由基浓度较为稳定，太阳辐射对 OH 自由基浓度的影响更为突出。

(3) 从变化趋势上看，通过 2005～2009 年的月变化趋势图分析可知，在除赤道附近以外的其他纬度区域，OH 自由基的变化存在明显的年周期变化，且年季变化趋势较为稳定；在赤道附近低纬度区域，由于全年太阳辐射均匀，OH 自由基浓度较为稳定，变化趋势不明显。

(4) 在平流层上部 OH 自由基浓度变化和臭氧浓度变化有较高的一致性，结合在平流层 OH 自由基浓度产生的主要光化学反应与臭氧在垂直高度上分布情况，该高度范围上 OH 自由基的浓度变化主要受臭氧浓度变化和太阳辐射影响；中间层则主要受水汽浓度变化和太阳辐射影响。

(5) 从 OH 自由基垂直–经向分布及变化趋势来看，南半球 OH 自由基总体含量要大于北半球。且受季节变动的影响较大；在南北半球的高纬度区域，有明显受极昼极夜影响所形成的 OH 自由基浓度高值区域。

2. 夜间 OH 自由基的全球时空分布

早前 Pickett 等使用大气化学模型模拟计算以及地基探测雷达在夜间进行探测时发现，夜间在 80km 左右高度上有一 OH 自由基浓度高值区域。理论指出它与日间 OH 自由基的形成性质不同，其分布特征与太阳辐照度没有显著的关联性，而是与氢原子和臭氧发生化学反应产生的激发态的 OH 自由基，激发态的 OH 自由基在近红外线范围内的 Meinel 带有发射线[14]。

通过分析 MLS 传感器的夜间水汽数据发现，夜间水汽在 80km 左右的高度含量极低，如图 5.28 所示。而臭氧在 80km 左右的高度上 MLS 传感器官方技术文档给出的数据使用压强范围上限，通过分析该范围内臭氧数据发现，不满足使用要求，如图 5.29 所示。因此本部分仅对不同纬度区域夜间 OH 自由基的时空分布特征、OH 自由基垂直–经向分布特征进行分析。

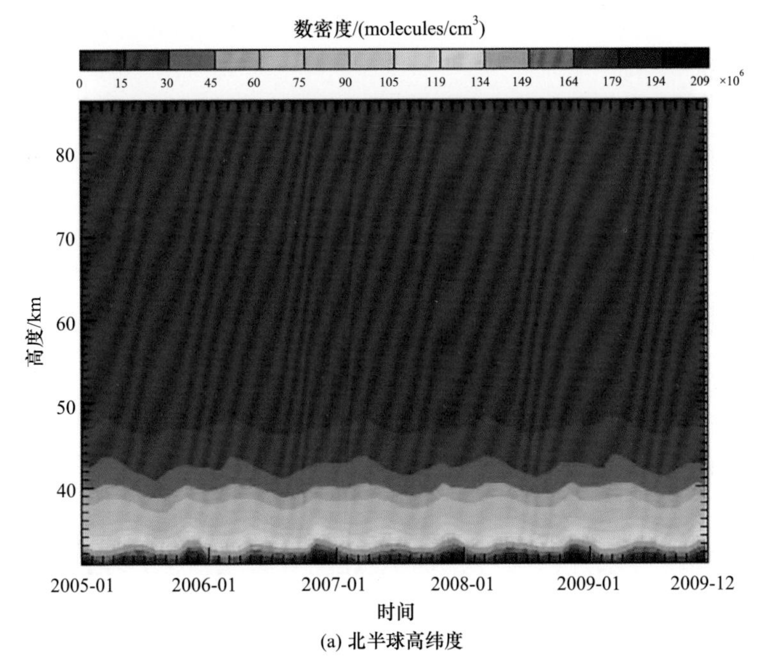

(a) 北半球高纬度

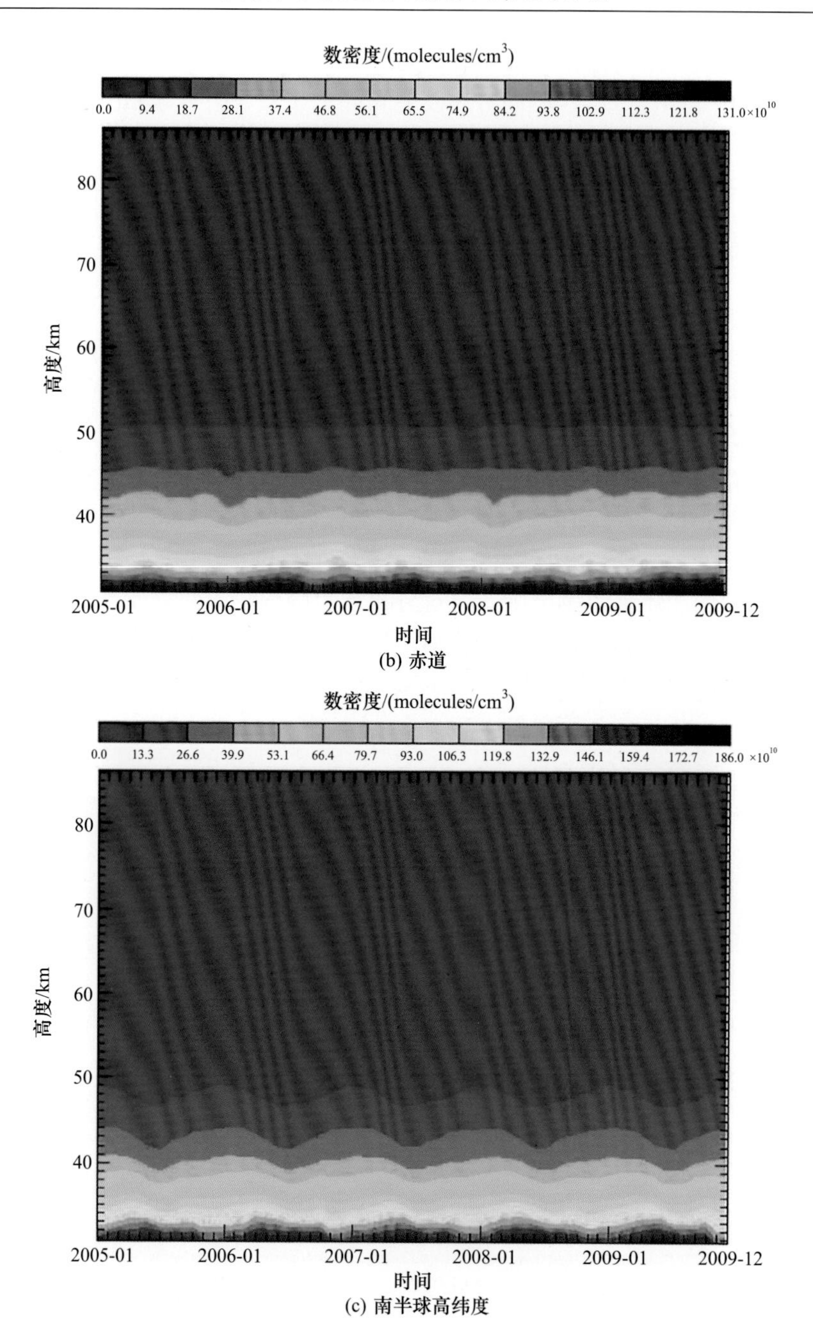

(b) 赤道

(c) 南半球高纬度

图 5.28　北半球高纬度、赤道和南半球高纬度水汽月变化

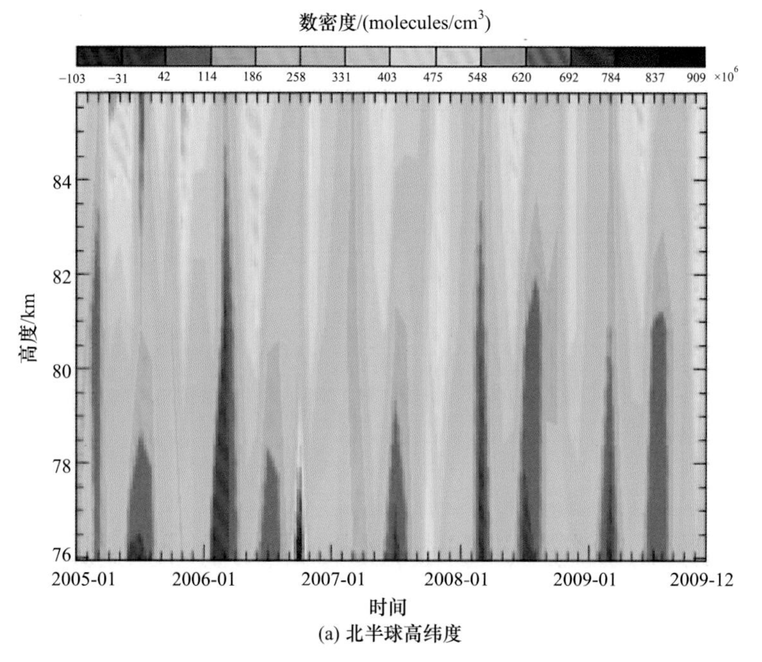
数密度/(molecules/cm³)
−103 −31 42 114 186 258 331 403 475 548 620 692 784 837 909 ×10⁶
84
82
80
78
76
高度/km
2005-01 2006-01 2007-01 2008-01 2009-01 2009-12
时间

(a) 北半球高纬度

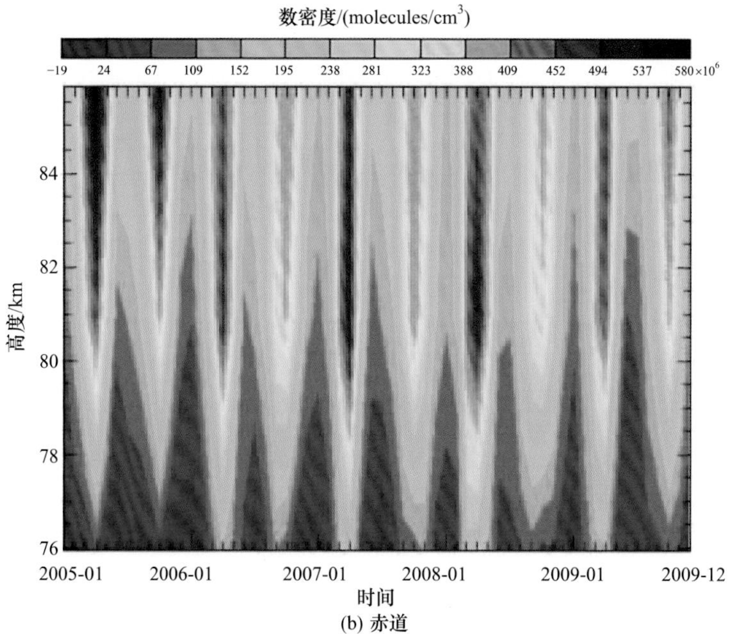
数密度/(molecules/cm³)
−19 24 67 109 152 195 238 281 323 388 409 452 494 537 580×10⁶
84
82
80
78
76
高度/km
2005-01 2006-01 2007-01 2008-01 2009-01 2009-12
时间

(b) 赤道

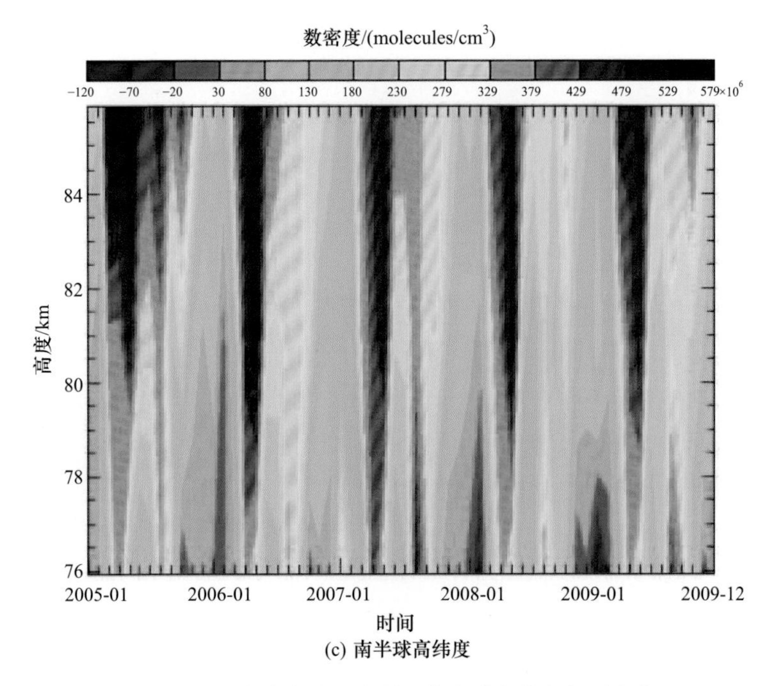

(c) 南半球高纬度

图 5.29　北半球高纬、赤道和南半球高纬臭氧月变化

1) 不同纬度区域的 OH 自由基分布特征

在 5.3.3 节第 1 部分的分析中,明确了 OH 自由基在不同纬度区域内的分布及周期特征是不同的，因此本部分仍然选择具有代表性的北半球高纬度区域、北半球中纬度区域、赤道区域、南半球中纬度区域、南半球高纬度区域这五个区域，根据现有的 MLS 传感器数据，分析其 2005 年 1 月～2009 年 12 月这 5 年的变化趋势。

(1) 北半球高纬度区域 OH 自由基分布特征。

如图 5.30 所示，72～83km 高度范围是 OH 自由基浓度高值区域，且具有一定的周期性。每年的 1～3 月，其浓度高值区域集中在 78～83km，在 4 月其浓度高值区域高度陡然下降，主要集中在 73～80km，5～10 月 OH 自由基浓度高值区域在垂直高度上的分布宽度进一步扩大,至 10 月分布宽度达到最大且浓度接近峰值，11～12 月在该高度范围上 OH 自由基骤然减少且垂直分布宽度收窄。在 68～70km 高度范围内 OH 自由基浓度存在次峰值浓度分布层，含量较上一层高度的 OH 自由基浓度低，且周期性不明显；在高度 60km 以下的区域 OH 自由基同样广泛分布，但含量较低。

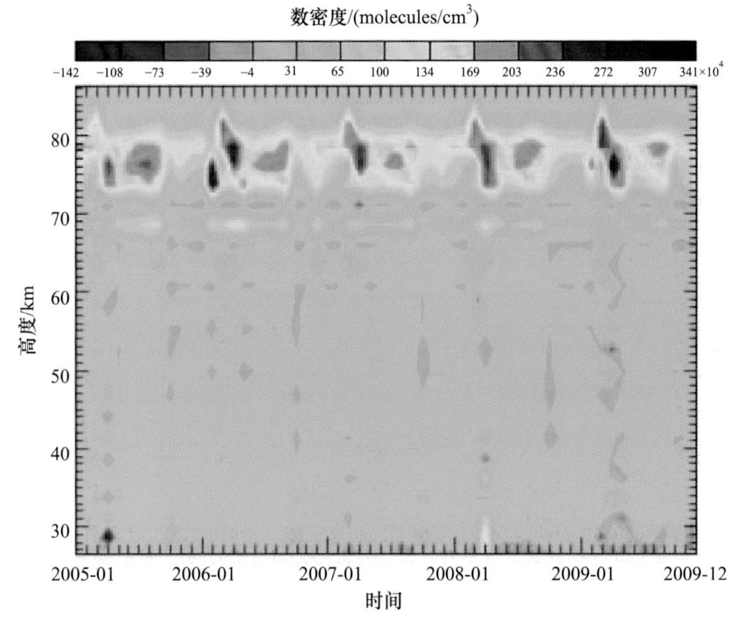

图 5.30　北半球高纬度区域(79.5256°N～82.31291°N)2005～2009 年 OH 自由基浓度廓线月变化

(2) 北半球中纬度区域 OH 自由基分布特征。

如图 5.31 所示，中纬度区域较高纬度区域而言其变化的周期性更加明显，其在 80km 左右的高度区域有一浓度高值分布层。1～6 月 OH 自由基浓度高值区域集中在 77～81km，且随着时间的推移分布区域呈上升趋势，在 6 月和 7 月该高度范围 OH 自由基含量迅速降低，且高值区域的分布高度也降低到 74～78km，从 7～11 月 OH 自由基高值区域分布在 78～85km 高度范围内且呈抛物线形状分布，在 9 月其分布区域最宽。9～11 月 OH 自由基的垂直分布宽度逐渐缩小且含量也在同步降低，在 67～70km 的高度范围内存在 OH 自由基浓度次峰值区域，其分布均匀且变化平缓。

(3) 赤道区域 OH 自由基分布特征。

如图 5.32 所示，1～3 月 OH 自由基分布在 74～84km 高度范围内，且随着时间的推移其分布高度逐渐下降浓度也逐渐降低。4～5 月 OH 自由基浓度处于较低水平。随后的 6～9 月是一年中 OH 自由基含量最高、持续时间最长、垂直分布范围最宽的时间段，在 72～85km 的高度范围均有分布且在 78～80km 高度为浓度峰值区域，而后逐渐降低，分布宽度也逐渐收窄。10～11 月 OH 自由基含量出现谷值，且垂直分布区域有下落趋势。12 月至次年 1 月又形成一个 OH 自由基浓度高值时间段，至此为一个变化周期。从 2005～2009 年这 5 年的变化趋势看，夜间 OH 自由基在 80km 高度范围的含量具有明显的周期性，并且没有较大的突变情况。

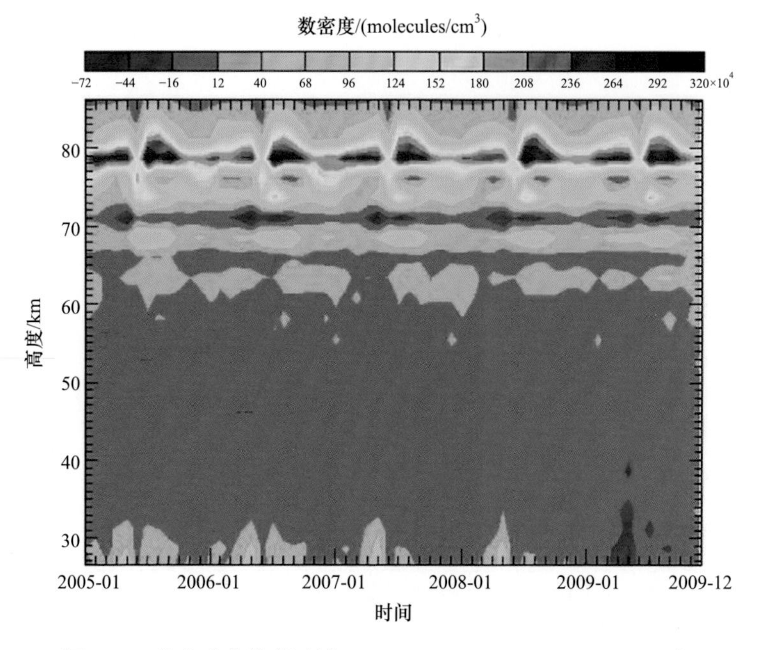

图 5.31　北半球中纬度区域(40.463°N～43.254°N)2005～2009 年 OH 自由基浓度廓线月变化

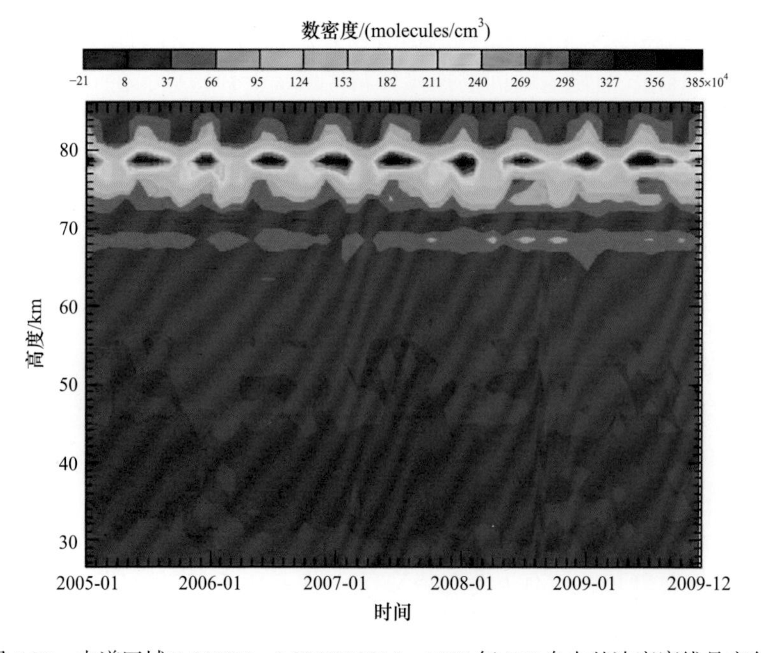

图 5.32　赤道区域(1.395°N～1.395°S)2005～2009 年 OH 自由基浓度廓线月变化

(4) 南半球中纬度区域 OH 自由基分布特征。

如图 5.33 所示，与北半球对称区域相比，该区域的周期性变化不明显，以一年为周期来看，OH 自由基的分布均匀，虽有变化但是不明显，在一年中 80km 左右的高度含量均较高。还有一个与北半球对称区域的明显区别的是在 65～70km 处均有 OH 自由基分布层，但含量较低。

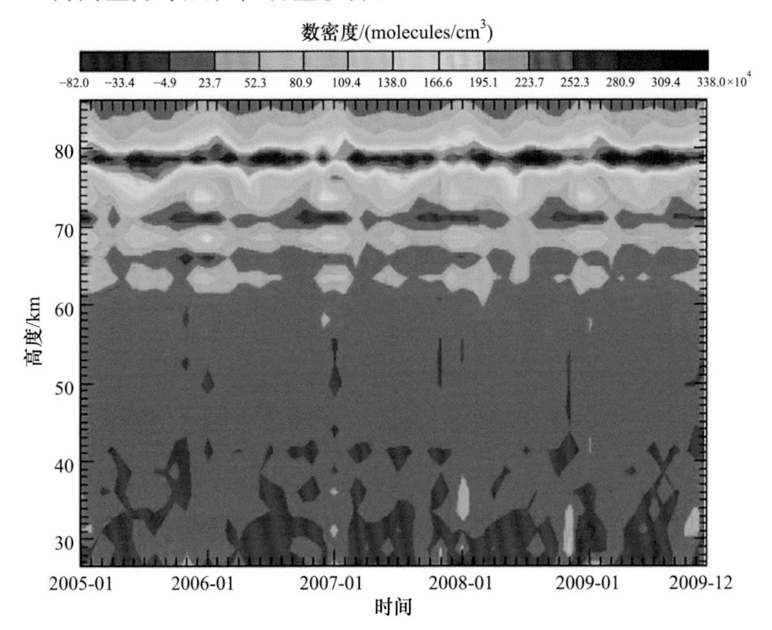

图 5.33　南半球中纬度区域(40.463°S～43.254°S)2005～2009 年 OH 自由基浓度廓线月变化

(5) 南半球高纬度区域 OH 自由基分布特征。

如图 5.34 所示，通过该图与北半球对称区域相比，OH 自由基总体含量较高，存在年变化周期性。以年为周期看：在 1 月 OH 自由基在 80km 高度有一高值区域，但其垂直分布宽度较窄。2～11 月 OH 自由基分布主要分布在 73～81km 高度范围内，随着时间的推移其分布区域高度有明显上移趋势，12 月至次年 1 月 OH 自由基分布在 78～85km 高度范围内，其分布区域高度也是呈上移趋势。虽然在 68km 高度上还存在一个 OH 自由基层，分布均匀但含量较低。

2) OH 自由基垂直-经向分布特征

上一部分重点分析了夜间 OH 自由基不同纬度区域 2005～2009 年的垂直浓度变化，在本部分中将着重分析夜间 OH 自由基垂直-经向的分布特征。

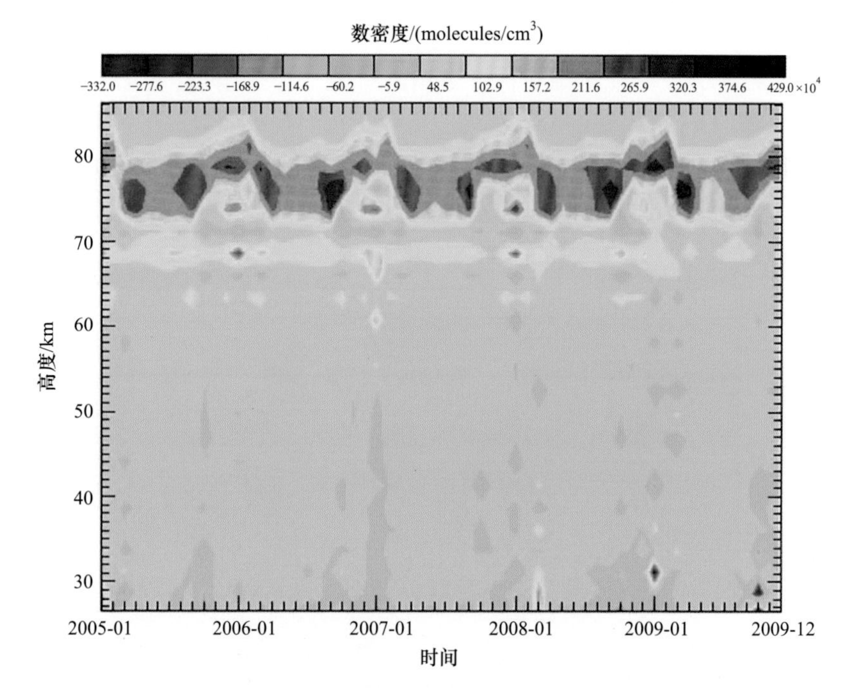

图 5.34 南半球高纬度区域(79.5256°S～82.31291°S)2005～2009 年 OH 自由基浓度廓线月变化

在分析 OH 自由基夜间垂直–经向的分布特征之前，首先需要明确夜间 OH 自由基垂直–经向分布变化的周期性。通过统计分析了 2005～2009 年这 5 年每个月的 OH 自由基垂直–经向分布图，对不同年份相同月进行对比发现，OH 自由基垂直–经向分布特征具有明显的年周期性，再通过分析 2005～2009 年 3 月(图 5.35)、5 月(图 5.36)、8 月(图 5.37)、11 月(图 5.38)夜间 OH 自由基垂直–经向分布图，可得出不同年份相同月的 OH 自由基在分布范围、沿经向变化趋势、垂直分布高度上具有一致性。因此我们认为夜间 OH 自由基的垂直–经向分布同样具有年周期性。本部分选用 2006 年全年每月垂直–经向分布来对夜间 OH 自由基的垂直–经向分布特征及其变化进行说明。如图 5.39(a)所示，1 月 OH 自由基主要集中在 75～82km 高度、30°N～60°N 范围区域内。OH 自由基浓度逐渐降低，但垂直分布范围在逐渐增大；在高于 60°N 的区域浓度降低，垂直分布范围缩小；30°N～30°S 区域，OH 自由基浓度分布均匀，随着纬度的变化，OH 自由基浓度没有明显变化，该纬度区域为 OH 自由基浓度峰值区域；在高于 30°N 地区，OH 自由基浓度降低，垂直分布范围有增大趋势。如图 5.39(b)所示，2 月与 1 月相比 OH 自由基浓度在经向的变化趋势要剧烈，在北半球高纬度区域 OH 自由基浓度在 73～77km 高度范围内有团状浓度高值区域，在北半球的中纬度区域 OH 自由基浓度垂直分布高度

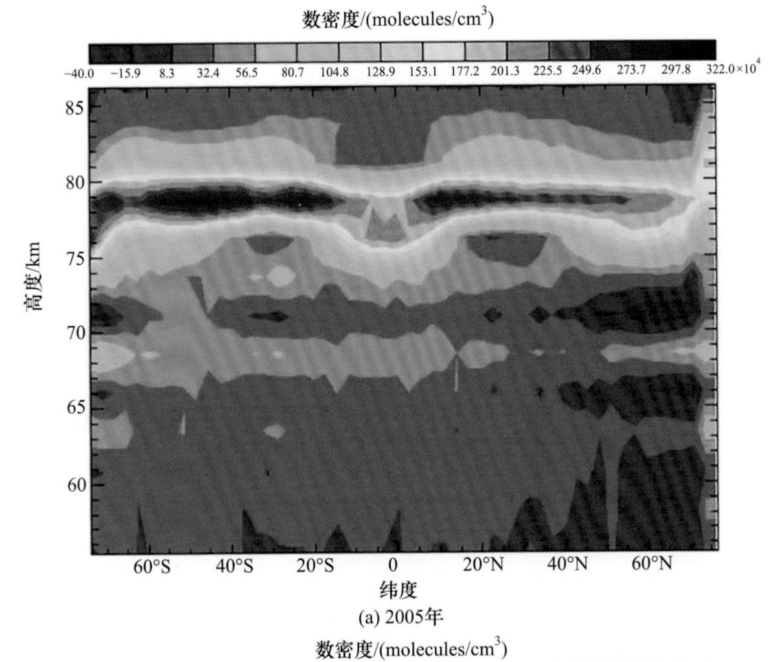

(a) 2005年

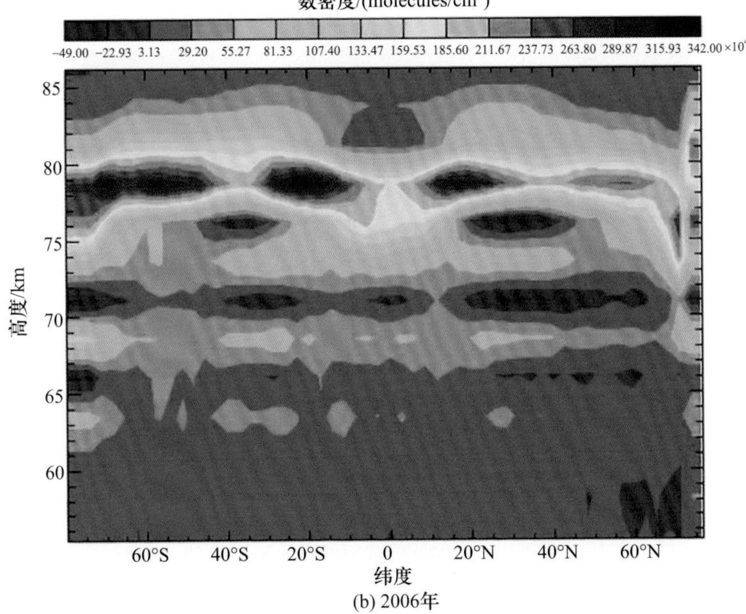

(b) 2006年

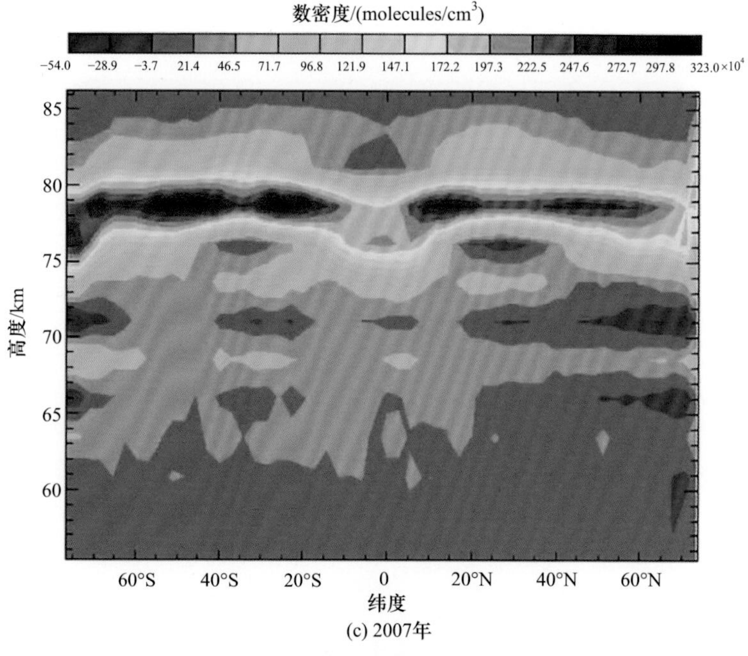

(c) 2007年

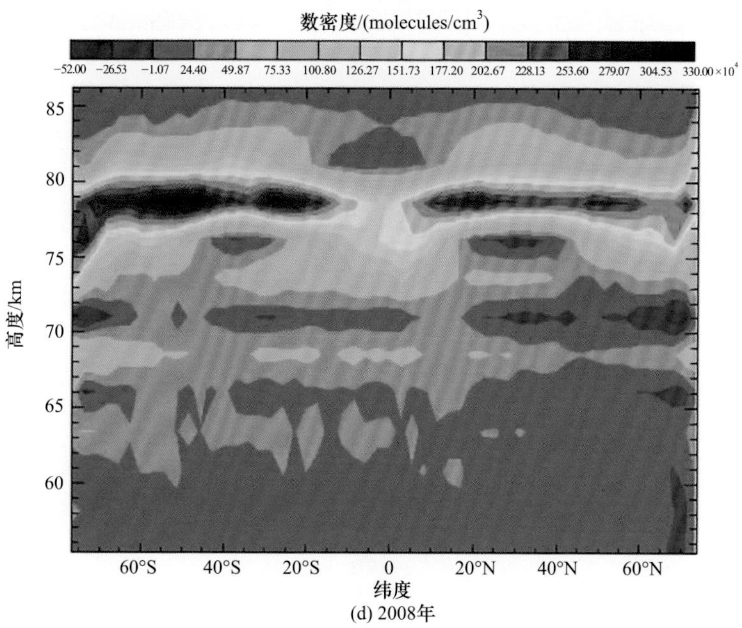

(d) 2008年

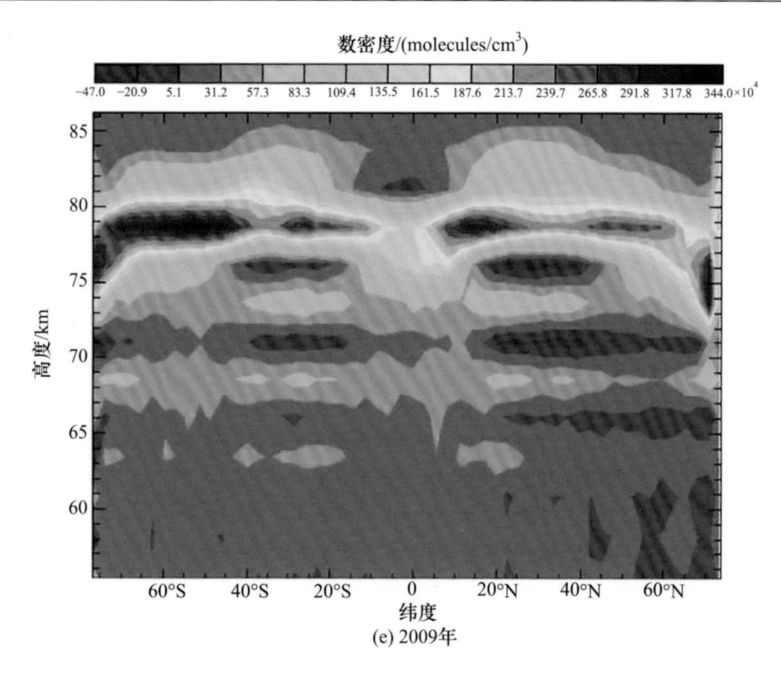

(e) 2009年

图 5.35　2005 年、2006 年、2007 年、2008 年和 2009 年 3 月夜间 OH 自由基垂直–经向分布

升高、分布宽度变窄、含量降低，在低纬度以及赤道区域 OH 自由基浓度分布的高度降低(74～78km)、分布宽度增加；在南半球低纬度区域 OH 自由基浓度出现峰值区域，从南半球低纬度直至南半球高纬度区域 OH 自由基浓度的垂直分布高度逐步升高、分布宽度增加，越靠近高纬度区域 OH 自由基浓度变化越小。如图 5.39(c)所示，3 月 OH 自由基浓度从北至南的经向分布变化情况复杂，在北半球高纬区域，OH 自由基浓度在 80km 附近存在高值区，在 70km 左右的区域有明显分界线，北半球的中纬度至低纬度区域 OH 自由基浓度的垂直分布高度逐渐升高，分布宽度也同步增大，而后在靠近赤道区域则越来越低，赤道处的 OH 自由基浓度分布高度是最低的，在赤道两侧的南北低纬度区域均存在 OH 自由基浓度的高值区域，南半球从中纬度区域至高纬度区域 OH 自由基浓度的分布高度逐渐下降，主要集中分布在 73～77km 处。

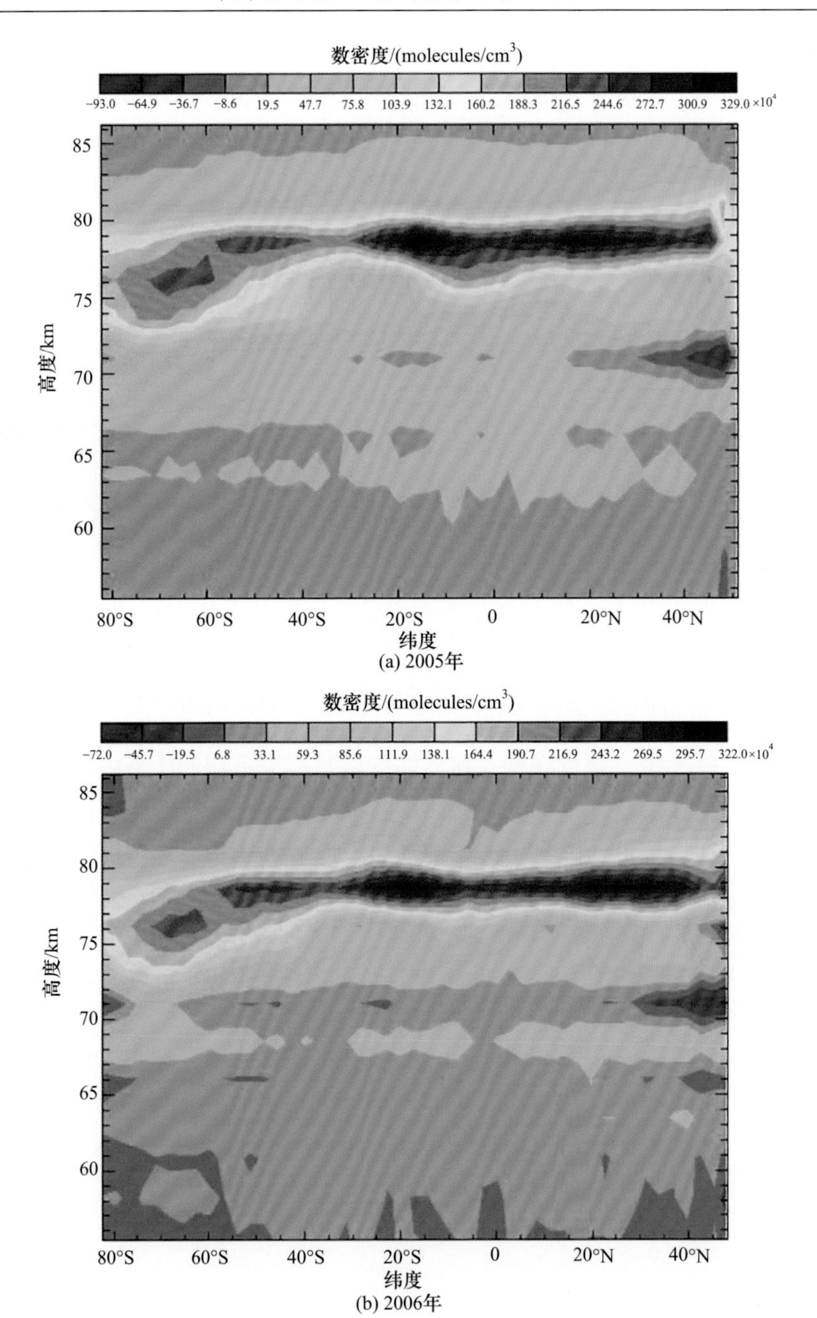

(a) 2005年

(b) 2006年

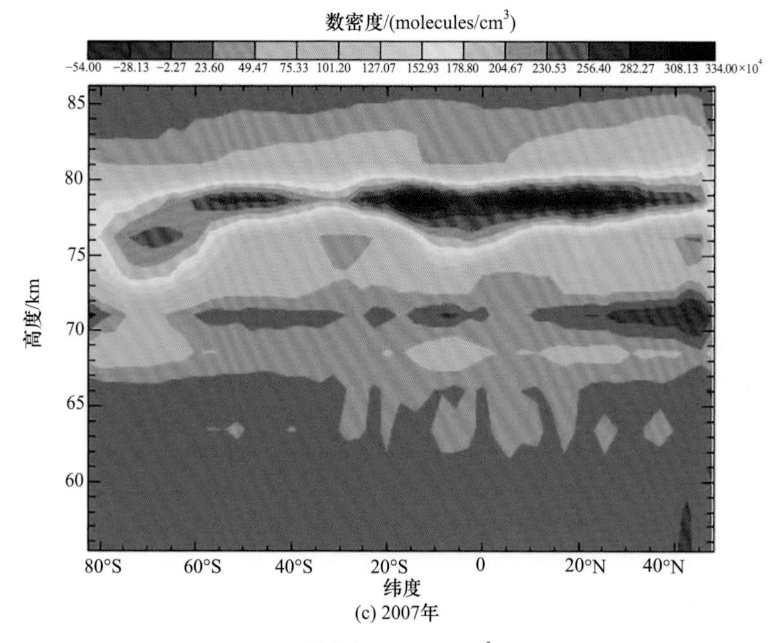

(c) 2007年

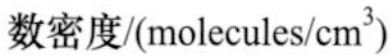

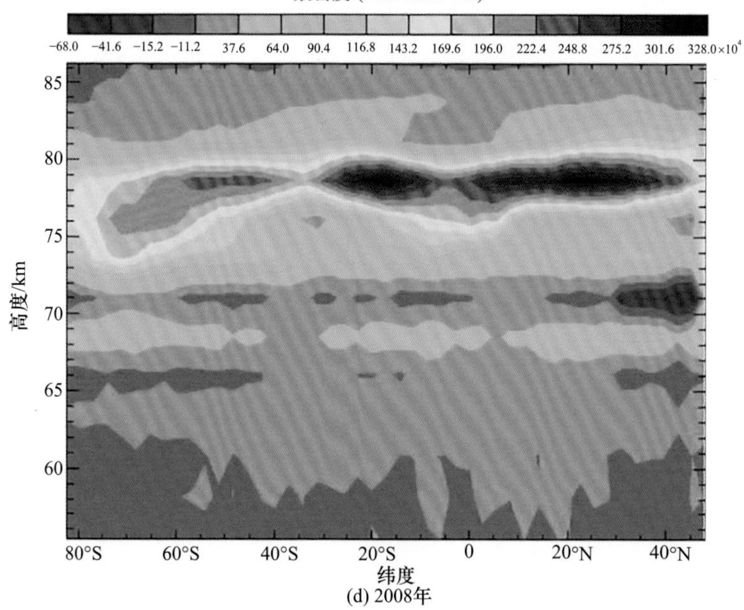

(d) 2008年

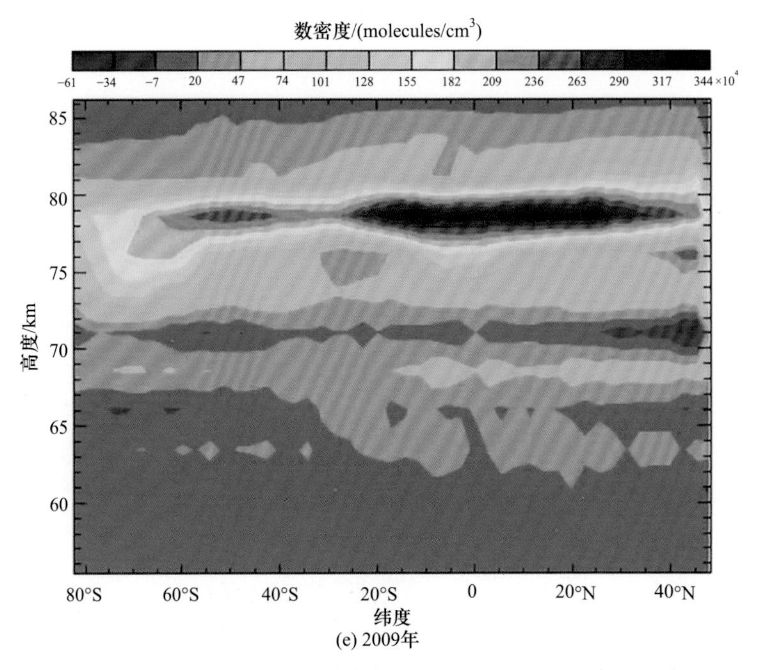

(e) 2009年

图 5.36　2005 年、2006 年、2007 年、2008 年和 2009 年 5 月夜间 OH 自由基垂直-经向分布

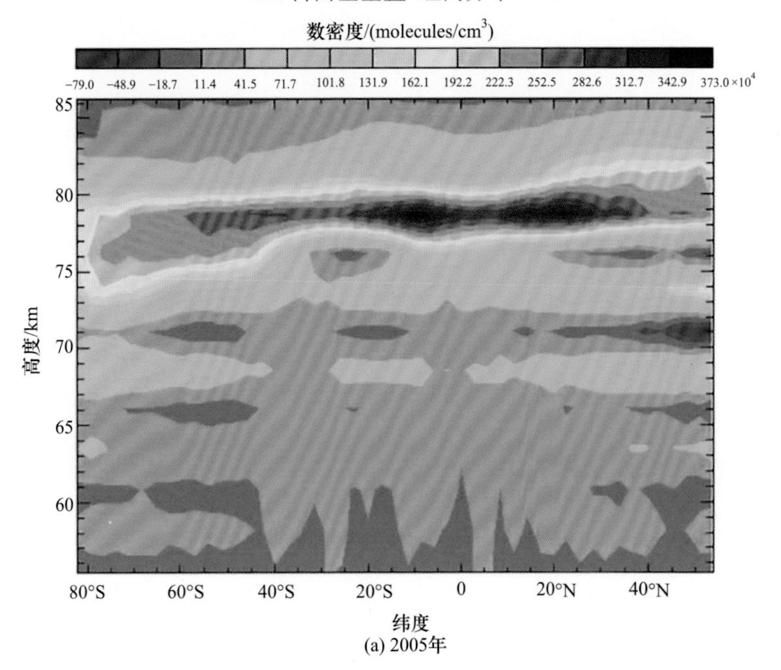

(a) 2005年

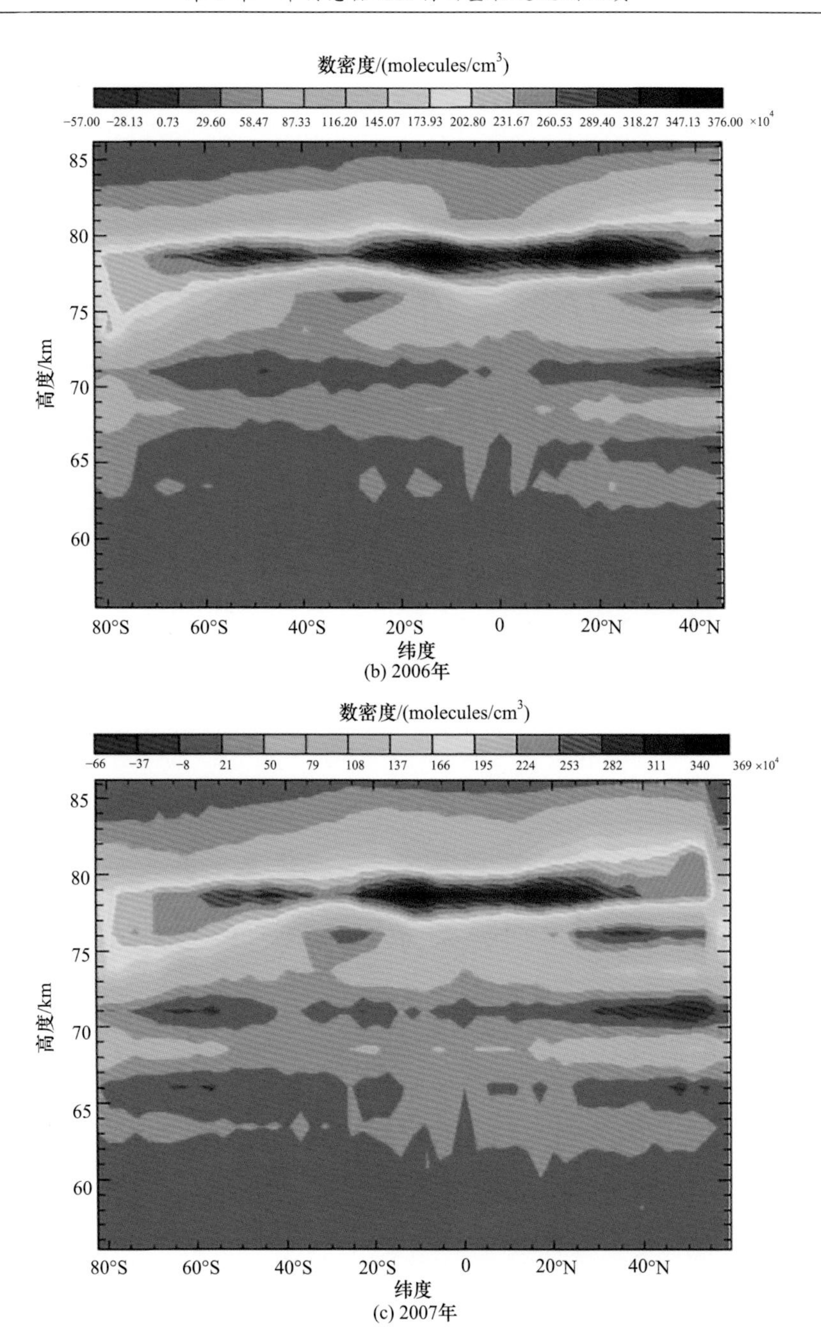

(b) 2006年

(c) 2007年

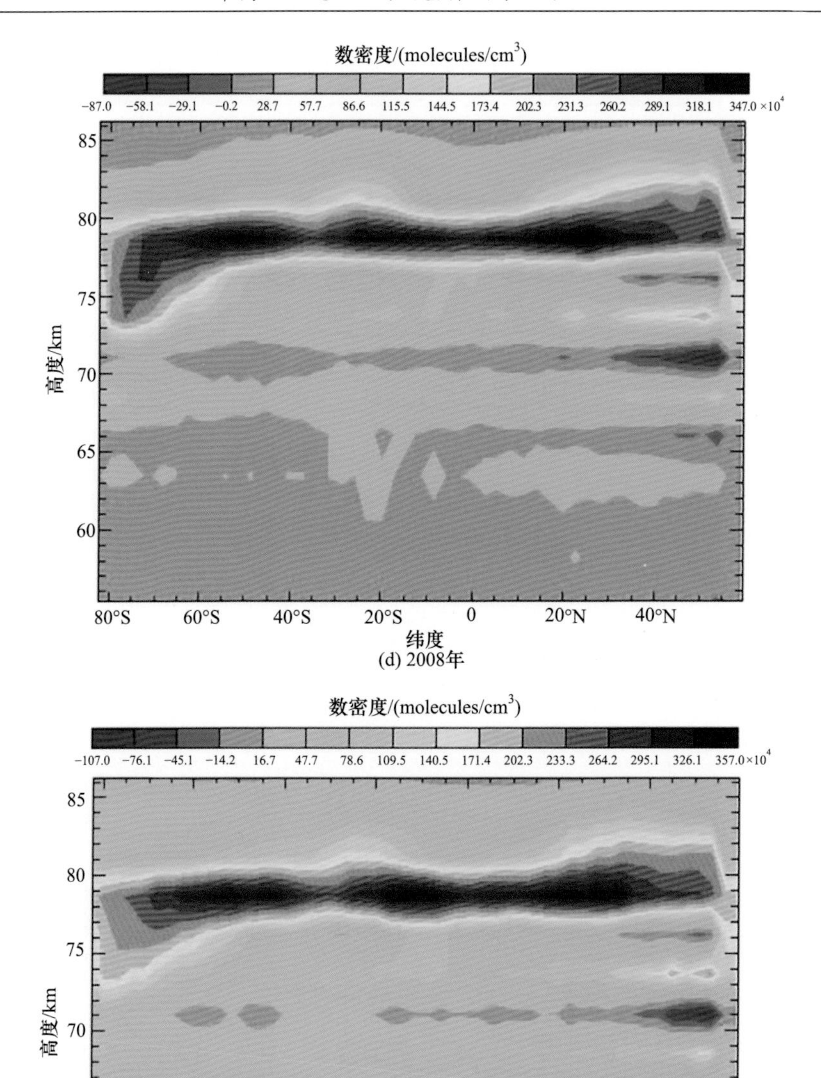

图 5.37　2005 年、2006 年、2007 年、2008 年和 2009 年 8 月夜间 OH 自由基垂直-经向分布

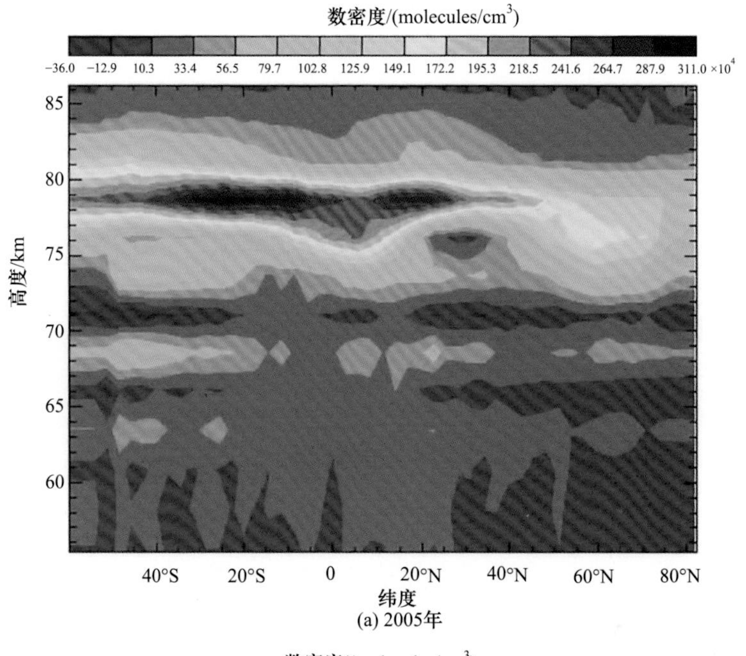

(a) 2005年

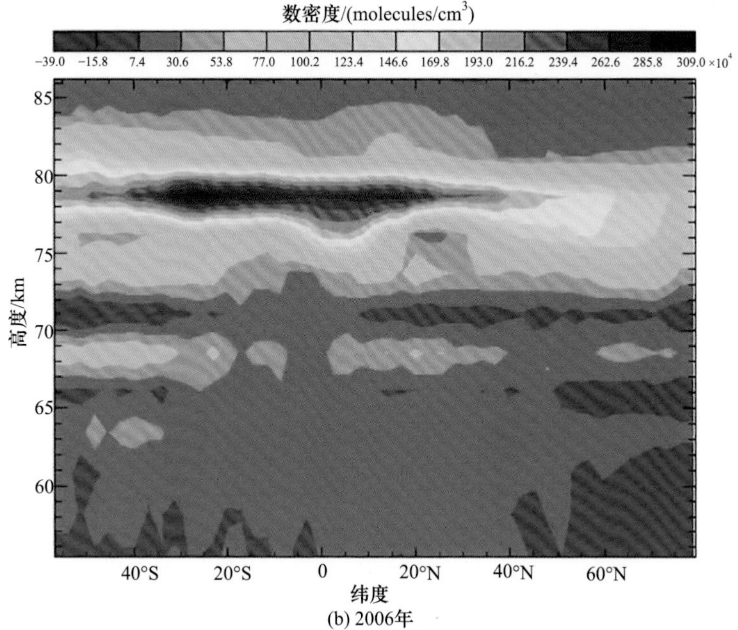

(b) 2006年

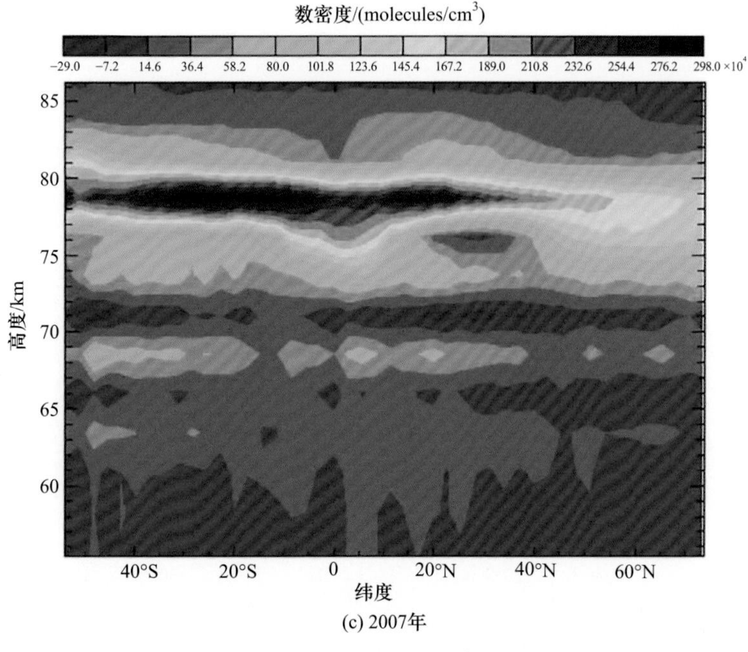

(c) 2007年

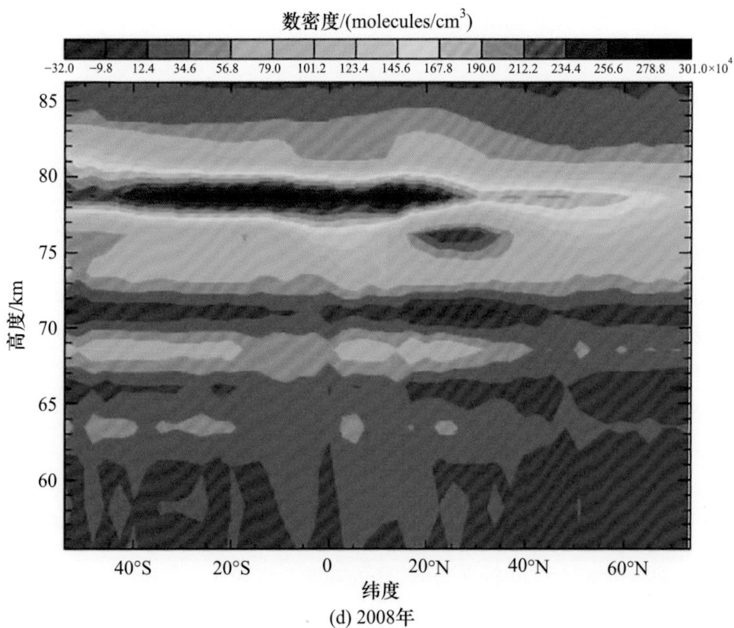

(d) 2008年

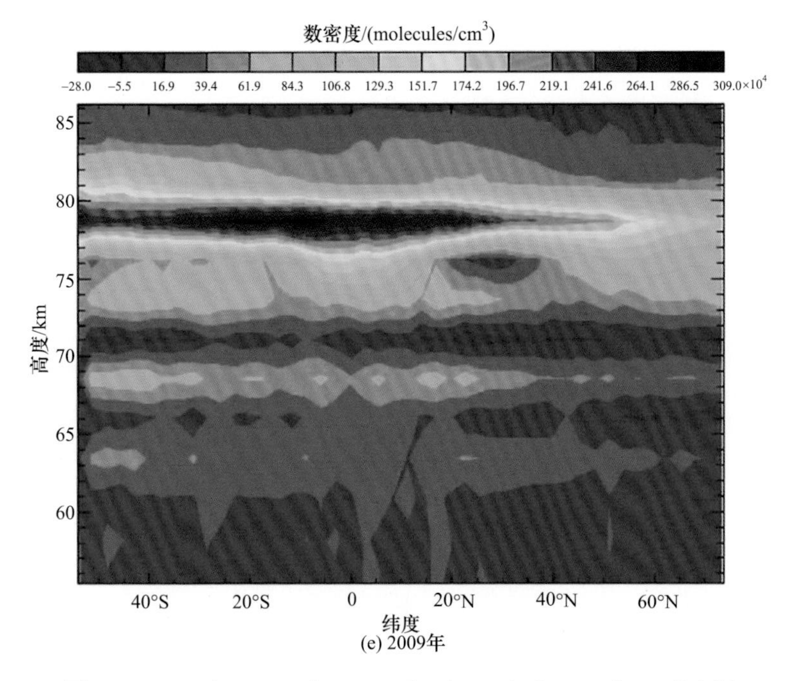

(e) 2009年

图5.38 2005年、2006年、2007年、2008年和2009年11月夜间OH自由基垂直-经向分布

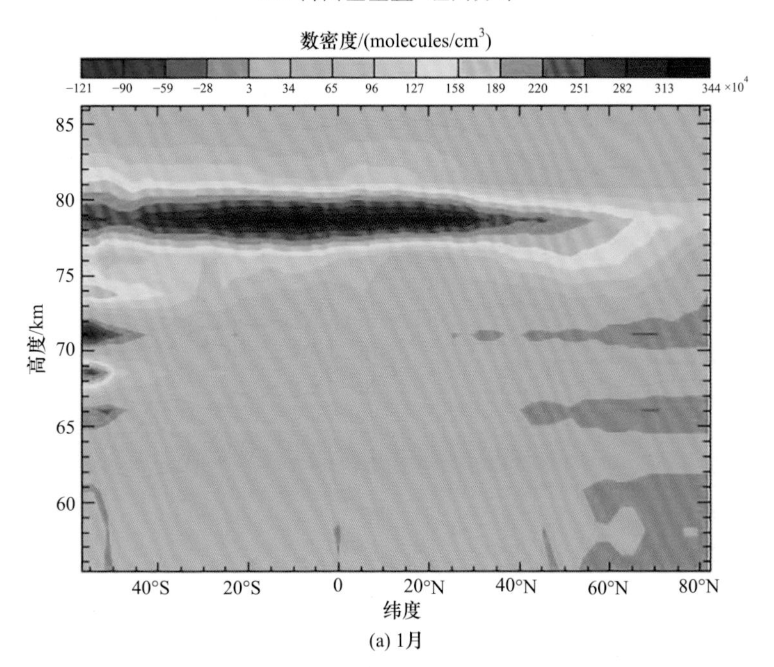

(a) 1月

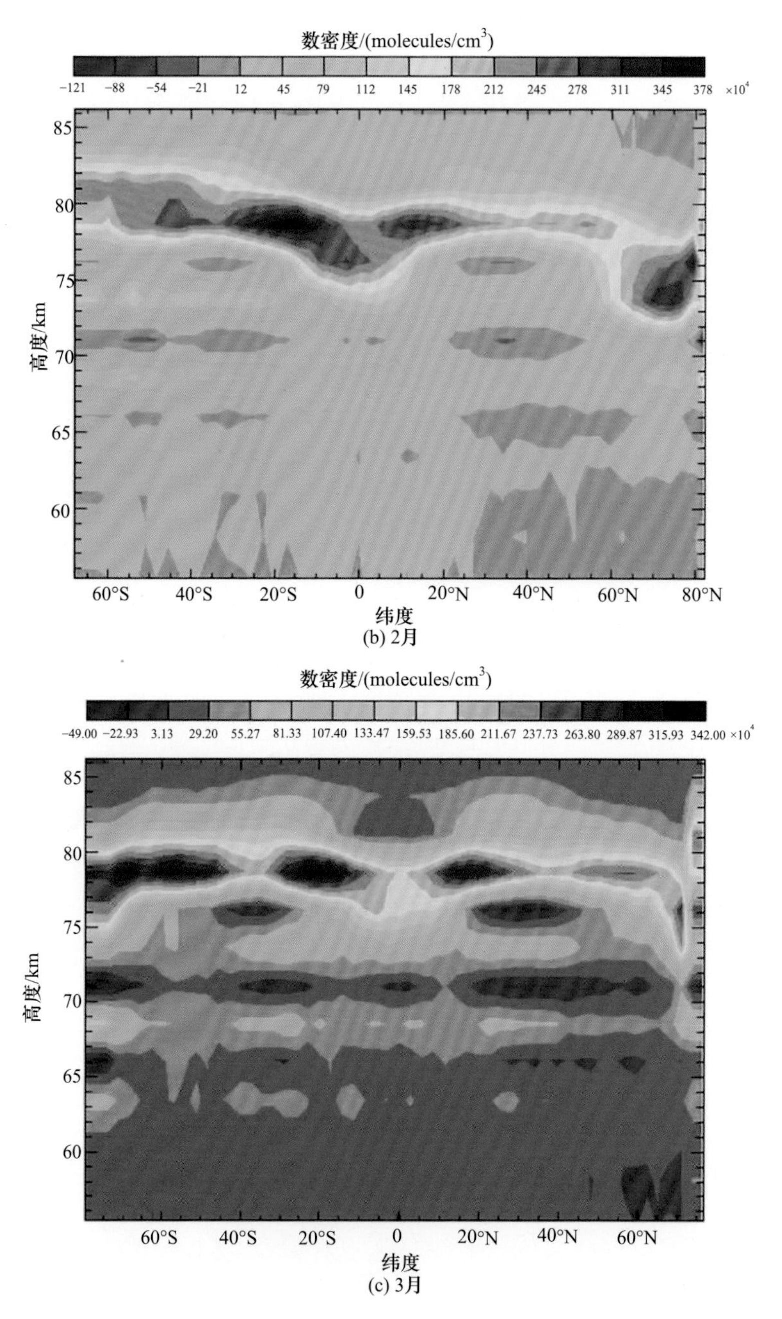

图 5.39　1 月、2 月和 3 月夜间 OH 自由基垂直-经向分布

如图 5.40 所示，4～6 月 OH 自由基经向变化趋势呈一定的连续性。在 40°S～80°S 区域，有一“团状”OH 自由基分布区域，在 80°S 附近，其垂直分布范围最

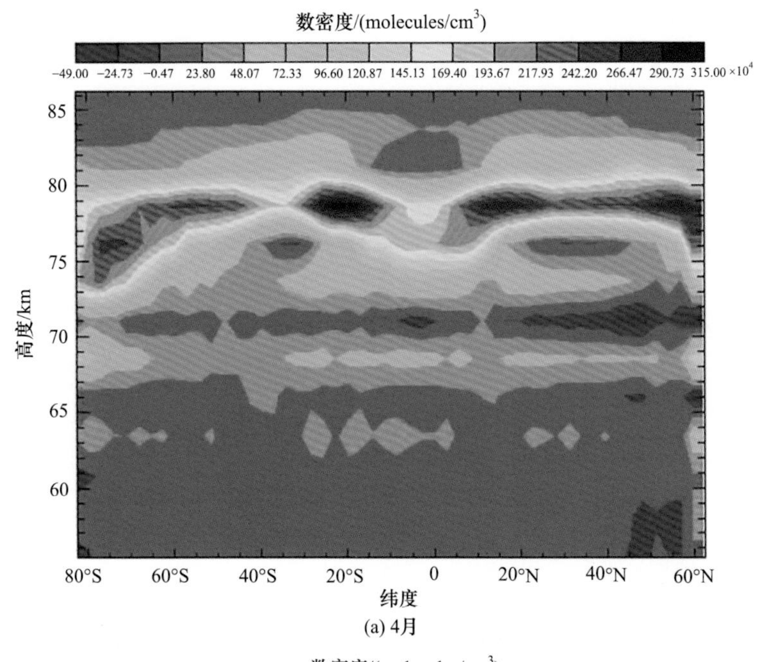
数密度/(molecules/cm³)
-49.00 -24.73 -0.47 23.80 48.07 72.33 96.60 120.87 145.13 169.40 193.67 217.93 242.20 266.47 290.73 315.00 ×10⁴
85
80
75
70
65
60
高度/km
80°S 60°S 40°S 20°S 0 20°N 40°N 60°N
纬度

(a) 4月

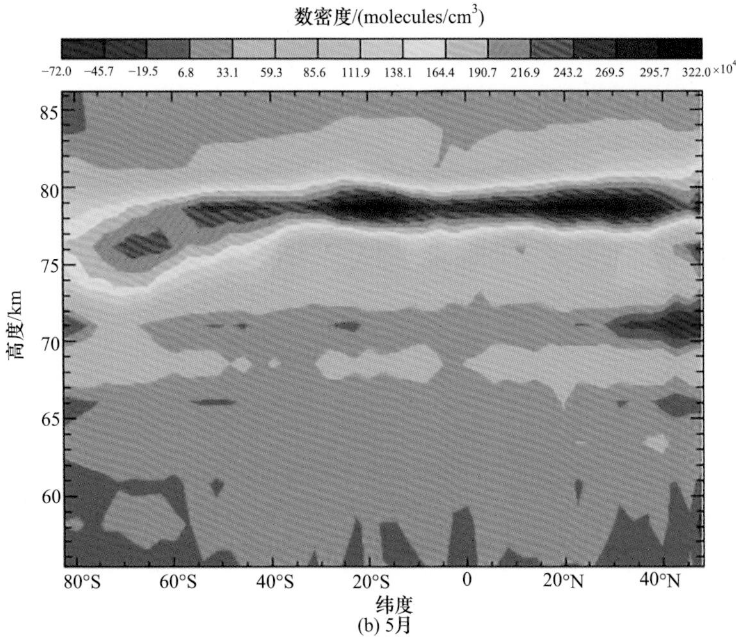
数密度/(molecules/cm³)
-72.0 -45.7 -19.5 6.8 33.1 59.3 85.6 111.9 138.1 164.4 190.7 216.9 243.2 269.5 295.7 322.0 ×10⁴
85
80
75
70
65
60
高度/km
80°S 60°S 40°S 20°S 0 20°N 40°N
纬度

(b) 5月

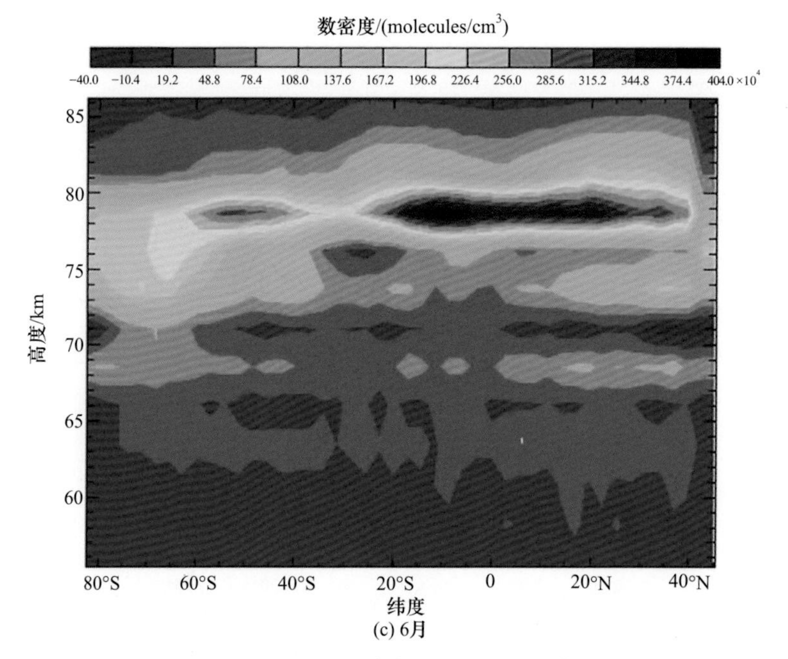

(c) 6月

图 5.40　4 月、5 月和 6 月夜间 OH 自由基垂直-经向分布

大(73～80km)，随着纬度的降低，其垂直分布宽度逐渐降低，结合 5 月和 6 月数据图来看，该“团状”OH 自由基随着时间的推移，浓度逐渐降低；在 40°S 处有一明显分界点，在 20°S～40°S 区域，有 OH 自由基浓度峰值区域，该处的 OH 自由基浓度分布情况与北半球同纬度区域呈对称分布(赤道为对称轴)，但南半球的浓度要大于北半球同纬度区域；在 20°N～40°N 区域，OH 自由基垂直分布范围较为均匀(集中在 76～80km)，在 50°N～60°N 有 OH 自由基浓度次峰值区，且该区域 OH 自由基垂直分布范围增大，分布高度有下降趋势。6 月 OH 自由基沿经向的大致分布趋势与 5 月相同，但垂直分布宽度、浓度等均在缩减，在 20°S 至赤道区域有 OH 自由基浓度峰值区域。

如图 5.41 所示，7～9 月的 OH 自由基经向变化趋势同样具有连续性。在北半球大于 20°的区域，OH 自由基浓度高值区域集中在 75～80km 高度范围，7～9 月赤道附近 OH 自由基垂直分布高度下移，同时含量在逐渐下降；在南半球高于 50°的区域，OH 自由基含量逐渐增加，且分布的高度下移。尤其是在 9 月，OH 自由基的峰值浓度出现在南半球高纬度区域内。

如图 5.42(a)所示，10 月 OH 自由基浓度在 80°N、75～80km 高度范围有一高值区域，在 75km 有明显分界线，在 75°N～20°N，OH 自由基呈平行条带状分布。在 78～80km 高度范围内，含量无较大变化；在 20°N～20°S 的低纬度区域，OH 自由基浓度区域呈 V 形分布，且赤道处的分布高度最低，赤道两侧有 OH 自由基浓度峰值区；南半球大于 50°的区域，OH 自由基垂直分布范围逐渐扩大，分布的高度降低。11 月南半球 OH 自由基总体含量及分布的区域要远大于北半球[图 5.42(b)]，北半球从 30°N～80°N，OH 自由基垂直分布范围从 73～81km 高度

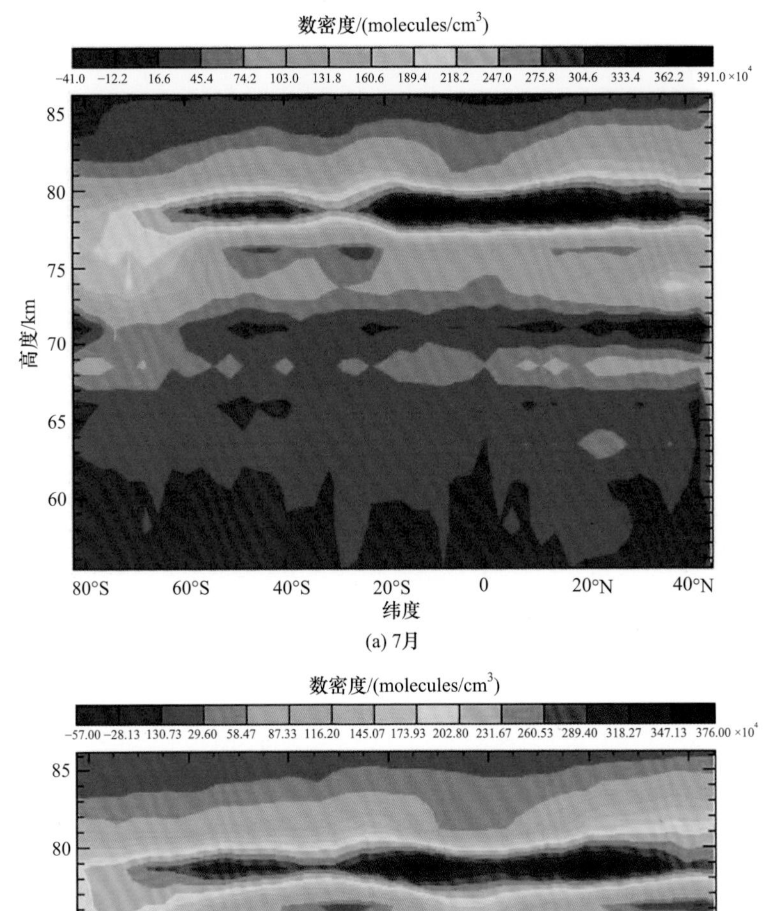

(a) 7月

(b) 8月

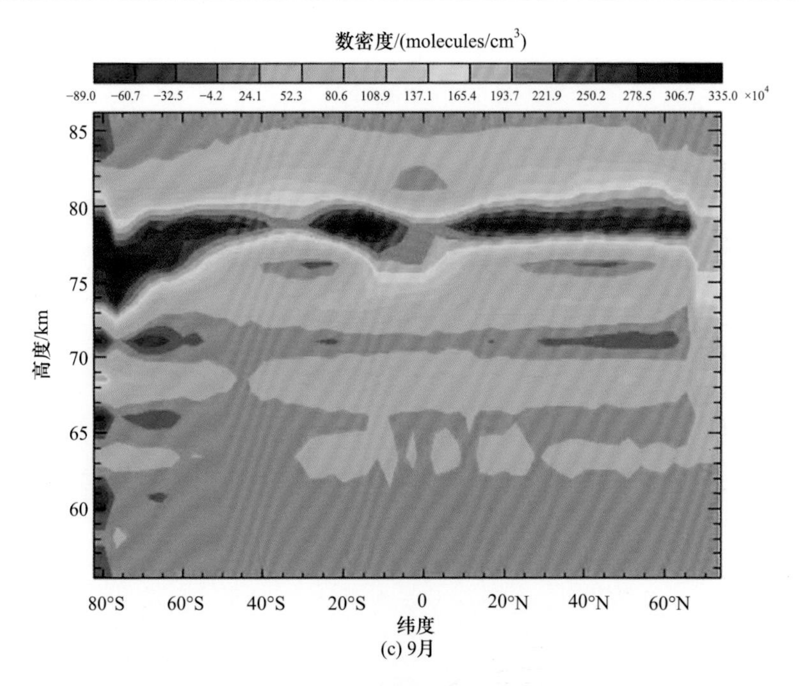

(c) 9月

图 5.41　7 月、8 月和 9 月夜间 OH 自由基垂直-经向分布

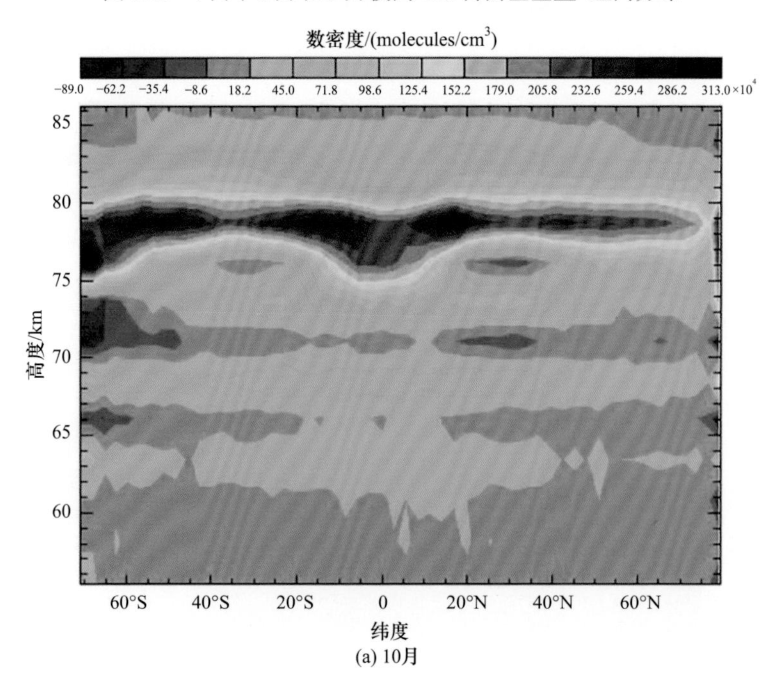

(a) 10月

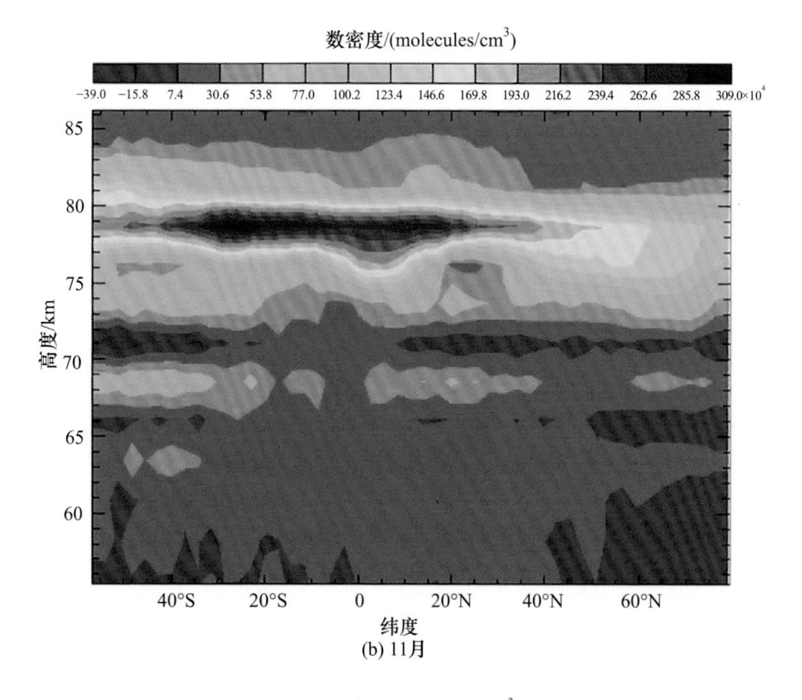

(b) 11月

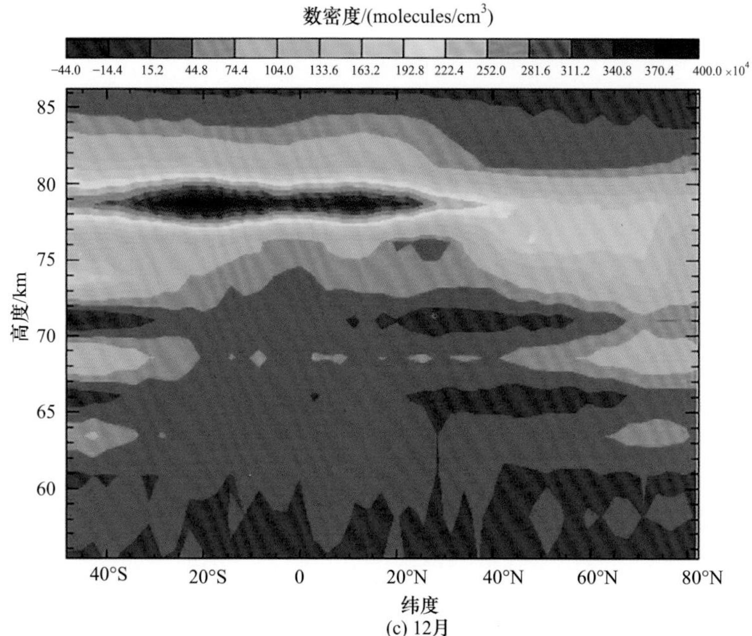

(c) 12月

图 5.42　10 月、11 月和 12 月夜间 OH 自由基垂直–经向分布

范围增大到 78～81km 高度范围，但浓度在逐渐降低；赤道区域呈 V 形分布趋势，赤道处的垂直分布高度最低；从赤道往南，OH 自由基分布高度有上移的趋

势，浓度逐渐增加，在 30°S 达到峰值，随后随着纬度的增高，其浓度逐渐降低。12 月北半球 OH 自由基分布范围进一步缩小，浓度也在降低，在 80°N～40°N 区域，OH 自由基垂直分布范围逐渐减小；40°N 至南半球高纬度区域，OH 自由基垂直分布范围逐步扩大，浓度先增后减，在 30°S 附近有 OH 自由基浓度峰值区域[图 5.42(c)]。

通过对全球区域的 OH 自由基浓度分布研究，并考虑到 OH 自由基廓线数据的可用性，基于传统意义的四季定义，在构建 OH 自由基浓度数据库时选择的时间尺度为第一季度(3～5 月，MAM)、第二季度(6～8 月，JJA)、第三季度(9～11 月，SON)、第四季度(12 月至次年 2 月，DJF)。同时为更好地描述 OH 自由基浓度的时间变化特征，选择以月作为时间尺度建立数据库。由于大气 OH 自由基受太阳辐射影响剧烈，其浓度在夜间很低，与白天浓度差异极大，因此分别构建白天库、夜间库。基于 5.3.3 节的分析，根据卫星获取数据时的观测几何将太阳天顶角小于 110°时对应的 OH 自由基浓度作为白天数据，太阳天顶角大于 110°时对应的 OH 自由基浓度作为夜间数据。

基于 MLS 传感器的 OH 自由基 2005～2009 年的观测数据，以季节/月作为时间尺度，以 N32/N48 高斯网格为空间尺度，分别构建了“N32-季节”“N32-月”“N48-季节”“N48-月”四类全球 OH 自由基浓度数据库，各类数据库中分为白天数据、夜间数据。以“N32-季节”数据库为例，使用 N32 高斯网格划分地球表面，对落入单个网格的 OH 自由基浓度数据基于季度分别取平均，不同季度的平均结果代表该网格内不同时间的 OH 自由基浓度分布。

数据库时间或空间分辨率越高，则时空变化越明显，但平均的样本量越小，数据中的误差越大。同时由于夜间 OH 自由基浓度低，数据不稳定性高，因此后续的章节在讨论时使用“N32-季节”浓度数据库中的白天数据。通过选择指定时间、空间分辨率的 OH 自由基浓度数据库，输入要选择的 OH 自由基浓度廓线的时空信息，从而从相应的数据库中抽取指定时空状态下的 OH 自由基浓度。以下以 N32 第一季度全球 OH 自由基浓度数据库为例进行分析。图 5.43 为“N32-季节”数据库中第一季度 OH 自由基数密度分布，数据在水平方向以 Plate_Carree 投影展示，图中 X 轴和 Y 轴分别代表经度、纬度，Z 轴代表高度。高度分布上，OH 自由基的浓度在 40～45km 存在一个峰值区域，在 70km 左右有一个峰值区域的存在。从库中抽取 OH 自由基在 41km 和 71km 高度的全球浓度分布，如图 5.44 所示，第一季度 OH 自由基在低纬地区浓度较高，且逐渐向高纬地区递减，这是因为 OH 自由基浓度受太阳能量影响较强，低纬地区受到的太阳辐射最大，随着纬度的升高，单位面积接收的太阳辐射逐渐减少，从而影响了 OH 自由基的浓度分布。

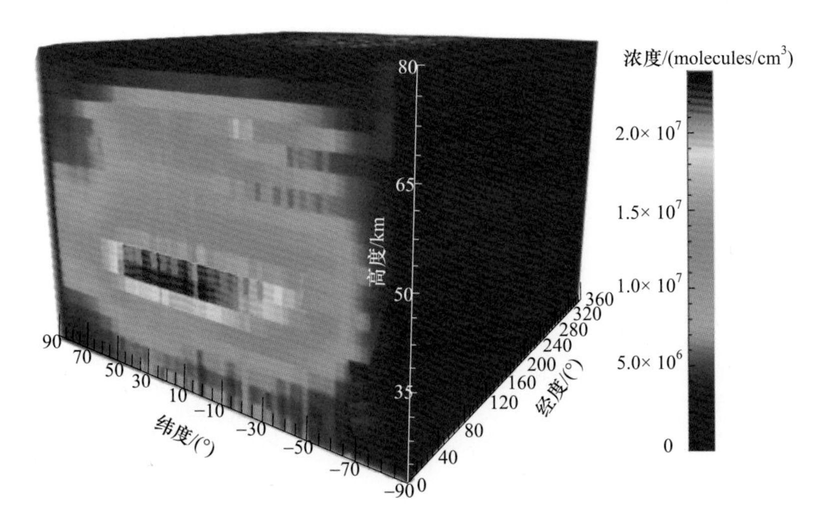

图 5.43　“N32-季节”数据库中第一季度 OH 自由基数密度分布图

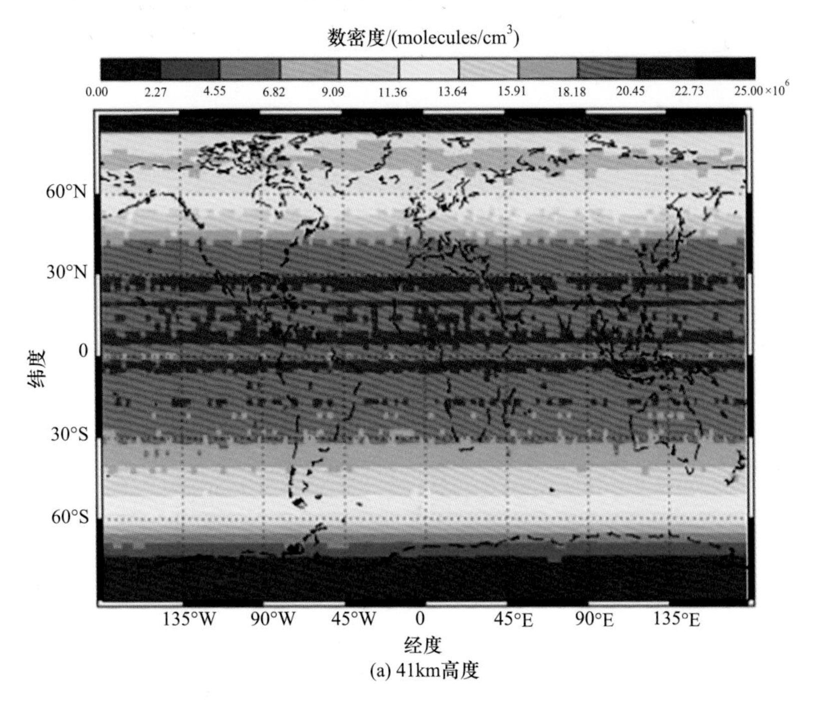

(a) 41km高度

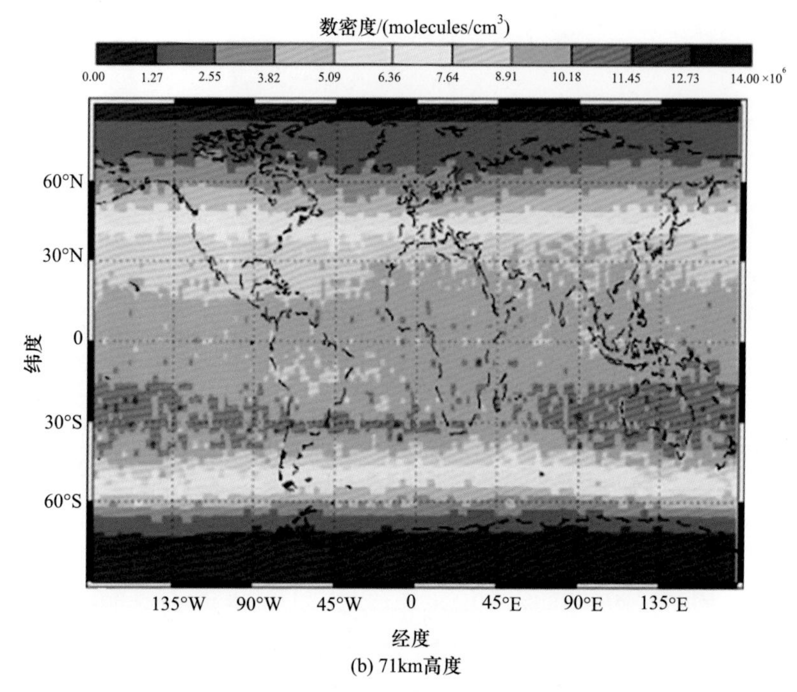

(b) 71km高度

图 5.44　OH 自由基峰值高度上的全球分布

基于地理位置从 OH 自由基浓度数据库中也可以抽取 OH 自由基浓度廓线。但是该廓线的高度上限和下限分别为 81km 和 23km 左右，而探测仪的观测高度指标为 15～85km，为了模拟其他高度处的临边散射辐射，需要获取高层和低层大气的 OH 自由基浓度分布。对于大于 81km 的高层大气，大气密度已经十分稀薄，使用 SCIATRAN 辐射传输模型的处理方法，将大于 81km 高度的数据赋予 81km 高度的 OH 自由基浓度。对于小于 23km 的高度，Bremen 全球大气模式中 OH 自由基廓线的高度下限为 2km 左右，且低层大气的 OH 自由基浓度随着高度的降低保持逐渐递减的趋势。根据模拟的时空条件，从 Bremen 全球大气模式中抽取低层高度的 OH 自由基浓度数据，但在部分区域该数据大于 MLS 传感器的 OH 自由基浓度。由于大气环境复杂，该高度范围的 OH 自由基浓度精度较低，因此对 Bremen 全球大气模式低层 OH 自由基浓度廓线取差分，使 OH 自由基廓线在低层大气保持其分布特征。

5.4　OH 自由基荧光发射光谱

5.4.1　发射光谱计算

OH 自由基发射光谱处于紫外波段(250～380nm)，受太阳能量激发后，在

308nm 附近会产生 $A^2\Sigma^+—X^2\Pi(0,0)$ 的共振荧光，直接计算 OH 自由基发射光谱需要引入量子力学的概念，严格的计算还需求解薛定谔方程，这一过程过于复杂。我们使用由 Luque 和 Crosley 编写的光谱仿真软件 LIFBASE 完成该过程，详细的介绍参见 1.4.1 节。

5.4.2　构建发射光谱数据库

在研究的过程中依据 Bremen 全球大气模式计算了全球温度波动范围，使用 LIFBASE 软件计算 OH 自由基在温度波动范围内的发射光谱，进而构建 OH 自由基发射光谱数据库。在计算特定高度上的临边散射辐射时，根据该高度上的温度，从 OH 自由基发射光谱数据库中抽取相对应的 OH 自由基光谱数据，将其作为源函数代入辐射传输模型中进行计算。其中光谱代入时使用的拟合系数是经过多次试验、并与已发表的观测数据比较之后确定的，保证了模拟结果在形状和量级上与观测结果完全相同。

5.5　观测能量仿真

空间外差光谱技术综合光栅和 FTS 技术，具有无运动部件、高光通量、高光谱分辨率等优点；同时由于无运动部件，它还具有集成度高、质量小、功耗低等优点[19]。

空间外差光谱仪的光学系统结构示意图如图 5.45 所示，衍射光栅 1 和光栅 2 代替了传统的迈克耳孙干涉仪中的两个平面反射镜，光源进入光栅经准直透镜后直射到分束器，从而将入射光分为强度相等的两束干涉光，一束经分束器反射后入射到光栅 1 上，并经光栅 1 衍射后返回到分束器；另一束通过分束器入射到光栅 2 上，衍射后反射回分束器。两束出射光发生干涉形成特定域干涉条纹，并由光学成像系统成像于 CCD 探测器，经由傅里叶变换即可恢复待测光谱曲线。这种采用衍射光栅代替传统迈克耳孙干涉仪中的平面反射镜的方法，综合了光栅及空间调制干涉仪技术，同时具有了干涉仪的高光通量和光栅空间衍射特点，在中心波长附近可获得极高的光谱分辨率，详细的介绍见第 3 章。模型仿真可以预先评估在轨临边观测时仪器所需的设计指标。仪器在轨观测时 OH 自由基发射能量、太阳辐射导致的瑞利散射背景能量经仪器作用并被 CCD 探测器成像记录。CCD 的一行上所有像素采集一条完整的干涉数据，将 CCD 分为 36 行，即对应 36 个仪器观测切高。则每一行每个像元的 DN 值均由不同切高处临边散射辐射产生，由式(5.4)表达：

$$S_{\mathrm{CCD}}(i,j)=\int_{y(j)}^{y(j+1)}\int_{x(i)}^{x(i+1)}\int_{0}^{\infty}B(\sigma,y)R(\sigma)\Big(1+\cos\big\{2\pi\big[4(\sigma-\sigma_0)x\tan\theta\big]\big\}\Big)\mathrm{d}\sigma\mathrm{d}x\mathrm{d}y \tag{5.4}$$

式中，i 为沿行像元数；j 为观测视线扫描层即扫描切高数，从 15～85km 共 36 个切高；$x(i)$和 $y(j)$是光栅成像在 CCD 探测器的位置区域；B 为仿真时输入的能量谱线；$R(\sigma)$ 是仪器响应函数(在仿真过程中设定为 1)，σ 为波数；θ 为 Littrow 角度。根据安光所的相关研究[20, 21]，光谱仿真时的仪器参数设置如表 5.8 所示。

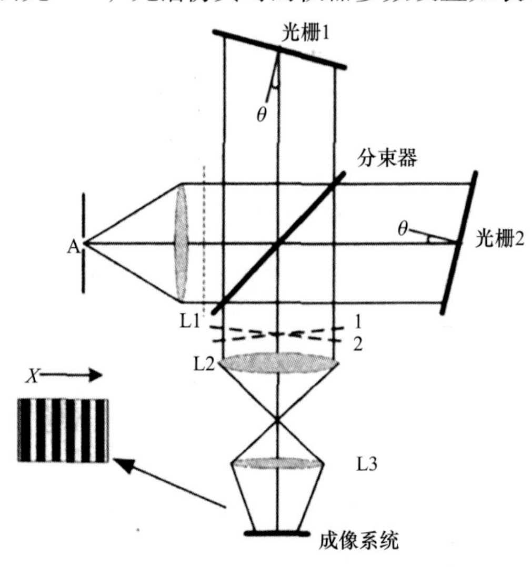

图 5.45 空间外差光谱仪的光学系统结构示意图

表 5.8 仿真时的仪器参数设置

参数名称	设置值
Littrow 波长/nm	306.0
光栅刻线密度/(line/mm)	1000
干涉图采样点数/个	1024
光栅宽度/(line/mm)	15
Littrow 角度/(°)	8.80082

光谱仿真基于 SCIATRAN 辐射传输模型进行，模型使用离散纵坐标法求解辐射传输方程，并考虑了多次散射折射情况。临边散射探测模式的敏感因素包括大气痕量气体、气溶胶、云、地表特性、观测几何这五个方面。对于临边层析探测仪而言，其切线高度指标为 15～85km，距离地表较远，受云和气溶胶的影响极其微弱，因此忽略云、地表的影响。使用 SCIATRAN 辐射传输模型时需输入太阳光谱、几何参数、时空信息及该位置处的大气模式。求解过程中需要考虑瑞利散射、大气痕量气体吸收等作用，模拟卫星入瞳处辐亮度。

以卫星切点在[Nlat12,Nlon14]网格(55°N,58°E)处的临边观测为例，定义观测时间为第一季度，其他模拟参数设置如表 5.9 所示。

表 5.9　[Nlat12,Nlon14]网格(55°N，58°E)网络观测值模拟的部分参数设置

参数	设置情况
太阳光谱	NSO 太阳光谱
波段/nm	308～310
大气模式	4 月 55°N
切点位置	(54°N，58°E)
太阳天顶角/(°)	42.855
相对方位角/(°)	140.901
OH 自由基浓度廓线	纬度带：12
	经度带：14

基于模拟的观测能量，获得了仪器的仿真图像，如图 5.46 所示，空间外差光谱仪的观测结果为 1024 列 36 行的二维干涉图，图中行表示仪器的观测切高，列表示空间外差光谱仪的采样点。

图 5.46　仿真的二维干涉图(1024 像元×36 像元)

抽取干涉图像上的一行即为该行所对应的切高上的干涉数据，这是仪器视场范围内该行对应的高度上所有大气对入射辐射的作用结果。图 5.47 为 OH 自由基两个峰值高度上的卫星观测干涉图。

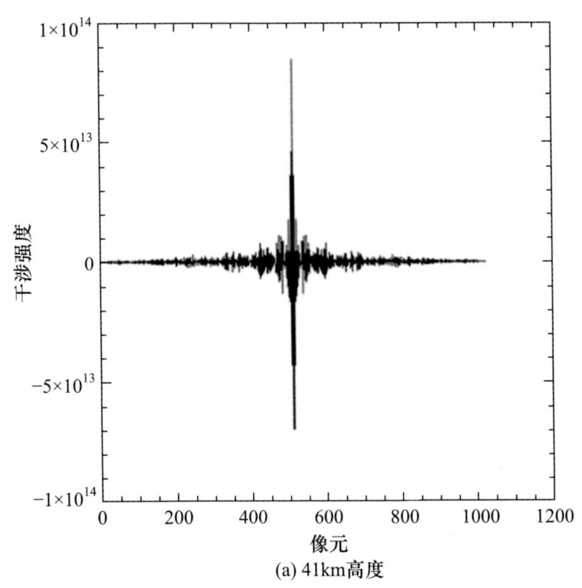

(a) 41km高度

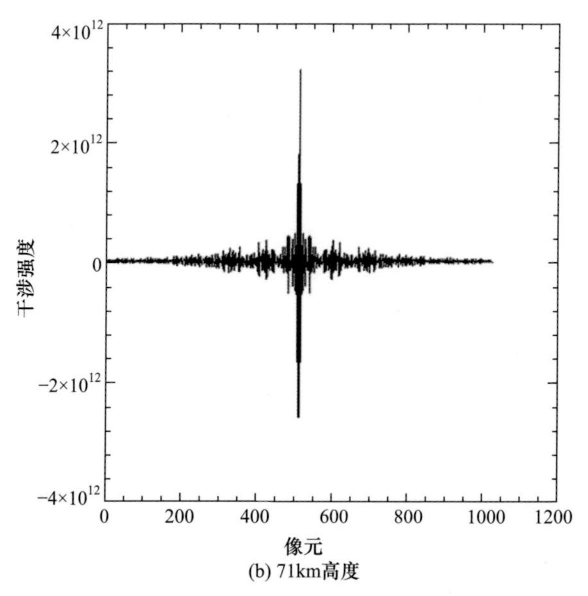

(b) 71km高度

图 5.47　41km 高度和 71km 高度处卫星观测干涉图

5.6　应　　用

5.6.1　干涉图数据处理

以[Nlat12,Nlon14]网格(55°N,58°E)第一季度的正演仿真图像(图 5.46)为例，说明干涉图数据处理的过程。

1) 干涉图去基线

干涉数据存在低频基线的干扰，会导致傅里叶变换光谱中出现低频假信号。目前去基线的方法主要有多项式线性拟合去基线、一阶差分去基线、小波去基线等，本示例中采用一阶差分去基线的方法进行数据处理，图 5.48 和图 5.49 将 OH 自由基峰值高度的原始观测能量干涉能图与去基线结果图进行了对比。

2) 切趾

空间外差光谱仪获得的干涉图是在有限光程差$-L$ 到$+L$ 区间上的干涉，即强制干涉函数在此之外骤降为零，导致干涉图在边缘区间出现尖锐的不连续性[22]。计算还原后的光谱曲线有旁瓣产生，正旁瓣是虚假信号的来源，负旁瓣会使临近的微弱光谱信号被淹没。因此必须采用措施来抑制旁瓣，利用切趾法来缓和边缘不连续性，即用一渐进权重函数(切趾函数)与干涉图函数相乘，最常用的是三角切趾函数，如图 5.50 所示。切趾又称为加窗，实际上起到一种空间频率滤波的作用。图 5.51 给出了 OH 自由基峰值高度处切趾结果图。

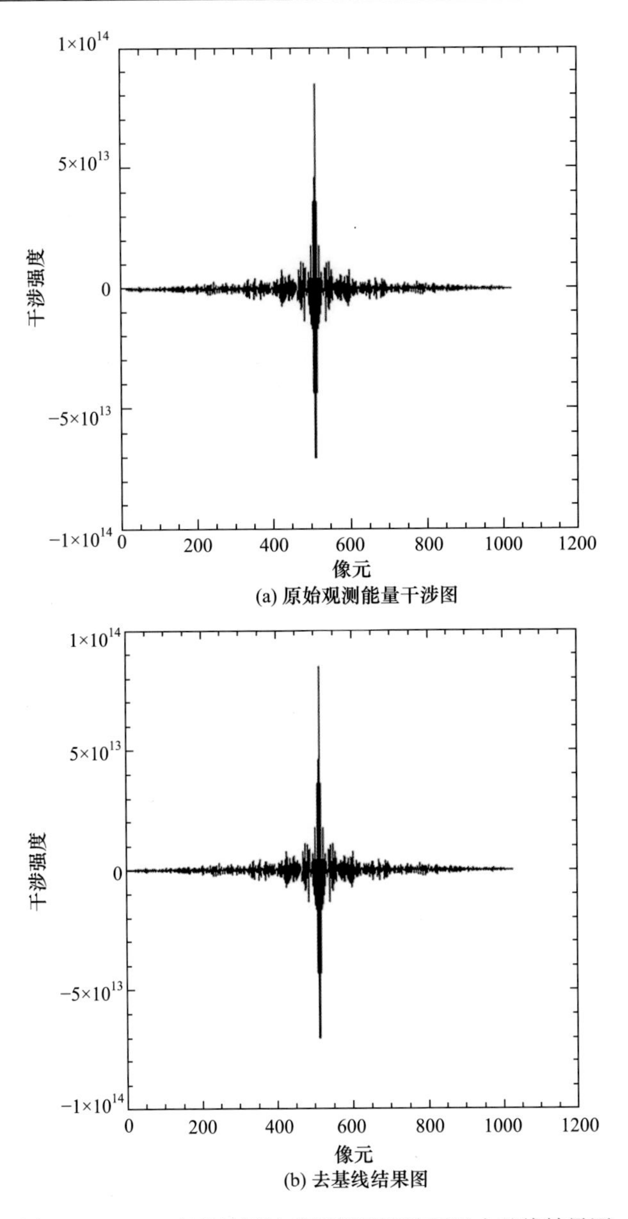

图 5.48　41km 高度处原始观测能量干涉图及去基线结果图

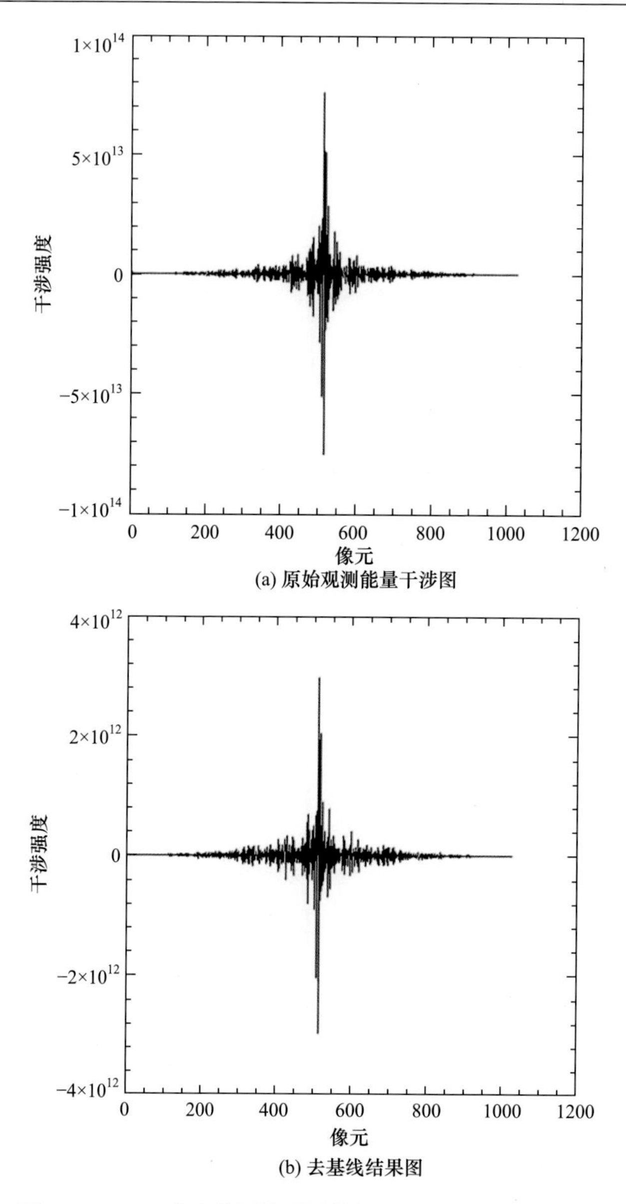

图 5.49　71km 高度处原始观测能量干涉图及去基线结果图

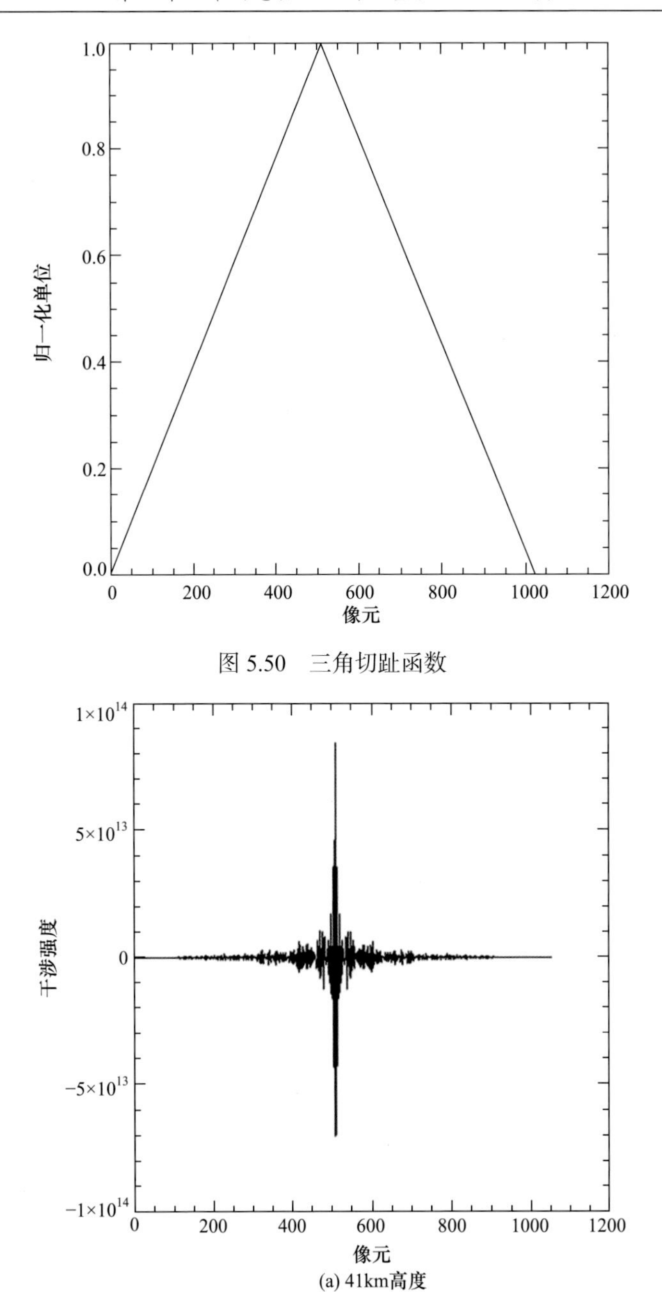

图 5.50　三角切趾函数

(a) 41km高度

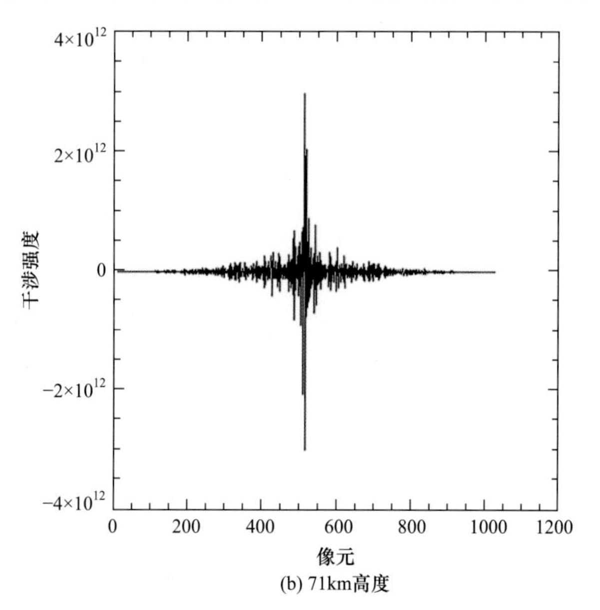

(b) 71km高度

图 5.51 41km 和 71km 高度处观测能量干涉图切趾结果图

3) 相位误差校正

探测器采样的非对称性，导致干涉图两端不对称，采样过程没有包含真正的零光程差点，这样将会产生相位误差 $\Phi(k)$，此时干涉图变为

$$I'(x)=\int_0^{\infty}B(k)\left\{1+\cos\left[2\pi kx+\Phi(x)\right]\right\}\mathrm{d}k \tag{5.5}$$

其相位校正与传统 FTS 技术中的相位校正方法基本相同。首先对干涉图进行傅里叶变换，得到振幅光谱：

$$B'(k)=\sqrt{B_{\mathrm{r}}(k)^2+B_{\mathrm{i}}(k)^2} \tag{5.6}$$

式中，$B_{\mathrm{r}}(k)$ 表示傅里叶变换光谱强度的实部；$B_{\mathrm{i}}(k)$ 表示傅里叶变换光谱强度的虚部。傅里叶变换所得到的相位光谱表达式为

$$\Phi(x)=\arctan\frac{B_{\mathrm{i}}(k)}{B_{\mathrm{r}}(k)}=\arctan\frac{\int_{-L}^{+L}I'(x)\sin(2\pi kx)\mathrm{d}x}{\int_{-L}^{+L}I'(x)\cos(2\pi kx)\mathrm{d}x} \tag{5.7}$$

从而得到最终的校正光谱为

$$B(k)=B_{\mathrm{r}}(k)\cos\left[\Phi(k)\right]+B_{\mathrm{i}}(k)\sin\left[\Phi(k)\right] \tag{5.8}$$

示例中使用的干涉图为正演结果经仿真得到的数据，不存在相位误差，因此对切趾后的干涉图进行傅里叶变换即可得到对应傅里叶变换光谱图，如图 5.52 所示，但得到的光谱还需进行波长定标和辐射定标。

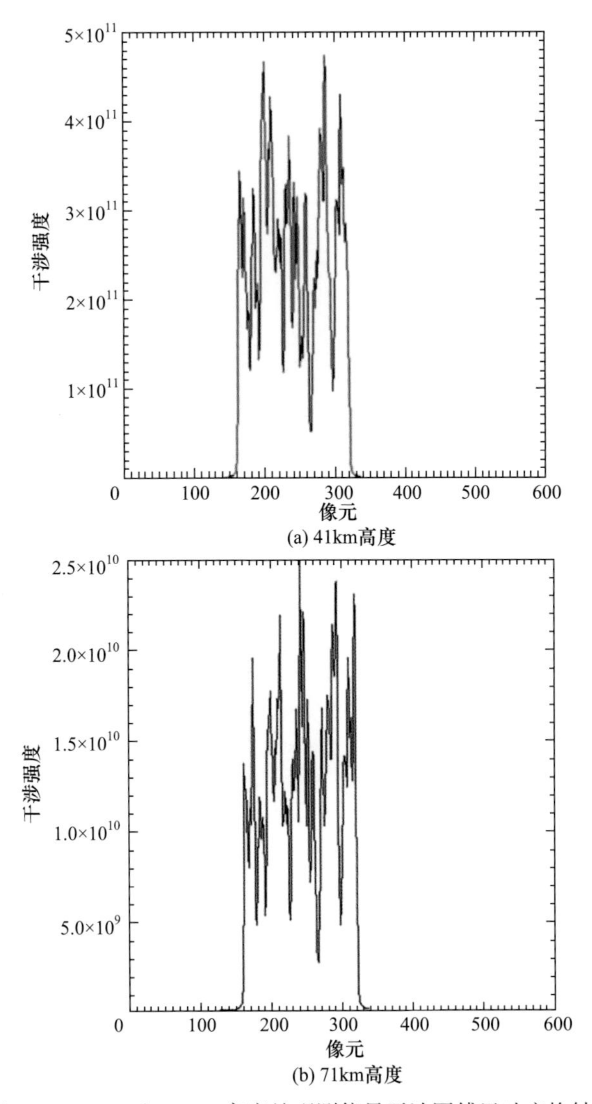

(a) 41km高度

(b) 71km高度

图 5.52　41km 和 71km 高度处观测能量干涉图傅里叶变换结果

4) 波长定标

干涉条纹频率与入射光谱的波长成线性相关，据此有以下波长定标方程：

$$\delta_i = \delta_0 + k \cdot f_i \tag{5.9}$$

$$\begin{cases} k = \dfrac{\sum\limits_{i=1}^{m}(f_i - \overline{f})(\delta_i - \overline{\delta})}{\sum\limits_{i=1}^{m}(f_i - \overline{f})^2} \\ \delta_0 = \overline{\delta} - k \times \overline{f} \end{cases} \tag{5.10}$$

在傅里叶变换光谱图中，光谱数据点零位置对应为 Littrow 波数。得到波长定标方程：

$$\delta_i = -1.3166574i + 32679.738 \tag{5.11}$$

式中，光谱坐标点 i 的取值范围为 0～1024，处理完成结果如图 5.53 所示。

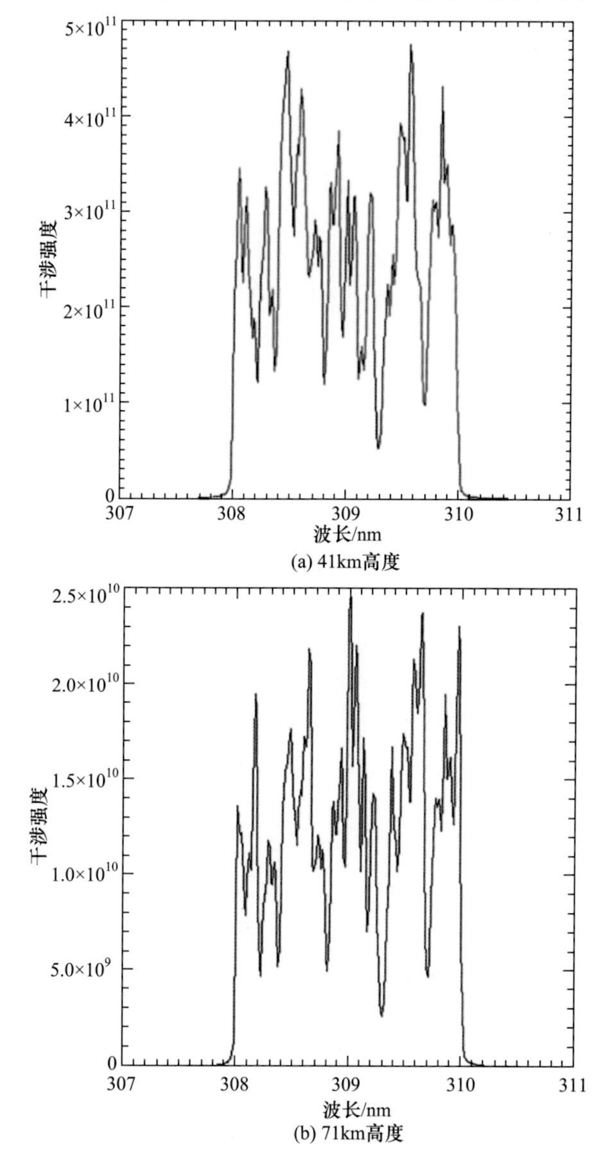

图 5.53　41km 和 71km 高度处观测能量干涉图的波长定标结果

5) 辐射定标

由于光谱仪直接获取的是探测仪输出的 DN 值，辐射定标的目的就是建立仪器输出信号与输入光谱辐亮度之间的定量关系。在仿真模拟中不考虑探测器响应函数关系，只对定标的方法进行讨论，在模拟中采取对每一个光谱数据点处，模拟多组不同的已知辐射亮度值的光谱数据进行线性拟合的方法，建立拟合关系：

$$S_\delta = B_\delta \cdot K_\delta + \varepsilon_\delta \tag{5.12}$$

式中，S_δ 为 SHS 在波数 δ 处的 DN 值；B_δ 为假定入射光谱的辐亮度；K_δ 为定标系数；ε_δ 为其他因素造成的偏差。处理完成结果如图 5.54 所示。

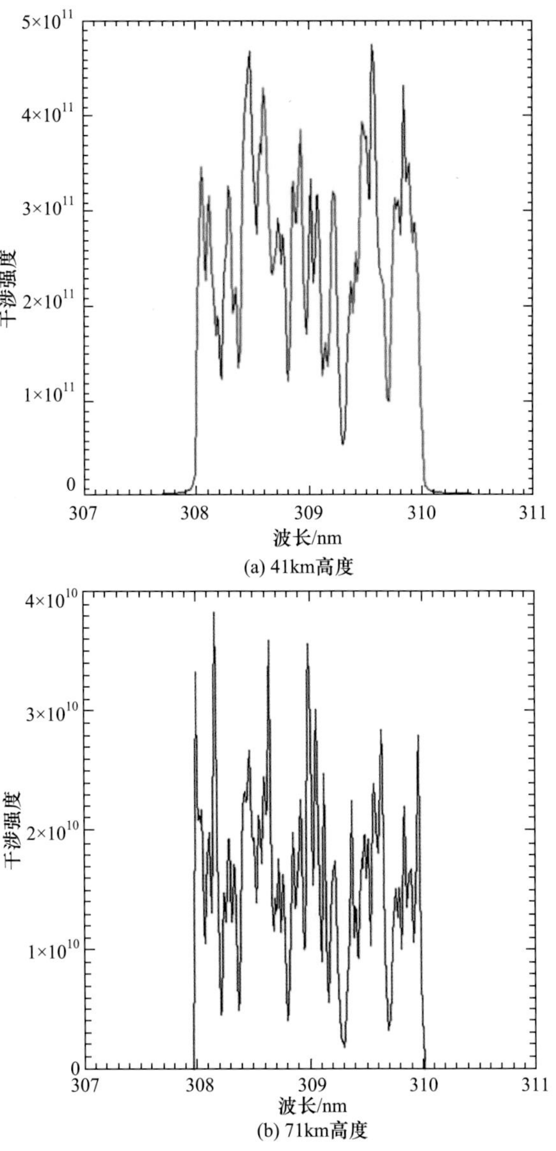

图 5.54　41km 和 71km 高度处观测能量干涉图的辐射定标结果

5.6.2　全球仿真结果

为了清晰地展示较大空间范围的观测结果的变化情况，利用改进的辐射传输模型，以 NSO 太阳光谱作为辐射源，使用 Bremen 全球大气模式，基于“N32-季节”OH 自由基全球浓度数据库的第一季度浓度数据，选取 MLS 传感器的几何参数，模拟了全球范围内 308～310nm 波段的临边散射辐射积分能量，如图 5.55 所示。

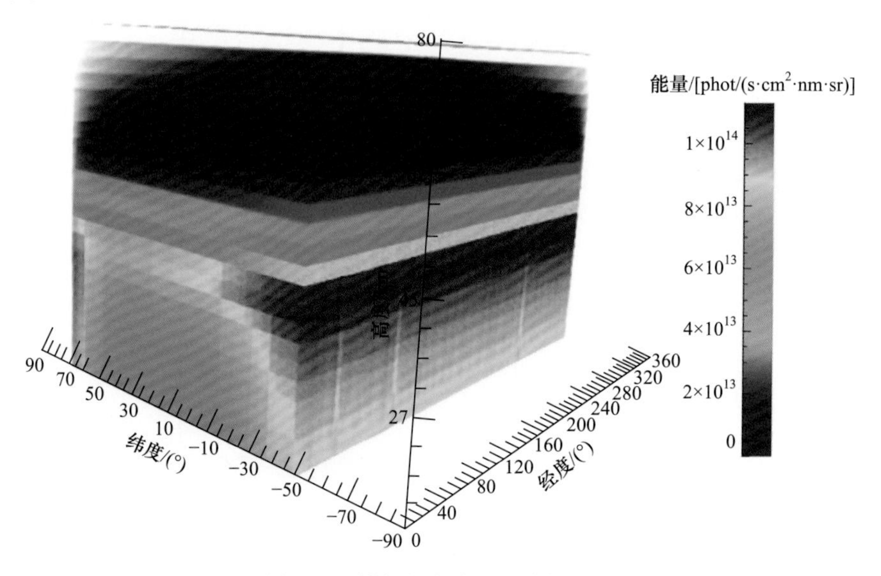

图 5.55　模拟的全球临边散射辐射

以 Plate_Carree 投影展示全球模拟结果，图中 X 轴、Y 轴分别代表经度、纬度，Z 轴代表高度。Plate_Carree 投影下模拟的全球观测数据可看作一个方体，选择任一层数据，即 15～85km 高度范围内单一高度的观测能量全球分布。由于 41km 和 71km 高度左右存在 OH 自由基浓度峰值，因此展示 41km 和 71km 高度的全球卫星观测能量，如图 5.56 和图 5.57 所示。

通过研究发现，在 20°～90°范围内太阳天顶角越大，空间外差光谱仪接收的辐射亮度越大。在 41km 高度上，全球观测强度在 30°N 左右地区最低，而向两极方向逐渐增加。这是因为模拟全球范围内的临边散射辐射时输入的太阳天顶角在 30°N 左右地区为最小值，且向两极方向递增。在 71km 高度上，由于大气密度低，瑞利散射弱，OH 自由基的荧光发射能量占总能量的比重较大，因此 71km 高度的观测能量除了受几何条件的影响外，还受到 OH 自由基浓度分布的影响，第一季度全球 OH 自由基在 60°N 附近数密度较低，因此，71km 高度的观测能量仅在南半球存在高值。

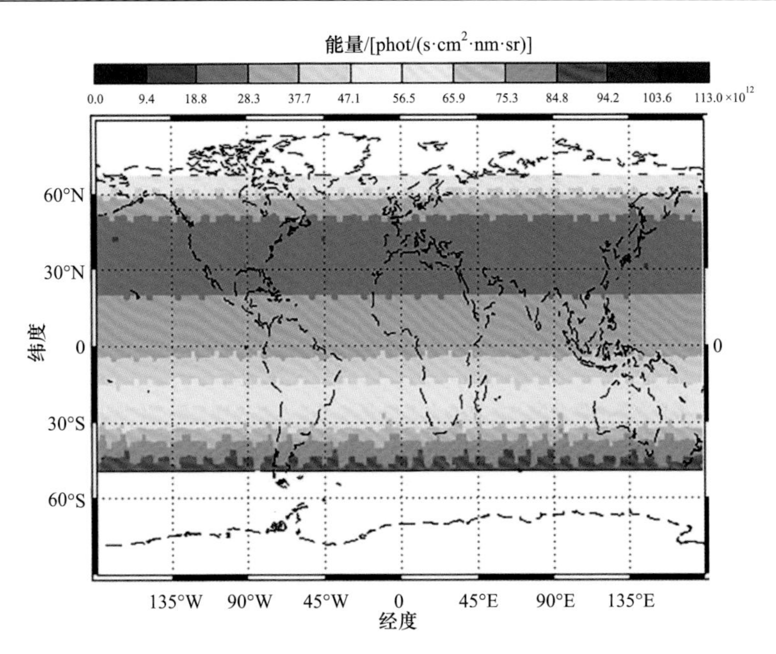

图 5.56　模拟的第一季度 41km 高度全球卫星观测能量

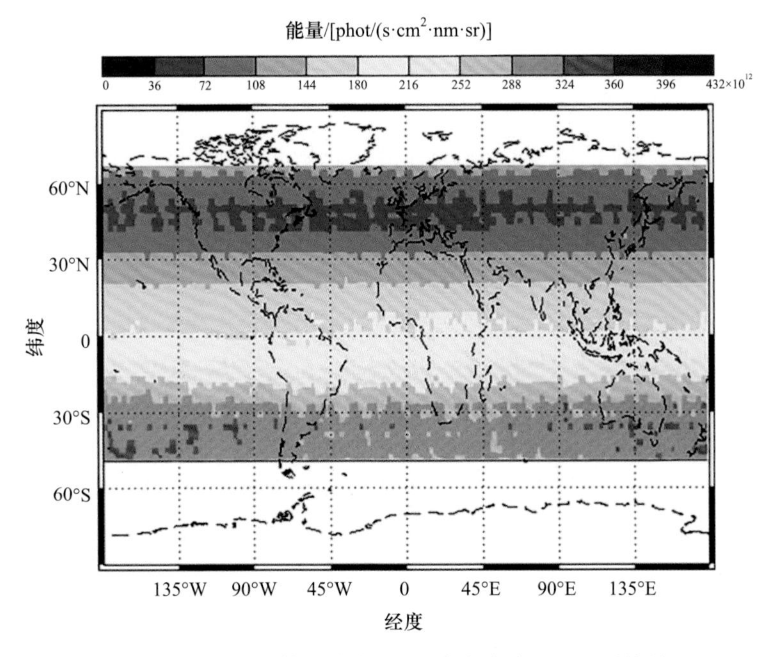

图 5.57　模拟的第一季度 71km 高度全球卫星观测能量

从全球观测模拟数据中根据地面坐标(即抽出网格位置)中的观测能量廓线，展开廓线上某一高度的能量即得观测光谱。图 5.58～图 5.62 展示了部分网格中的临边散射辐射模拟值。

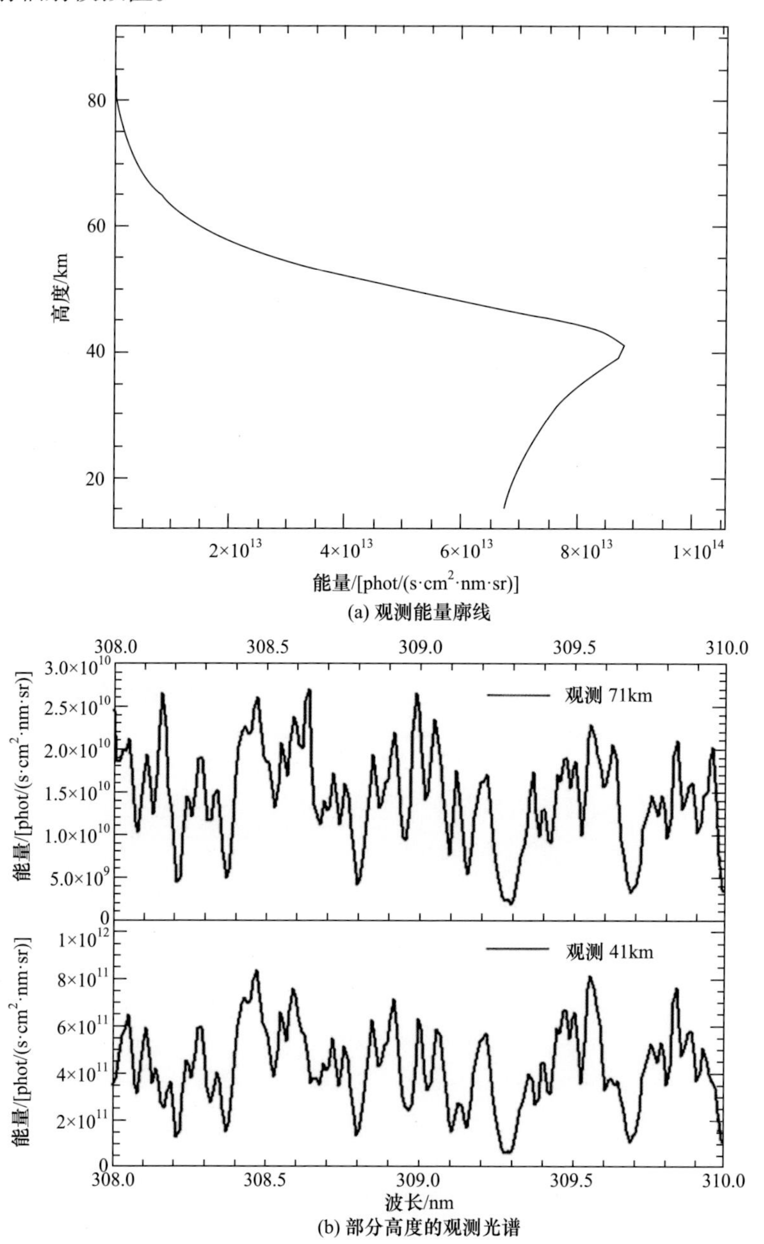

图 5.58　[Nlat12,Nlon14]网格(55°N,58°E)内的观测能量廓线和部分高度的观测光谱

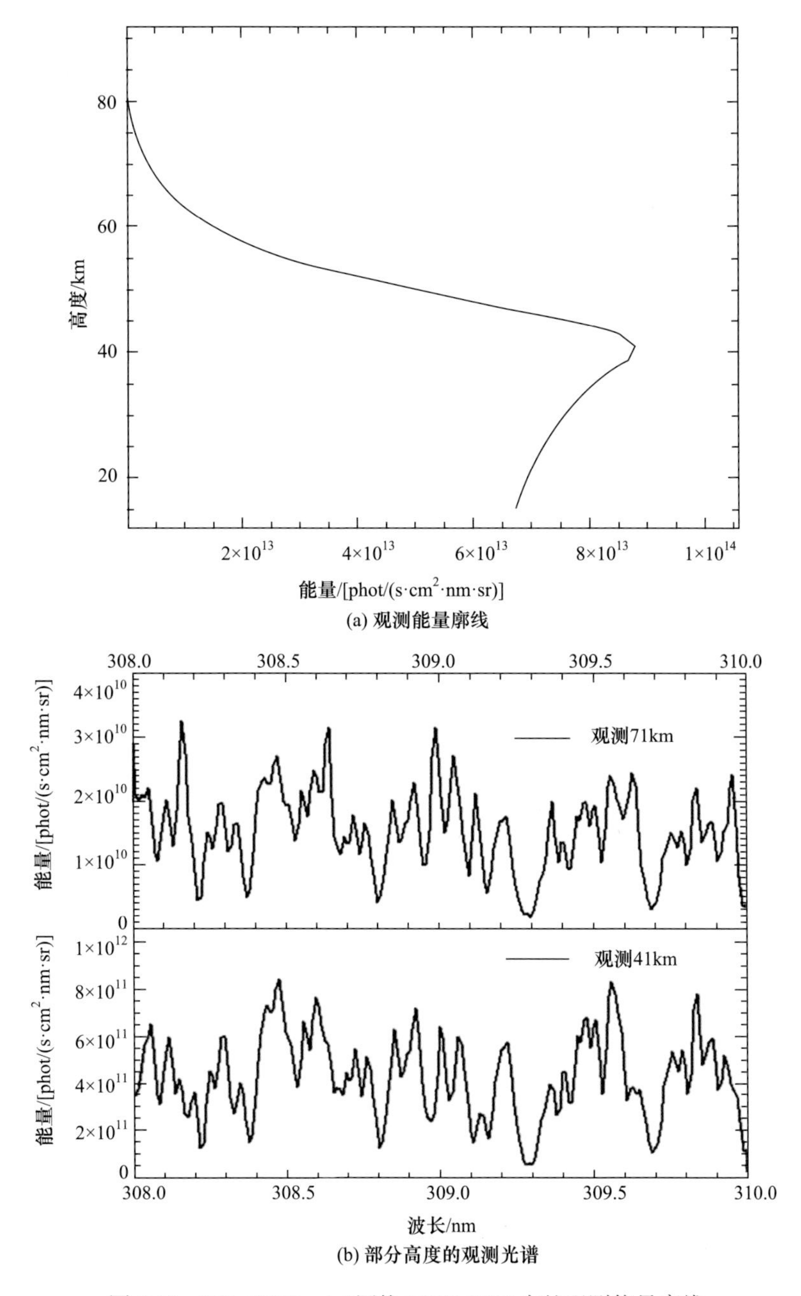

图 5.59　[Nlat18,Nlon14]网格(38°N,43°E)内的观测能量廓线和部分高度的观测光谱

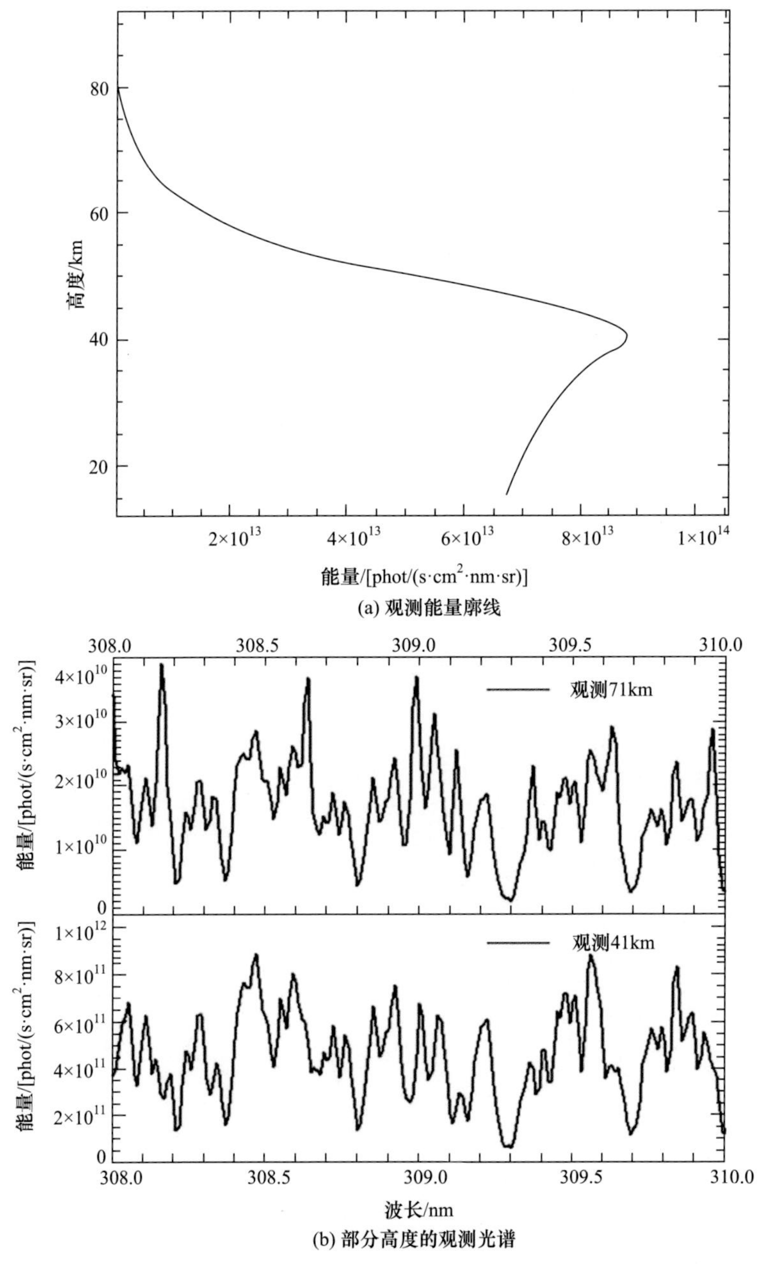

图 5.60　[Nlat23,Nlon10]网格(25°N,29°E)内的观测能量廓线和部分高度的观测光谱

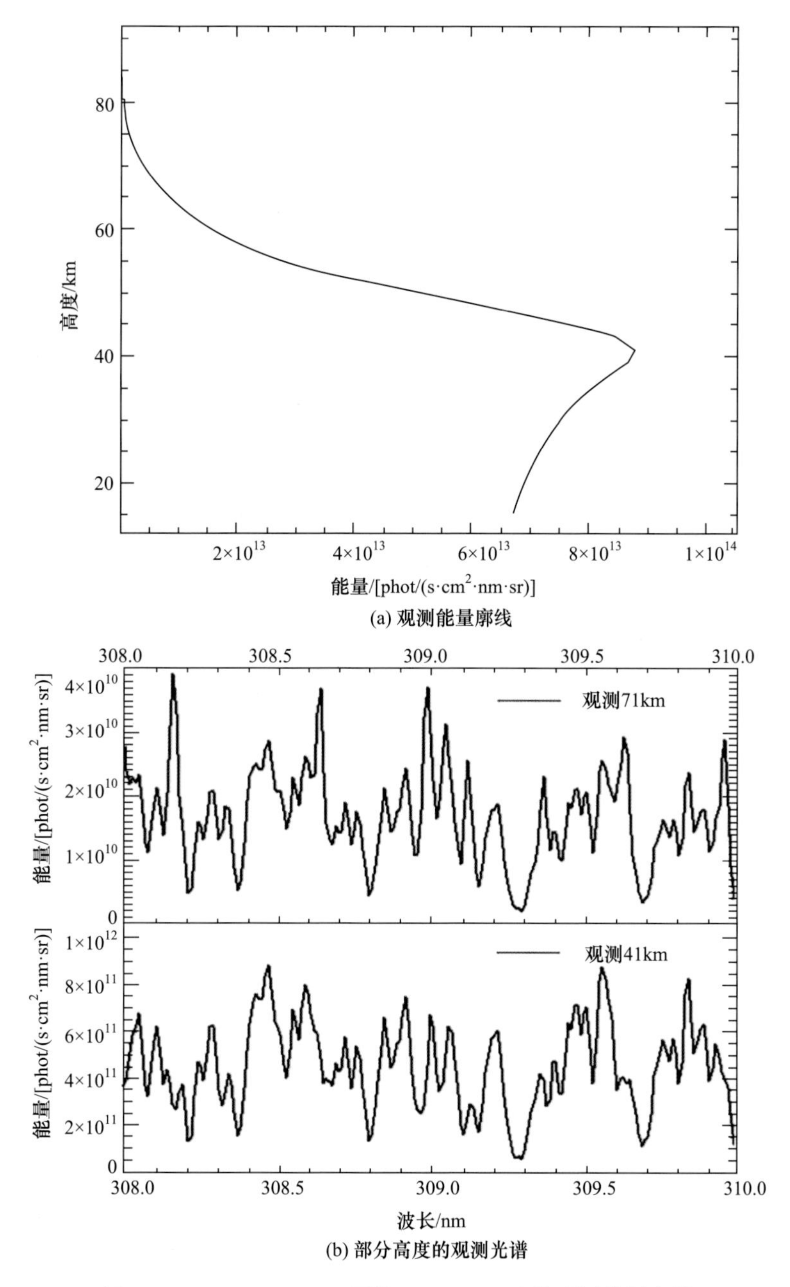

图 5.61　[Nlat41,Nlon15]网格(25°S,43°E)内的观测能量廓线和部分高度的观测光谱

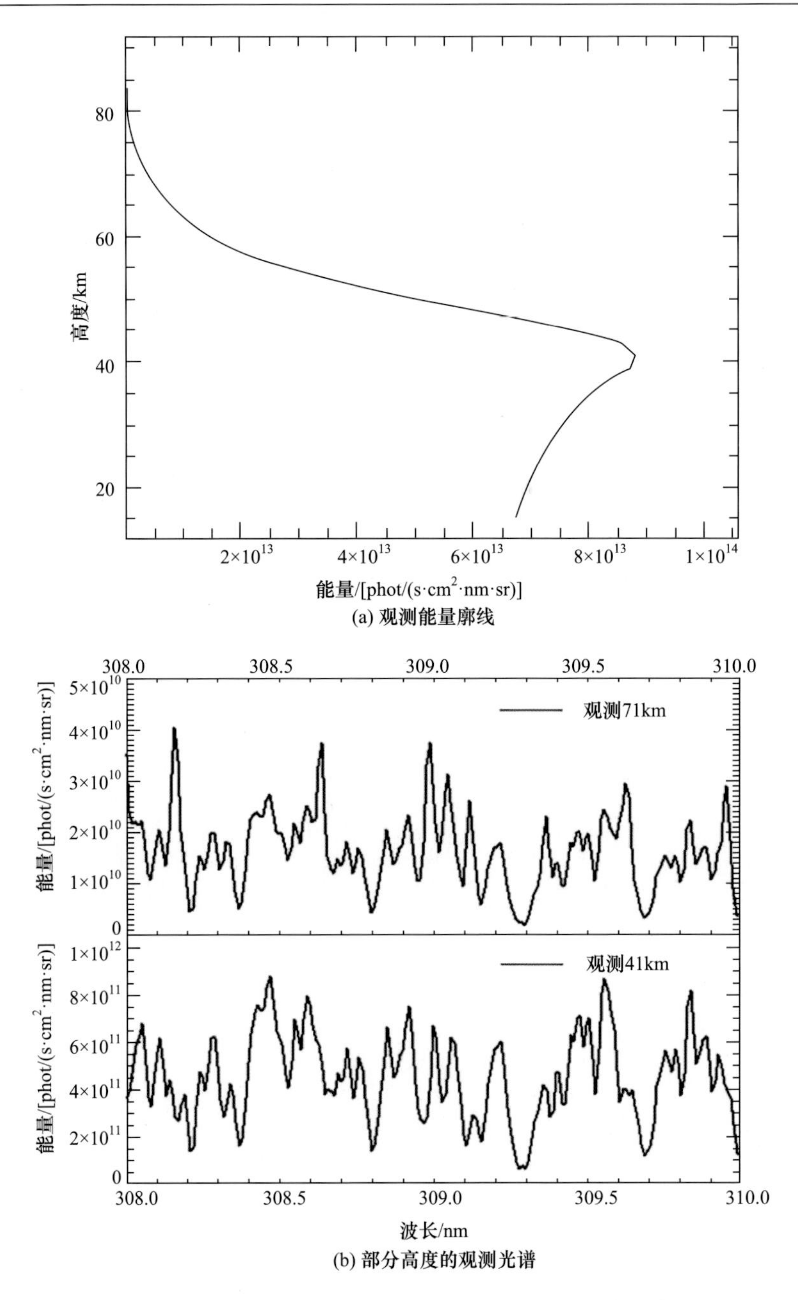

图 5.62　[Nlat51,Nlon11]网格(53°S,42°E)内的观测能量廓线和部分高度的观测光谱

对各个高度上的光谱能量积分得到辐亮度廓线，并与 SHIMMER 仪器的实际

测量数据进行对比，两者体现的规律特征一致。能量廓线的形状主要由大气中散射体的垂直分布决定。大气分子密度随高度降低呈指数形式增加，即散射体随高度降低呈指数形式增加，因而临边散射辐射随高度的降低以指数形式增加，直到大气吸收引起的衰减足够大以至于抵消掉额外增加的散射为止。低于某一高度时，分子吸收和散射引起的较强衰减几乎抵消掉了进入视线的额外散射，导致辐射变换非常缓慢，即辐射值几乎保持定值，这个高度为膝点高度，对应的点为“膝点”。不同波长的临边散射辐射能量廓线的膝点高度不同，膝点高度以下是辐射对大气成分不敏感区域。在高层大气中，臭氧含量较低，瑞利散射起主导作用，随着切高降低，临边视线上散射粒子呈指数形式增加，因此 SHS 接收的临边散射辐射能量逐渐增强，在 40～45km 高度时，散射粒子密度过大导致散射衰减起主导作用，散射衰减同不断增强的臭氧吸收作用抵消了额外增加的散射作用，因此探测仪接收的辐亮度开始逐渐减少，从而在该区域形成“膝点”。为更清晰地展示观测结果长时间序列的变化，图 5.63～图 5.67 为基于“N32-月”数据库模拟了以上网格中观测能量的月变化情况。

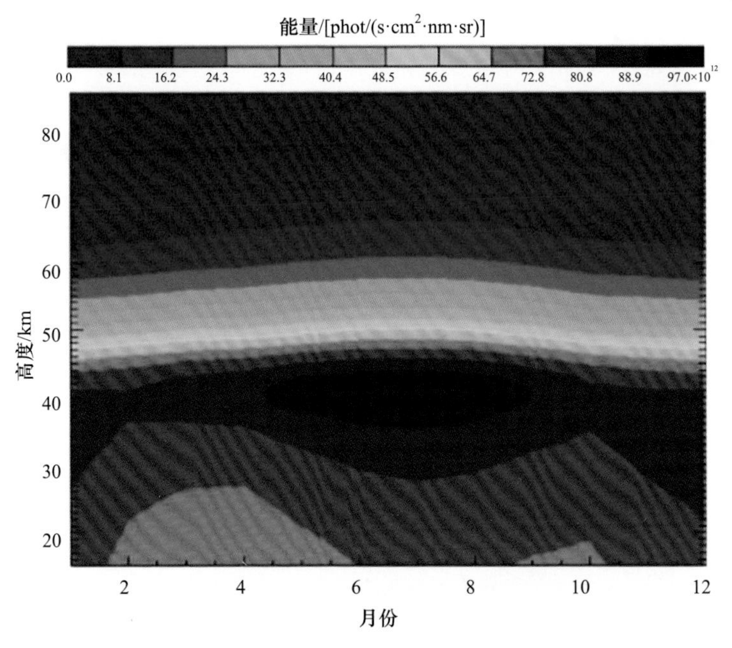

图 5.63　[Nlat12,Nlon14]网格(55°N,58°E)内观测积分能量模拟结果的年变化情况

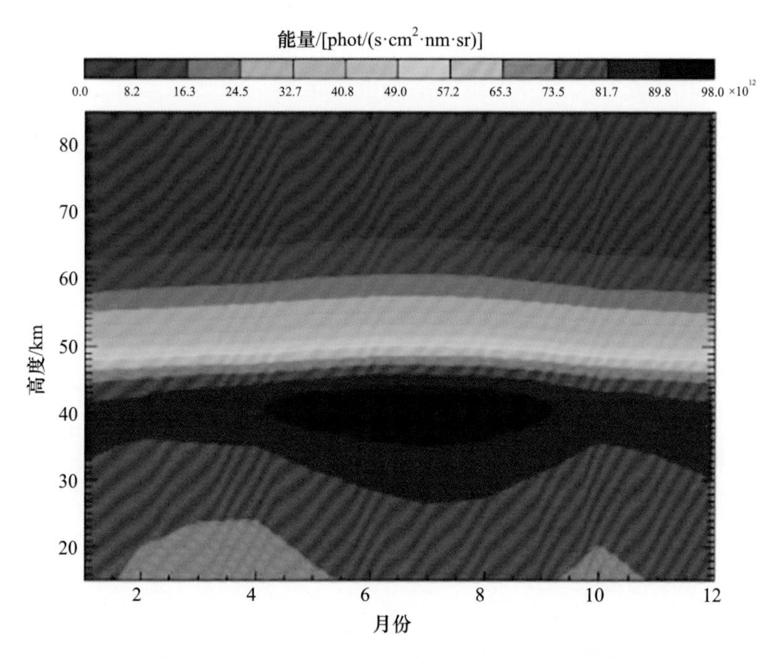

图 5.64　[Nlat18,Nlon14]网格(38°N,43°E)内观测积分能量模拟结果的年变化情况

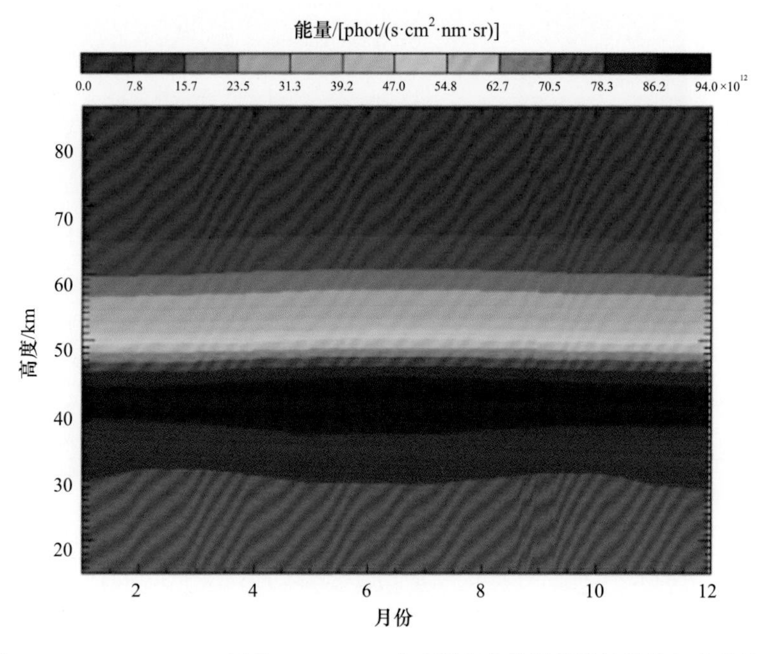

图 5.65　[Nlat23,Nlon10]网格(25°N,29°E)内观测积分能量模拟结果的年变化情况

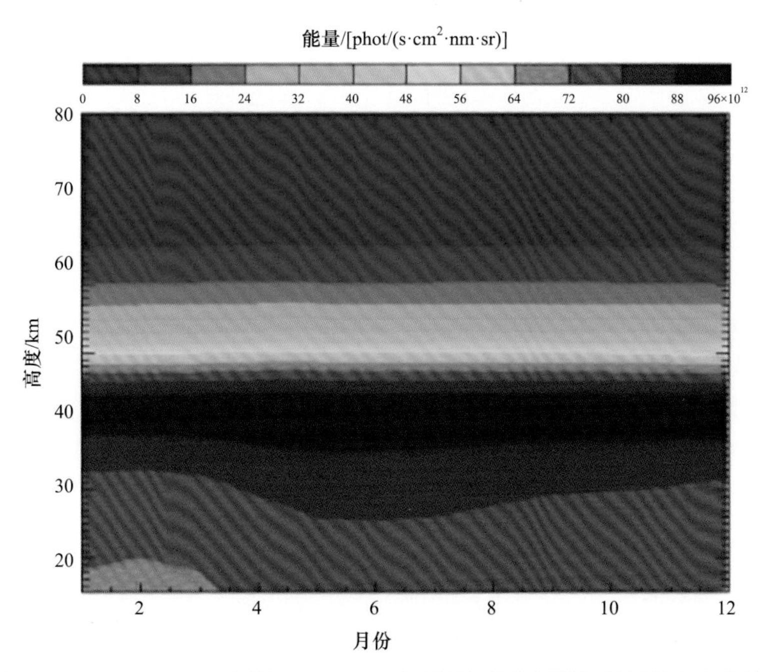

图 5.66　[Nlat41,Nlon15]网格(25°S,43°E)内观测积分能量模拟结果的年变化情况

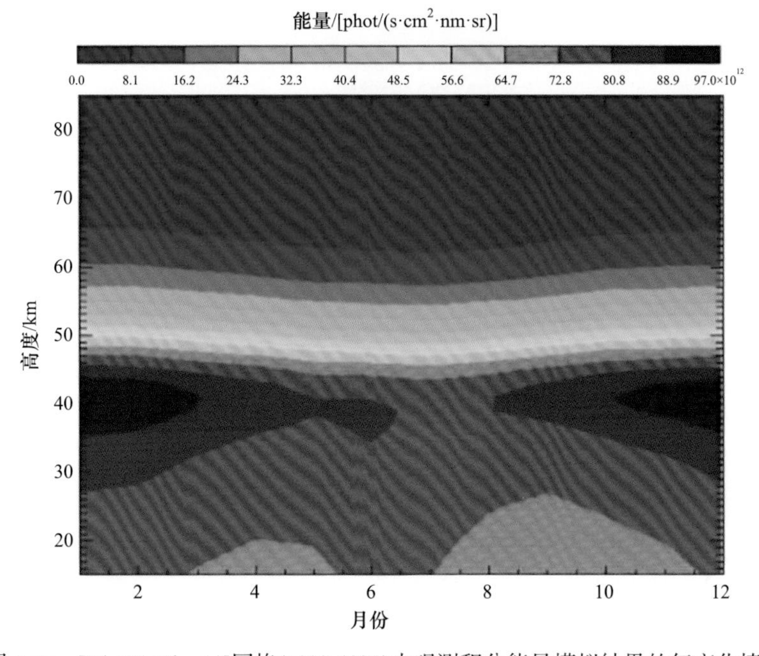

图 5.67　[Nlat51,Nlon11]网格(53°S,42°E)内观测积分能量模拟结果的年变化情况

5.7　观测能量的敏感性

5.7.1　对太阳天顶角的敏感性

探测仪接收的临边散射辐射受云、气溶胶、地表的影响非常微弱，因此只分析观测几何对于观测能量影响，从而为卫星实际探测提供相关指标参考。根据仿真模型模拟探测仪入瞳处辐亮度，采用二维曲线图，研究临边散射辐射对观测几何参数的敏感性。

夜间 OH 自由基浓度较低，因此对太阳天顶角的敏感性分析中设置的太阳天顶角范围为 0°～100°，间隔 10°，设置相对方位角为 0°，分别计算了 15～85km 高度处探测仪接收的临边散射辐射能量，如图 5.68 所示。

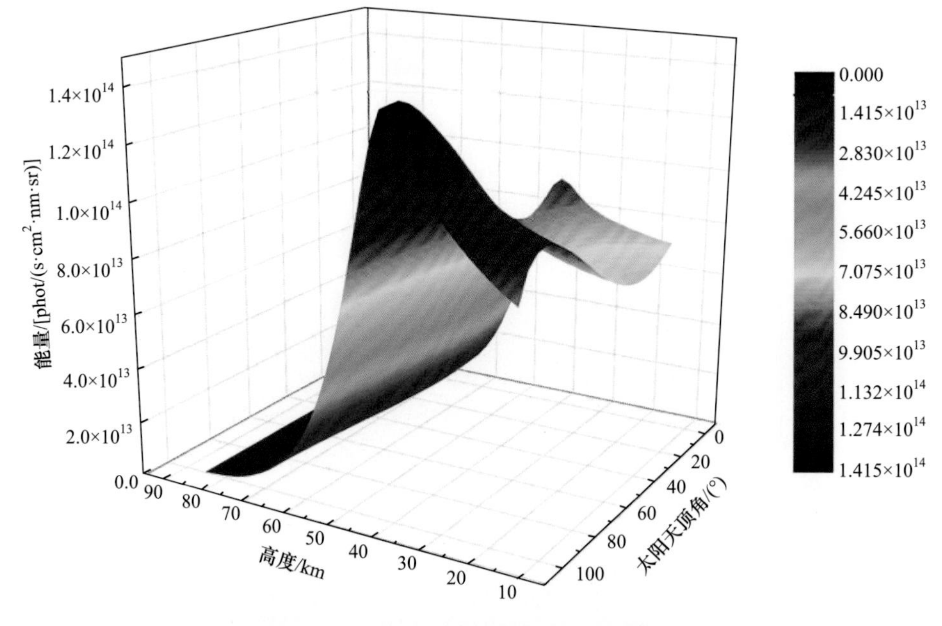

图 5.68　太阳天顶角对总辐射亮度的影响

由图 5.68 可知太阳天顶角从 0°～100°变化时，层析探测仪在各个高度上接收到的临边散射辐射均保持相似的变化特征。从 0°开始能量逐渐降低，并在 20°左右达到最小值，随着太阳天顶角逐渐增加，太阳辐射路径上的散射粒子增加，因此临边散射辐射能量也逐渐增强，对于较低高度处的能量，当太阳天顶角在 80°～90°时，由于视线路径增加，且此区域大气密度与臭氧密度以指数形式增加，此时臭氧吸收和散射衰减起主导作用，因此能量出现了逐渐衰减的现象。

5.7.2　对相对方位角的敏感性

相对方位角表示卫星的视线与卫星-太阳连线的夹角。在对相对方位角的敏感性分析中，设定相对方位角范围为 0°～180°，间隔 10°，设置太阳天顶角为 45°，分别计算了 15～85km 高度处探测仪接收的临边散射辐射能量，如图 5.69 所示。

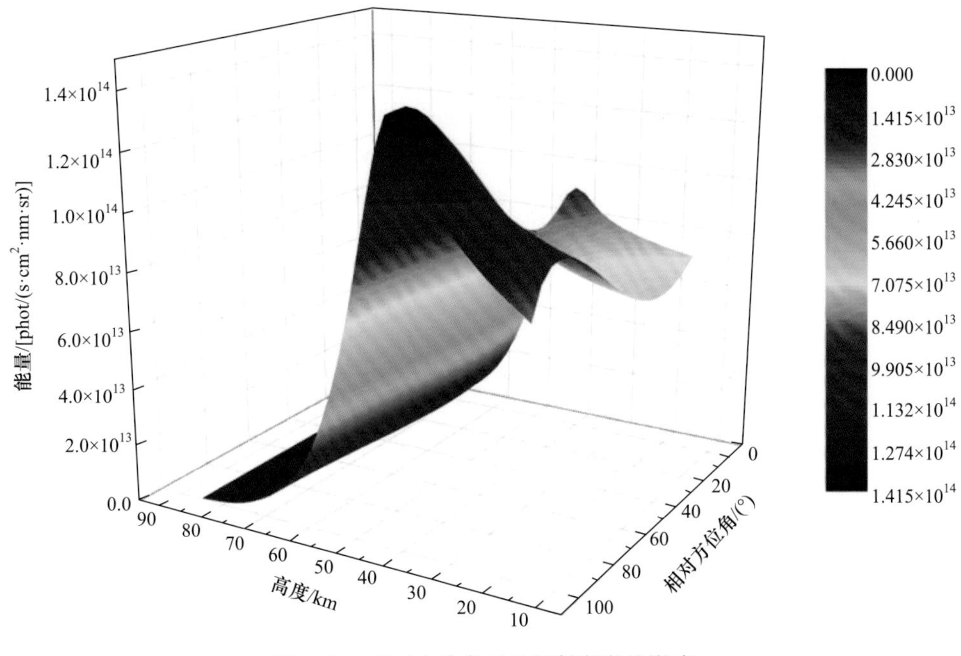

图 5.69　相对方位角对总辐射亮度的影响

由图 5.69 可知，随着相对方位角从 0°开始增加，总辐射亮度逐渐降低，最低值出现在 80°左右，随后总辐射亮度逐渐增加，当相对方位角在 180°时达到峰值。

参 考 文 献

[1] Kurucz R L. The Solar Irradiance by Computation[C]// Proc. of the, Review Conference on Atmospheric Transmission MODELS. Geophysics Directorate/Phillips Laboratory, 1994.

[2] Thuillier G, Hersé M, Labs D, et al. The solar spectral irradiance from 200 to 2400 nm, as measured by the SOLSPEC spectrometer from the atlas and eureca missions[J]. Solar Physics, 2003, 214(1):1-22.

[3] 郑茹. 太阳辐射观测仪及其标定技术研究[D]. 长春：长春理工大学, 2015.

[4] 杨希峰, 刘涛, 赵友博,等. 太阳光和天空光的光谱测量分析[J]. 南开大学学报(自然科学版), 2004, 37(4):69-74.

[5] Fröhlich C, Romero J, Roth H, et al. VIRGO: Experiment for helioseismology and solar irradiance monitoring[J]. Solar Physics, 1995, 162(1-2):101-128.

[6] Heath D F, Krueger A J, Roeder H A, et al. The solar backscatter ultraviolet and total ozone

mapping spectrometer /SBUV/TOMS/ for nimbus G[J]. Optical Engineering, 1975, 14(4):323-331.
[7] Woods T N, Rottman G J, Ucker G J. Solar-stellar irradiance comparison experiment 1: 2. instrument calibrations[J]. Journal of Geophysical Research Atmospheres, 1993, 98(D6):10679-10694.
[8] 曹雪峰. 地球圈层空间网格理论与算法研究[D]. 郑州：解放军信息工程大学, 2012.
[9] 韦程. 基于球面六边形网格系统的空间数据表达研究[D]. 南京：南京师范大学, 2008.
[10] Thuburn J. A PV-based shallow-water model on a hexagonal icosahedral grid[J]. Monthly Weather Review, 1997, 125(9):2328-2347.
[11] Bjørke J T, Grytten J K, Hæger M, et al. A Global Grid Model Based on "Constant Area" Quadrilaterals[C]// Scangis'2003 - the Scandinavian Research Conference on Geographical Information Science, 4-6 June 2003, Espoo, Finland - Proceedings. DBLP, 2003:239-250.
[12] Sahr K, White D, Kimerling A J. geodesic discrete global grid systems[J]. Cartography and Geographic Information Science, 2003, 30(2):121-134.
[13] 周丽花, 张兴赢, 张晶. 基于 MLS 卫星临边探测数据研究大气 OH 时空分布[J]. 科技导报, 2015, 33(17):69-77.
[14] Pickett H M, Read W G, Lee K K, et al. Observation of night OH in the mesosphere[J]. Geophysical Research Letters, 2006, 33(19):277-305.
[15] Goldman A, Gillis J R. Spectral line parameters for the $A^2\ \Sigma^+$—$X^2\ \Pi$ (0,0) band of OH for atmospheric and high temperatures[J]. Journal of Quantitative Spectroscopy and Radiative Transfer, 1981, 25(2):111-135.
[16] Luque J, Crosley D R. LIFbase: Database and spectral simulation program(versiom 1.5)[J]. SRI International Report MP, 1999, 99(9).
[17] Piasecki B, Fletcher K. Optical emission spectroscopy as a diagnostic for plasmas in liquids: Opportunities and pitfalls[J]. Journal of Physics D Applied Physics, 2010, 43(12):364-373.
[18] 鲁晓辉, 孙明, 郝夏桐,等. 用 LIFBASE 分析高压脉冲放电过程 OH 自由基的转动温度[J]. 上海海事大学学报, 2014, 35(4):89-92.
[19] 孟鑫, 李建欣, 李苏宁,等. 像面干涉成像光谱技术中的复原方法[J]. 红外与激光工程, 2013, 42(8):2238-2243.
[20] 叶松, 方勇华, 洪津,等. 空间外差光谱仪系统设计[J]. 光学精密工程, 2006, 14(6):959-964.
[21] 叶松, 熊伟, 乔延利,等. 空间外差光谱仪干涉图数据处理[J]. 光谱学与光谱分析, 2009, 29(3):848-852.
[22] 李志刚, 王淑荣, 李福田. 紫外傅里叶变换光谱仪干涉图数据处理[J]. 光谱学与光谱分析, 2000, 20(2):203-205.

第 6 章　单传感器 OH 自由基临边观测反演

6.1　数　据　源

由于 OH 自由基发射能量十分微弱，观测能量对 OH 自由基浓度的敏感性极低，无法用于 OH 自由基反演，因此需要从卫星观测能量中识别 OH 自由基发射能量，作为迭代反演算法的输入数据，才能保证能量对于 OH 自由基浓度的敏感性。同时，根据观测能量的时空参数，从全球 OH 自由基浓度时空数据库(详见 5.3 节)中抽取对应网格、对应时间的 OH 自由基廓线数据作为反演算法的初始猜值，进行大气 OH 自由基浓度廓线的反演，经过多次迭代运算，输出反演结果并进行精度评价。

6.2　临边反演基本算法

中高层大气 OH 自由基反演模型是一个非线性模型，由于无法像线性模型那样通过直接求逆的方式反演状态参量，因此需要利用最优化理论来求解非线性问题，即在误差区间内找到与观测值最匹配的大气状态参量。非线性问题的最优化方法主要包括 Tikhonov 正则化方法、Gauss-Newton 法、Levenberg-Marquardt 法、信赖域法、最速下降法、共轭梯度法[1]等。反演时，基于建立的正演模型建立 OH 自由基浓度与辐射亮度的函数关系，再结合数学算法得到大气参量的解。由于 OH 自由基浓度过于微弱，受背景噪声干扰较大，因此直接利用传感器接收的临边散射辐射无法反演大气 OH 自由基浓度廓线，需要采用光谱分析技术计算临边散射辐射能量中 OH 自由基发射能量。

反演过程从一个 OH 自由基的初始状态猜值 N'(基于卫星探测的时空条件抽取自 OH 自由基浓度廓线数据库)开始，经正向模型模拟出对应的 OH 自由基发射辐亮度值 $\tilde{I}$ 和模拟亮度值 I'^{simu}，在观测辐亮度值 I'^{obs} 已知的情况下，首先计算模拟值和观测值的残差，以进行收敛性的判断，此时若残差满足研究精度要求，则直接输出猜值作为反演结果，否则将观测值和模拟值数据代入反演算法中进行求解。第一次的迭代结果 N 将反馈给初始廓线数据(用该次反演结果 m 取代 $\tilde{m}$ ①)，

① $\tilde{m}$ 是利用 OH 自由基浓度反演算法反演获得。

进行下一次迭代；每次迭代的过程中都要进行收敛性的判断，当反演结果收敛且收敛到正确极值时，则迭代结束，输出反演结果，反演示意图如图 6.1 所示。

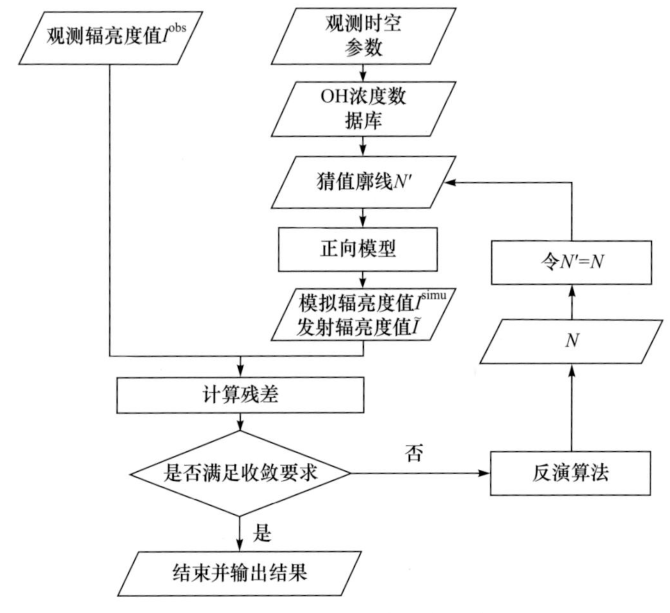

图 6.1　OH 自由基迭代反演示意图

采用紫外散射辐射临边扫描(limb scan of scattered UV radiation, LSUV)反演算法推算各切高处大气浓度廓线[2]。定义卫星临边观测视线共 m 条，即 m 个切高，观测区域由大气层底至大气层顶分为 n 层。由于辐射传输方程是非线性方程，无法直接利用观测值去反推痕量气体浓度，通过一次近似泰勒展开，建立各大气层 OH 自由基浓度和各切高观测值的线性关系：

$$F_i = \left[\sum_{j=1}^{n} D_{ij} \cdot y_j\right]\varepsilon_i \quad i=1,\cdots,n;\ j=1,\cdots,m \tag{6.1}$$

式中，ε_i 为反演系数，当估计值接近真实值时，ε_i 近似为 1；F_i 表示切高 i 上卫星观测值与模拟值的差分，即

$$F_i = I(l_i) - \bar{I}(l_i) \quad i=1,2,\cdots,m \tag{6.2}$$

D_{ij} 为扰动第 j 个大气层的浓度时，对切高 i 处的辐亮度值的偏导数，可由式(6.3)表达：

$$D_{ij} = \left[\frac{\partial F_i(y_j)}{\partial y_j}\right]_{y_j=0} = \frac{\bar{I}\times\left(l_i,\dfrac{\Delta y_j}{2}\right) - \bar{I}\times\left(l_i,-\dfrac{\Delta y_j}{2}\right)}{\Delta y_j} \tag{6.3}$$

y_j 表示大气层 j 上 OH 浓度真实值 N 与估计值 $\bar{N}$ 的相对误差，即

$$y_j = \frac{\left[N(j) - \bar{N}(j)\right]}{\bar{N}(j)} \quad j = 1,2,\cdots,n \tag{6.4}$$

利用式(6.1)，可以求出各个切高处 OH 浓度的近似值$\left(\bar{y}\right)_i$：

$$\left(\bar{y}\right)_i = \frac{F_i}{\sum_{j=1}^{n} D_{ij}} \tag{6.5}$$

切高 i 上 OH 自由基浓度的近似值$\left(\bar{y}\right)_i$是由该切高附近几个大气层上的 OH 自由基分布决定的，因此利用 D_{ij} 获取权值函数 P_{ij}：

$$P_{ij} = \frac{D_{ij}}{\sum_{j=1}^{n} D_{ij}} \tag{6.6}$$

P_{ij} 表示各个大气层上 OH 浓度对各个切高处辐亮度的贡献比例，基于 P_{ij} 可获取各个大气层上 OH 浓度真实值与猜值的准确的相对误差 y_j：

$$y_j = \frac{\sum_{i=1}^{m} \bar{y}_j \cdot P_{ij}}{\sum_{i=1}^{m} \cdot P_{ij}} \tag{6.7}$$

然而在探测的过程中，当 OH 自由基浓度猜值与真实痕量气体分布差异较大时，ε_i 不可能一直为 1，此时：

$$\varepsilon_i^* = \frac{F_i\left(y_1^*, y_2^*, \cdots, y_n^*\right)}{\sum_{j=1}^{n} D_{ij} y_j^*} \tag{6.8}$$

最终可求得 OH 自由基浓度真实分布与猜值廓线具体的相对误差 y_j，利用 y_j 和猜值廓线 $\overline{N}_j$，可求得 OH 自由基浓度的真实分布 N_j，即单次迭代结果。将 N_j 取代 $\overline{N}_j$，进行下一次迭代。

反演过程中，根据基于浓度猜值 $\bar{N}$ 计算得到模拟能量 $\bar{I}$ 后，切高 i 上卫星观测能量 $I\left(h_i\right)$ 和模拟能量 $\bar{I}\left(h_i\right)$ 之间的收敛误差 R_i^l 由式(6.9)计算：

$$R_i^l = \frac{I\left(h_i\right) - \bar{I}^{(l)}\left(h_i\right)}{\bar{I}^{(l)}\left(h_i\right)} = \frac{F_i^{(l)}}{\bar{I}^{(l)}\left(h_i\right)} \tag{6.9}$$

式中，l 表示迭代次数。基于不同切高上的 R_i^1 计算该次迭代的平均残差：

$$R^1 = \sqrt{\frac{\sum_{i=1}^{m} \left\{R_i^1\right\}^2}{m}} \tag{6.10}$$

根据反演经验，设定各次迭代的平均残差 R^1 和迭代次数阈值。迭代过程中将该次迭代的平均残差与迭代次数阈值进行比较，如果迭代结果满足精度要求，则将该次结果作为反演结果输出，否则继续迭代，直到残差收敛到精度要求或迭代次数超过迭代次数阈值。

6.3　反演算法的实现

对于中高层大气 OH 自由基甚高光谱探测仪数据的反演从观测图像的数据预处理开始，包括干涉图数据处理和高层云识别与处理，其中干涉图数据处理步骤包括：去基线、切趾、相位误差校正、波长定标、辐射定标等。临边反演算法流程如图 6.2 所示。

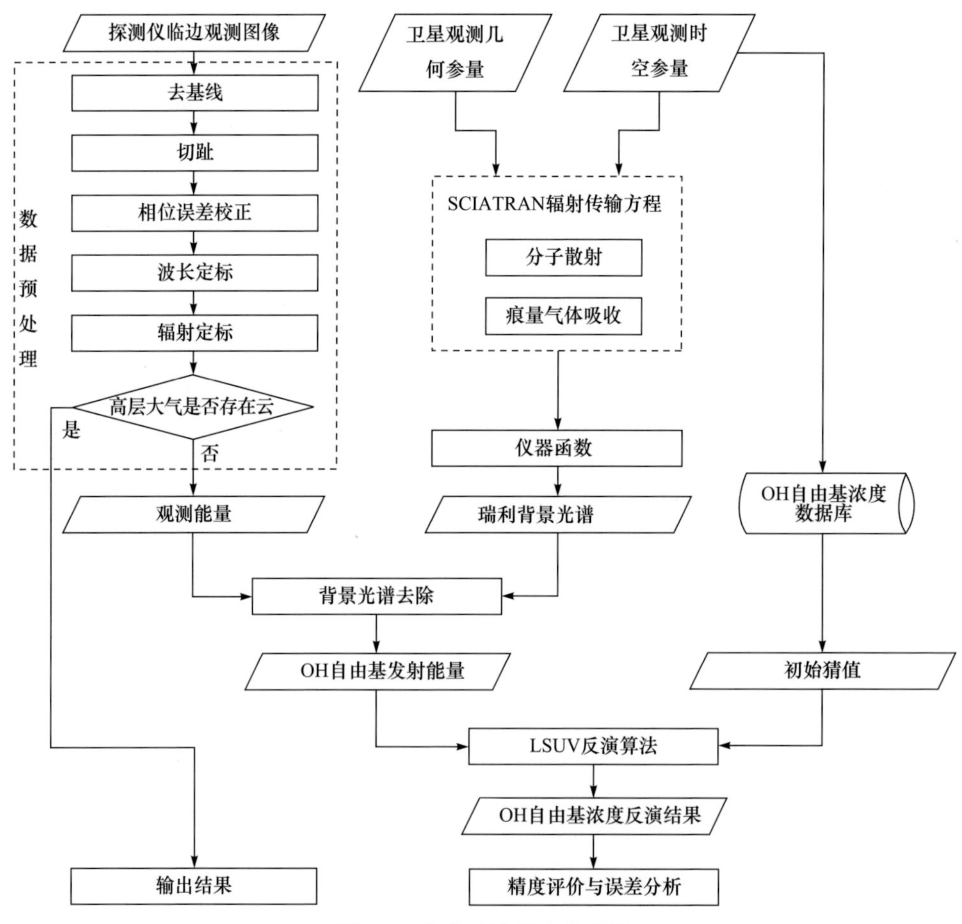

图 6.2　临边反演算法流程图

6.3.1　中间层云的识别与处理

SHIMMER 仪器的探测结果显示，极地大气中间层的部分区域有云的存在[3]。

极地中间层云(polar mesosphere clouds，PMC)又称夜光云，如图 6.3 所示，通常出现于夏季高纬度地区 70～90km 的高空，云层厚度一般不足 2km，但面积可达 300 万 km^2。中间层云内冰晶颗粒的半径一般为 0.05～0.5μm，散射太阳光常呈淡蓝色或银灰色[4]。

图 6.3　极地中间层云

实际上在极地地区的夏天，中间层存在大片的云团，但是极地地区的极昼使中间层云不易被发现，因此多在高纬度区域被观察到。目前国际上对于中间层云的成因尚无十分明确的解释[5]。有分析表明，构成中间层云的物质可能是极细的冰晶或来自航天器的工质在产生动力时向大气中排放的化合物[6]。中间层云与中间层顶的大气结构、大气波动和化学过程等规律密切相关。临边探测时，沿视线路径上的中间层云扮演着无限不透明物体的角色，从而引起很大的探测结果的不确定性，部分探测数据在中间层存在异常值，基于该值的反演结果将无法正确反映 OH 自由基浓度的实际分布情况，因此需要对中间层云进行识别。

采用统计辨别法识别中间层云。对某一区域长时间序列的观测数据进行数学统计，为各个高度上的卫星观测能量建立阈值，如图 6.4 所示，超过该阈值的能

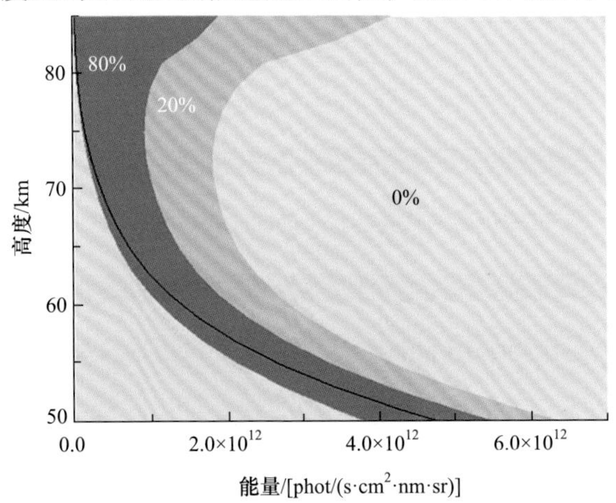

图 6.4　(34°N，103°E)所属网格的观测能量阈值与可信度分布

量被认为是异常值，即该探测高度上存在云。由于目前暂无 OH 自由基在轨观测数据，因此利用数学统计的方法获取各网格各高度上 MLS 传感器的 OH 自由基浓度数据，建立 OH 自由基浓度的阈值廓线，并给出对应的可信度，将阈值廓线输入辐射传输模型相应的临边散射辐射阈值廓线，用于信号的筛选。

6.3.2 OH 自由基信号分离

改进的 SCIATRAN 辐射传输模型能够计算超高光谱分辨率下的卫星临边观测辐亮度。该能量主要由两部分构成：OH 自由基发射光谱能量和大气背景能量。OH 自由基发射光谱能量是大气 OH 自由基受太阳能量激发产生跃迁，从激发态回到基态时发射出的能量；大气背景能量则是太阳能量在由大气顶至卫星入瞳处的辐射传输过程中，受到瑞利散射、痕量气体吸收作用之后的产物。在部分切高上，大气背景信号甚至占到总信号的 95%以上，OH 自由基极低的信号比例会让观测能量对于 OH 自由基浓度的敏感程度保持在一个极低的水平，因此为提高反演的敏感性，从观测能量中识别出背景光谱并能去除，利用分离出的 OH 自由基信号进行反演，从而可以快速、有效地重构 OH 自由基浓度廓线结构。太阳能量在辐射传输过程中，其中紫外波段受到瑞利散射、臭氧吸收、OH 自由基吸收等作用后的能量即为背景能量。

将干涉形式的观测能量复原为强度形式的过程中存在误差，在去除背景信号的过程中必然会将这部分误差转移到 OH 自由基信号中，所以在观测能量干涉数据中将背景能量去除。以[Nlat12,Nlon14]网格(55°N,58°E)(图 5.46)来说明 OH 自由基信号分离的过程。基于表 5.9 中获取观测能量时的时空参量，计算与观测能量一致的时空条件下的瑞利背景光谱，如图 6.5 所示，并基于表 5.8 中仪器参数进行干涉仿真，在卫星观测能量干涉图像中将背景能量去除，得到 OH 自由基发射能量的干涉图，如图 6.6 所示。

图 6.5　仿真的背景能量干涉图(1024 像元×36 像元)

图 6.6　分离的 OH 自由基发射能量干涉图(1024 像元×36 像元)

对 OH 自由基荧光发射能量干涉图像的处理过程同观测能量干涉图一致，包括干涉图去基线、切趾、相位误差校正、傅里叶变换、波长定标与辐射定标等，在此不再赘述。图 6.7 为 41km 高度的 OH 自由基能量干涉数据，以此为例，图 6.8～图 6.13 展示的是数据处理完之后的结果。

图 6.11 为基于观测的干涉数据提取的 OH 自由基能量图。傅里叶变换完成后，进行波长定标与辐射定标(图 6.12 和图 6.13)，然后进行 OH 自由基浓度反演。

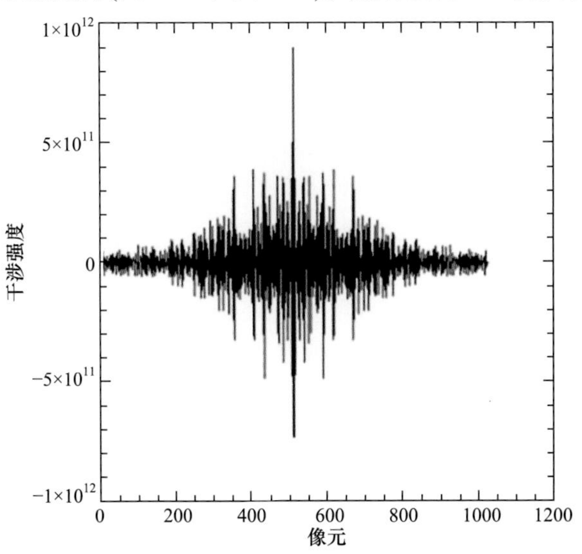

图 6.7　41km 高度处 OH 自由基发射能量干涉数据

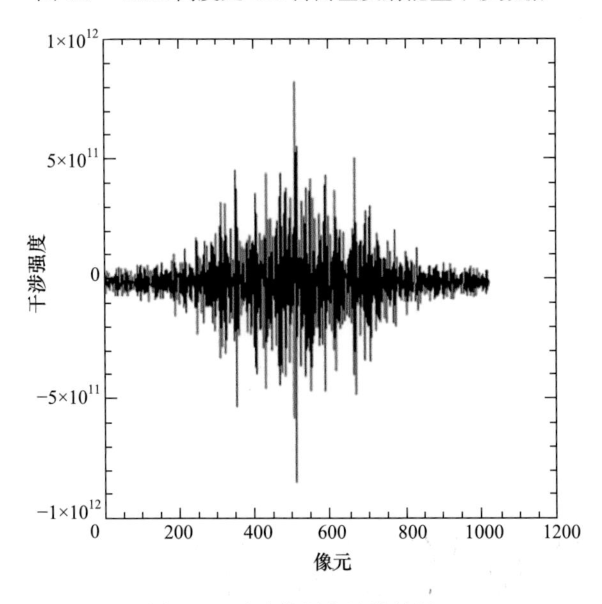

图 6.8　干涉数据去基线结果

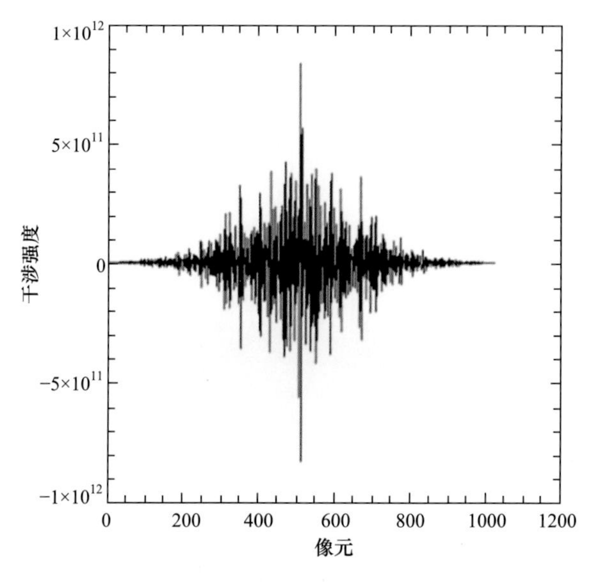

图 6.9　干涉数据切趾结果

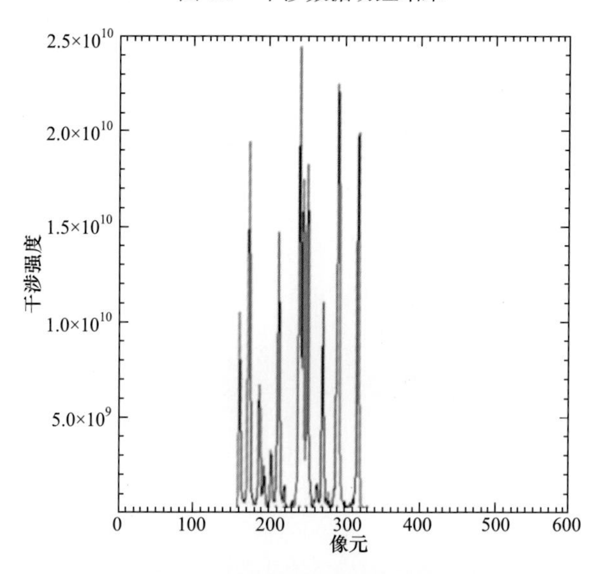

图 6.10　干涉数据傅里叶变换结果

图 6.11　OH 自由基能量图

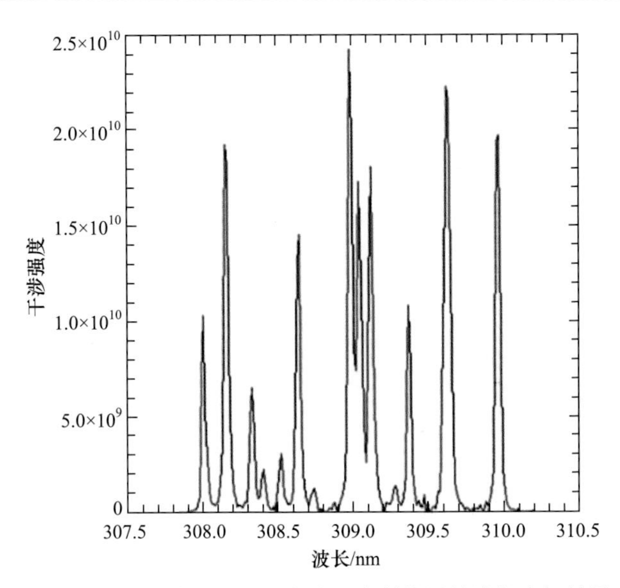

图 6.12　41km 高度处 OH 自由基发射能量的波长定标结果

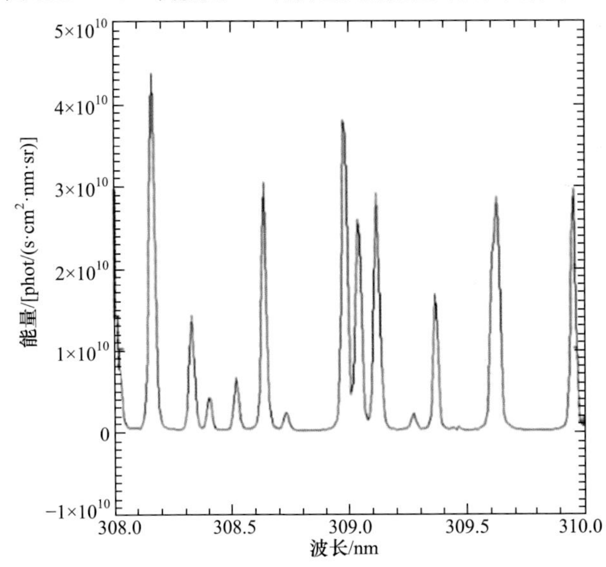

图 6.13　41km 高度处 OH 自由基发射能量的辐射定标结果

为了更清晰地表达背景光谱能量与观测光谱能量的关系，针对二维正演中呈现的部分网格观测能量，图 6.14 展示了背景能量识别结果。

在 41km 高度，由于瑞利散射较强，背景光谱能量与观测光谱能量差异很小，OH 自由基能量仅占了观测能量的极小部分。在 71km 高度，背景光谱能量迅速衰减，且 OH 自由基浓度在此处存在峰值，其发射能量占总能量的比重较大，因此背景光谱能量与观测光谱能量相差较大。

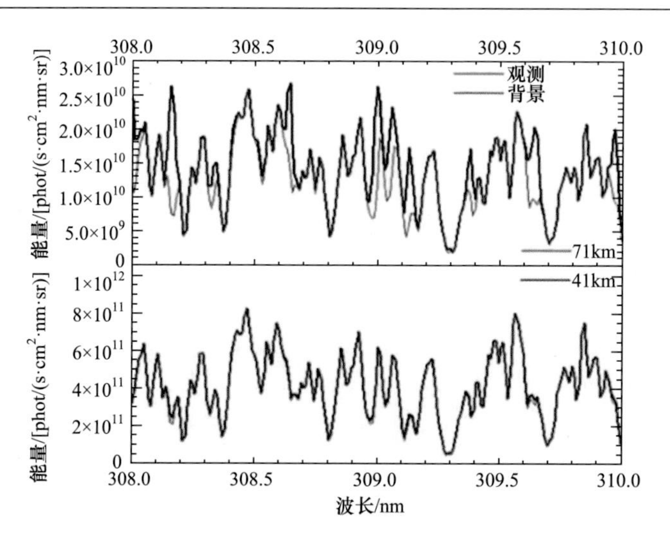

图 6.14　[Nlat12,Nlon14]网格(55°N,58°E)背景光谱能量与观测光谱能量

以二维全球正演结果作为传感器的临边观测能量，基于二维全球正演模拟时的时空参数，利用改进的 SCIATRAN 辐射传输模型，计算各网格中观测能量对应的背景能量，反演 OH 自由基荧光发射作用在总能量中的贡献，即可获得 OH 自由基荧光发射强度，如图 6.15 所示。

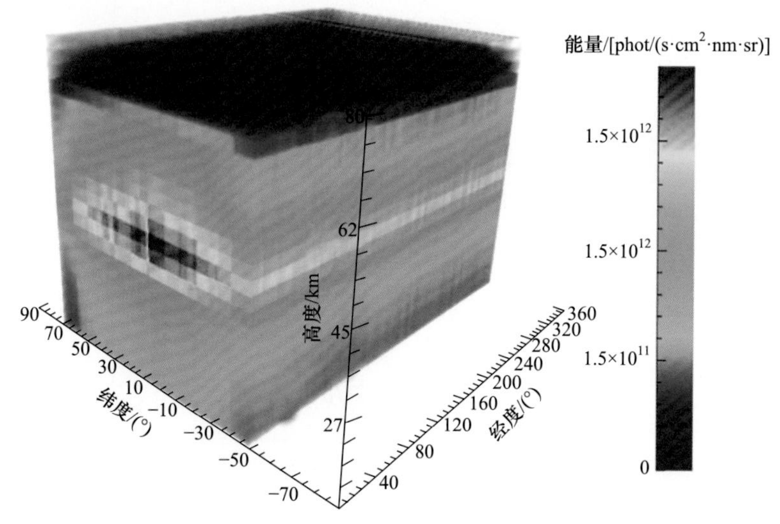

图 6.15　基于全球模拟值的 OH 自由基荧光发射强度

从反演的 OH 自由基强度中提取 41km 和 71km 的全球能量分布，如图 6.16 和图 6.17 所示。可以得出 OH 自由基发射能量和计算时输入的 OH 自由基浓度在全球范围内保持一致的空间分布特征。

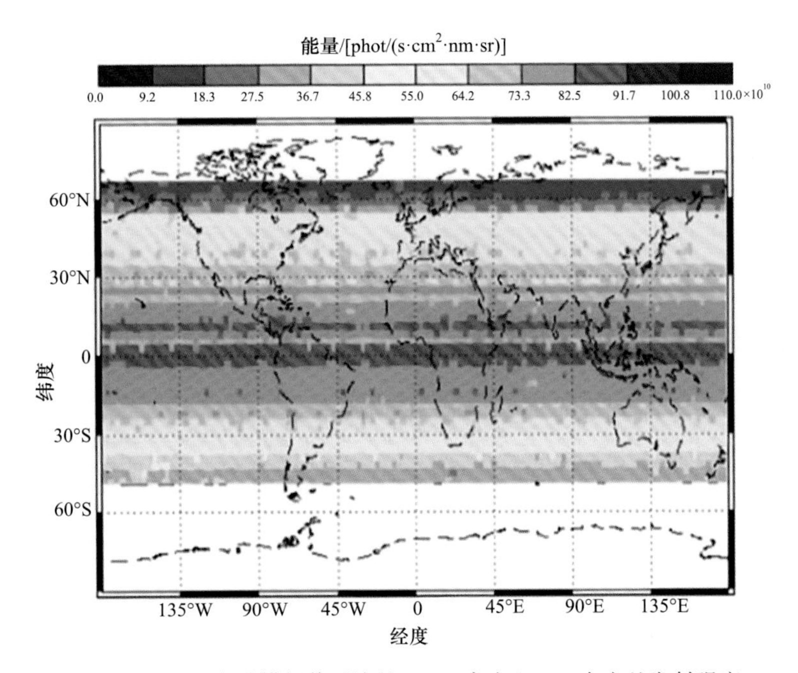

图 6.16　基于全球模拟值反演的 41km 高度上 OH 自由基发射强度

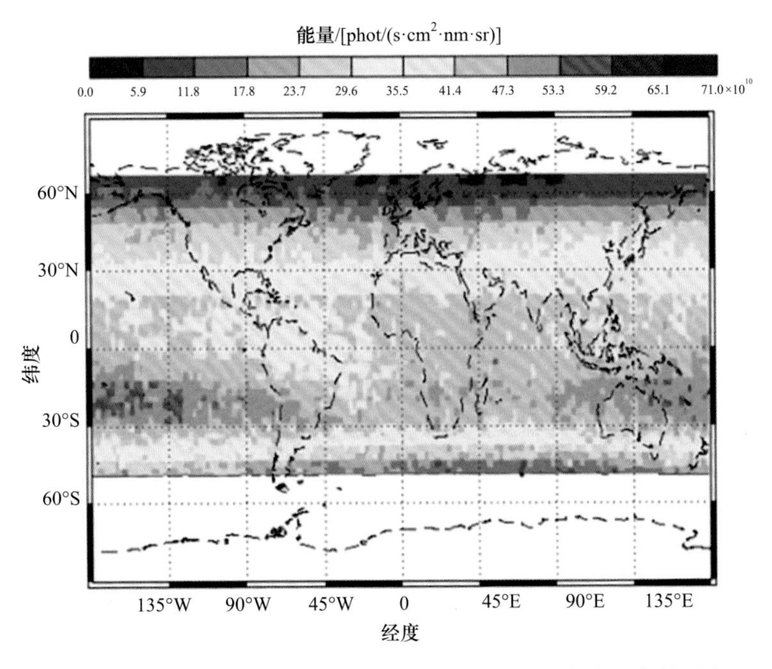

图 6.17　基于全球模拟值反演的 71km 高度上 OH 自由基发射强度

提取了部分网格的 OH 自由基发射能量廓线，在 40km 左右的高度处存在强峰，70km 左右的高度处存在弱峰。提取并分析部分高度处的能量，得到 OH 自由基发射光谱能，其谱线形状与输入谱线一致，如图 6.18～图 6.22 所示。

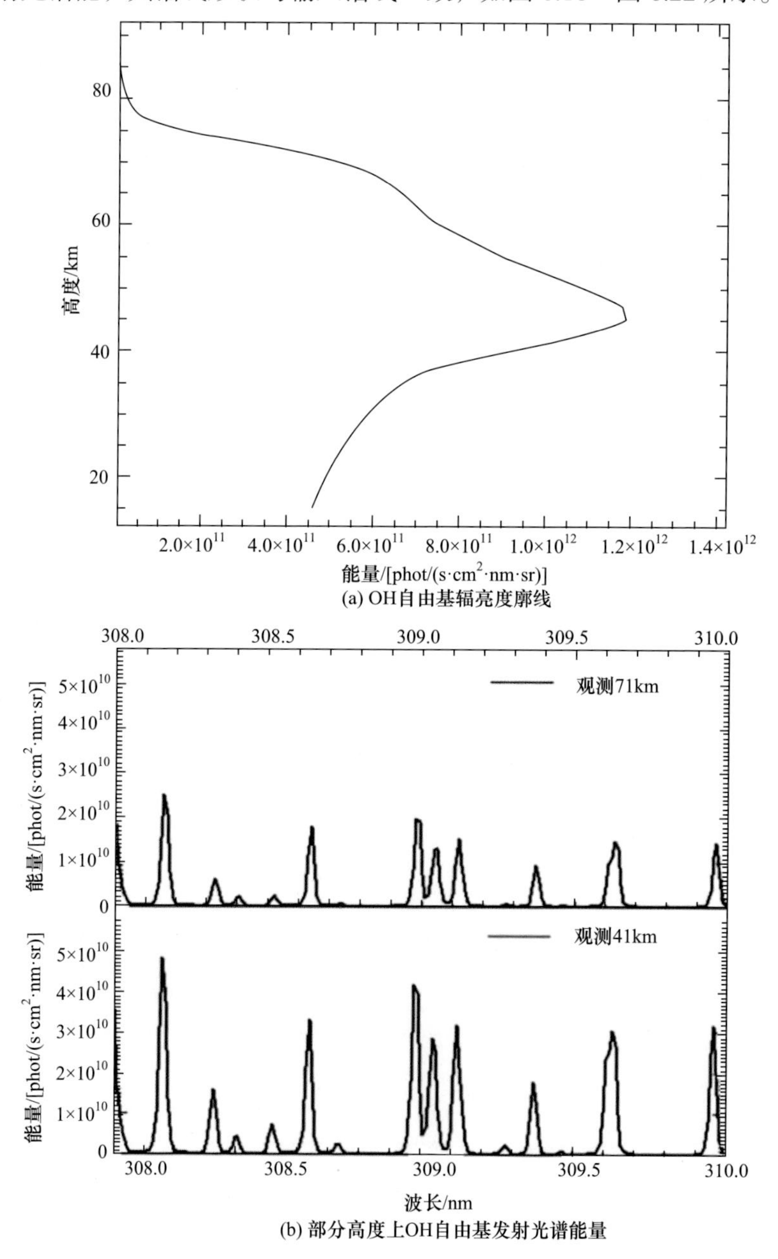

(a) OH自由基辐亮度廓线

(b) 部分高度上OH自由基发射光谱能量

图 6.18　[Nlat12,Nlon14]网格(55°N,58°E)内反演的 OH 自由基发射能量

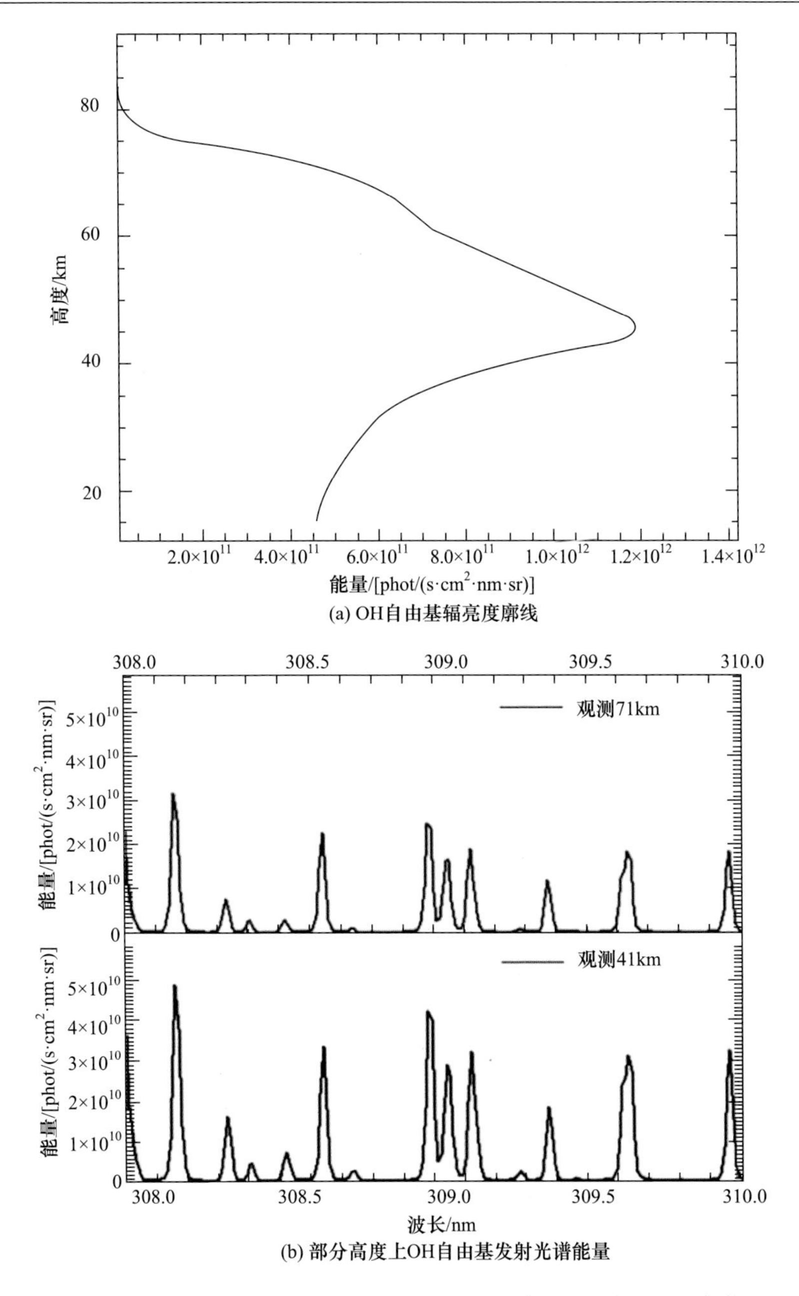

(a) OH自由基辐亮度廓线

(b) 部分高度上OH自由基发射光谱能量

图 6.19　[Nlat18,Nlon14]网格(38°N,43°E)内反演的 OH 自由基发射能量

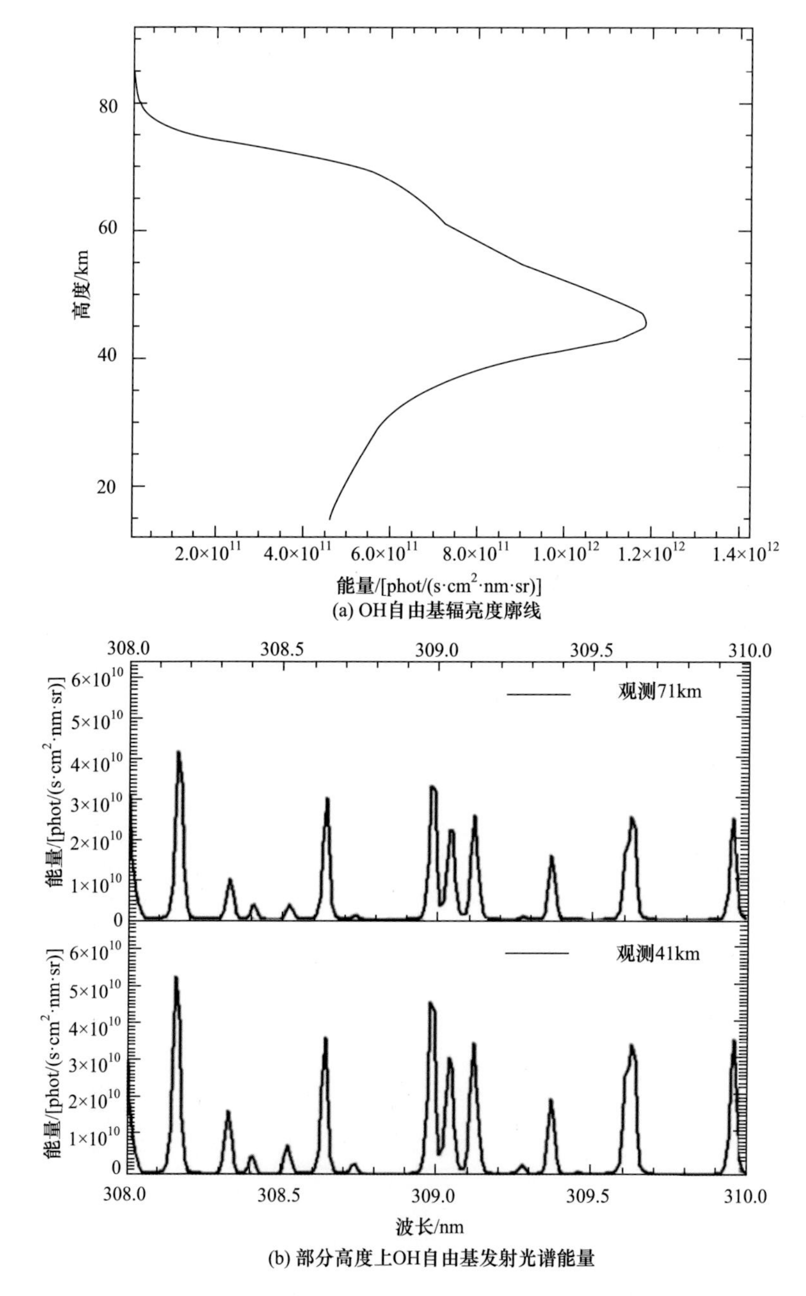

(a) OH自由基辐亮度廓线

(b) 部分高度上OH自由基发射光谱能量

图 6.20　[Nlat23,Nlon10]网格(25°N,29°E)内反演的 OH 自由基发射能量

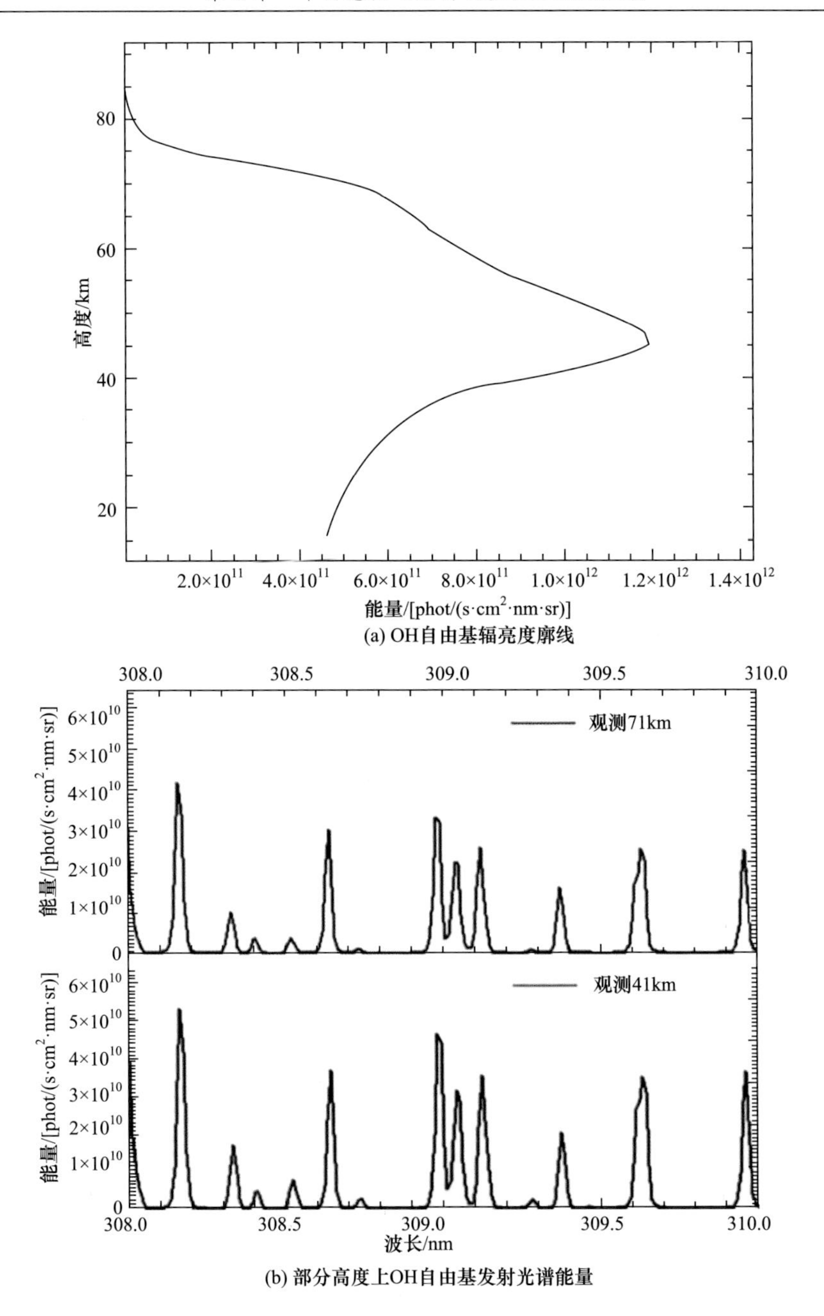

(a) OH自由基辐亮度廓线

(b) 部分高度上OH自由基发射光谱能量

图 6.21　[Nlat41,Nlon15]网格(25°S,43°E)内反演的 OH 自由基发射能量

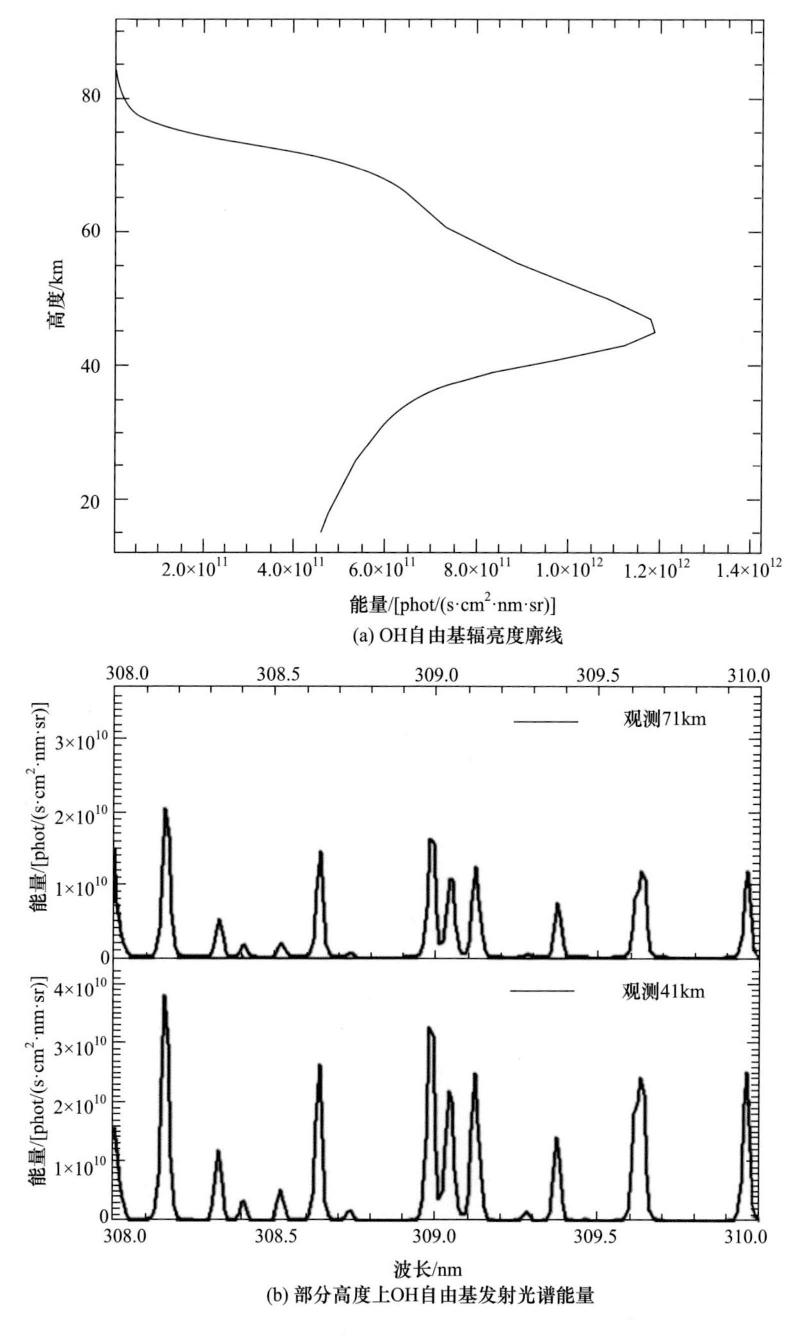

(a) OH自由基辐亮度廓线

(b) 部分高度上OH自由基发射光谱能量

图 6.22　[Nlat51,Nlon11]网格(53°S,42°E)内反演的 OH 自由基发射能量

为进一步展示 OH 自由基浓度与发射能量的时间变化特征，基于以上网格月变化模拟的观测值反演了相应观测值中 OH 自由基发射能量，并与该网格内 OH

自由基数密度月变化情况进行对比，如图 6.23～图 6.27 所示。

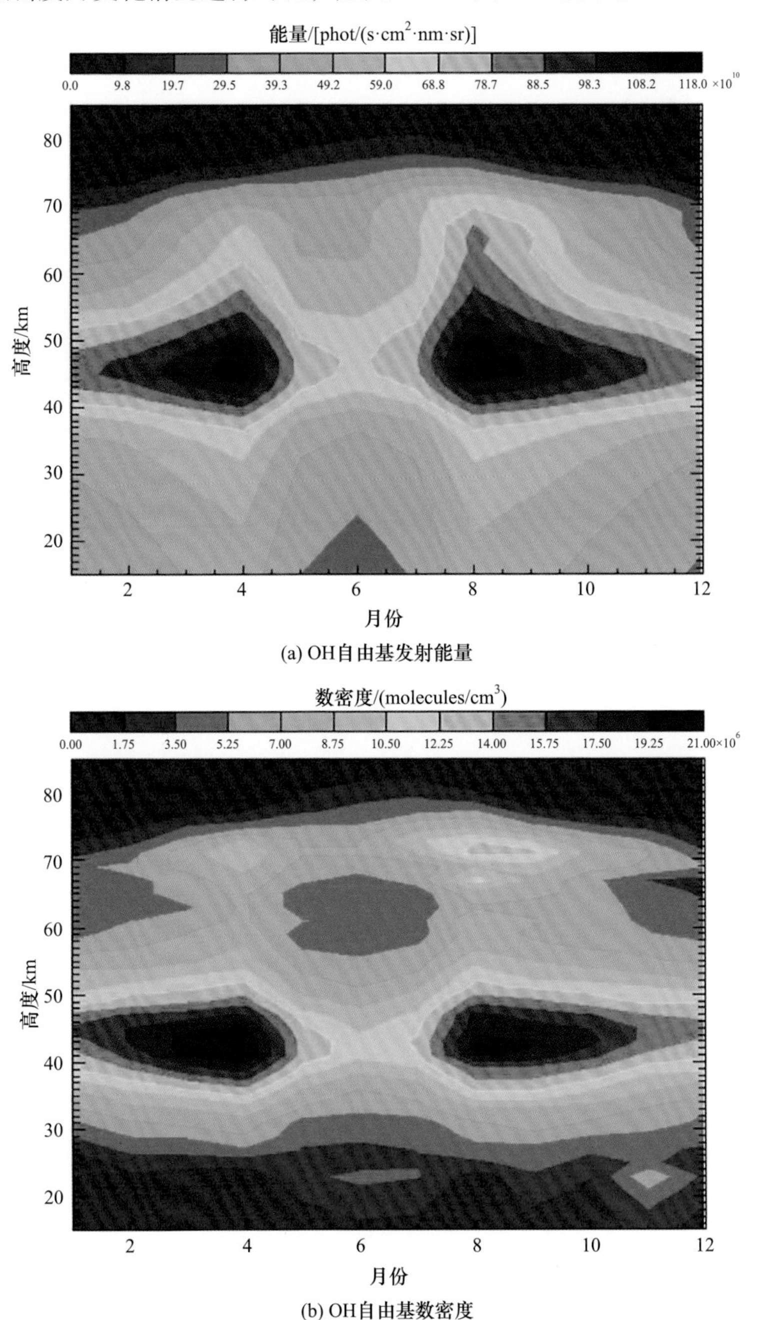

(a) OH自由基发射能量

(b) OH自由基数密度

图 6.23　[Nlat12,Nlon14]网格(55°N,58°E)内 OH 自由基发射能量和 OH 自由基数密度月变化图

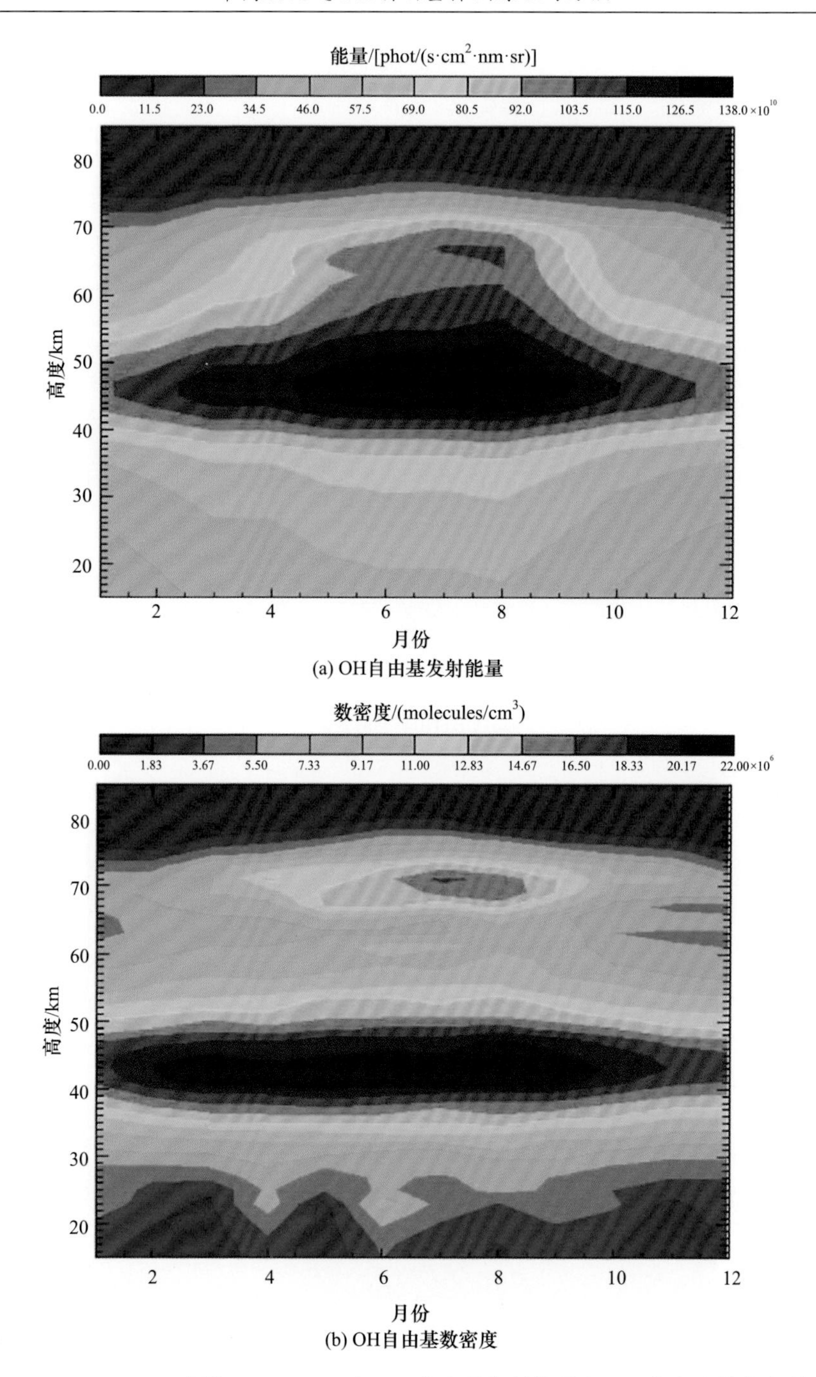

(a) OH自由基发射能量

(b) OH自由基数密度

图 6.24　[Nlat18,Nlon14]网格(38°N,43°E)内 OH 自由基发射能量和 OH 自由基数密度月变化图

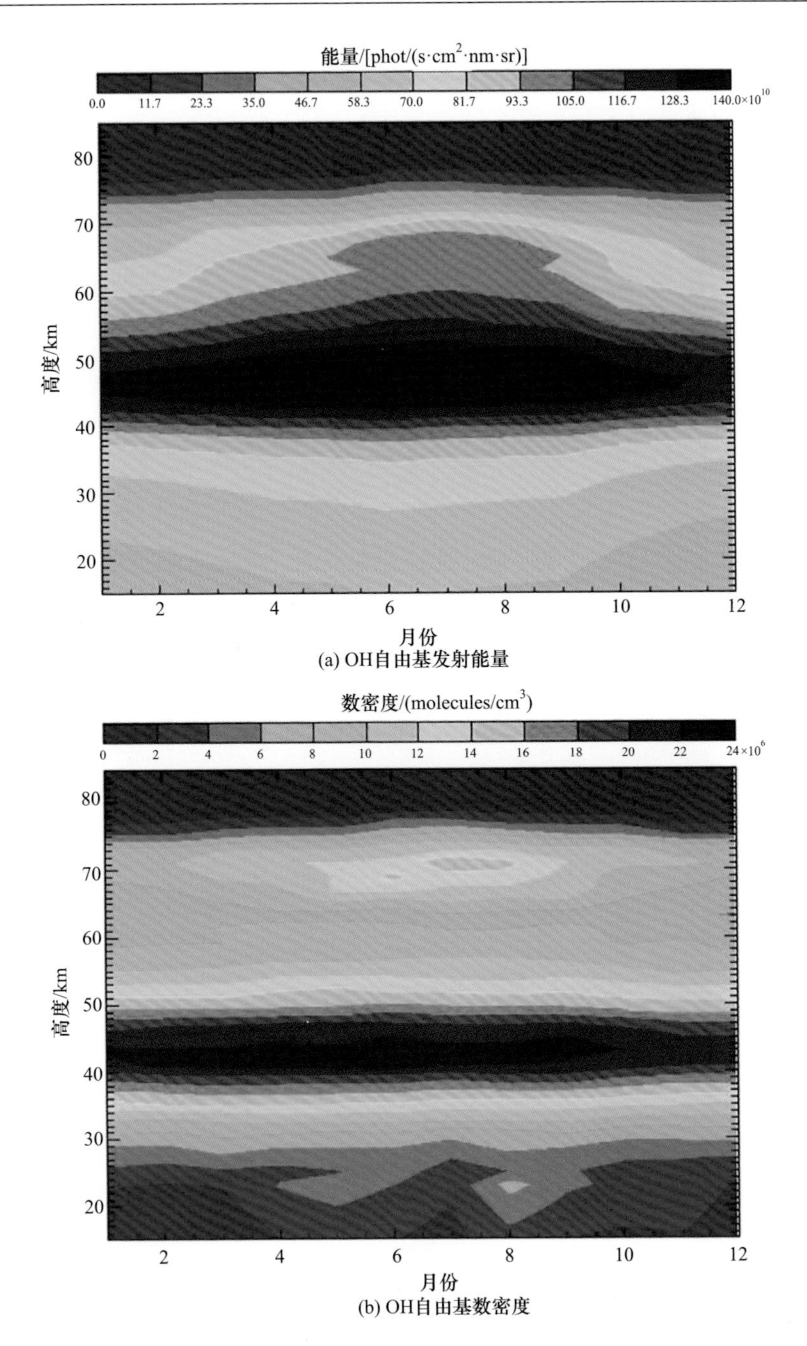

(a) OH自由基发射能量

(b) OH自由基数密度

图 6.25　[Nlat23,Nlon10]网格(25°N,29°E)内 OH 自由基发射能量和 OH 自由基数密度月变化图

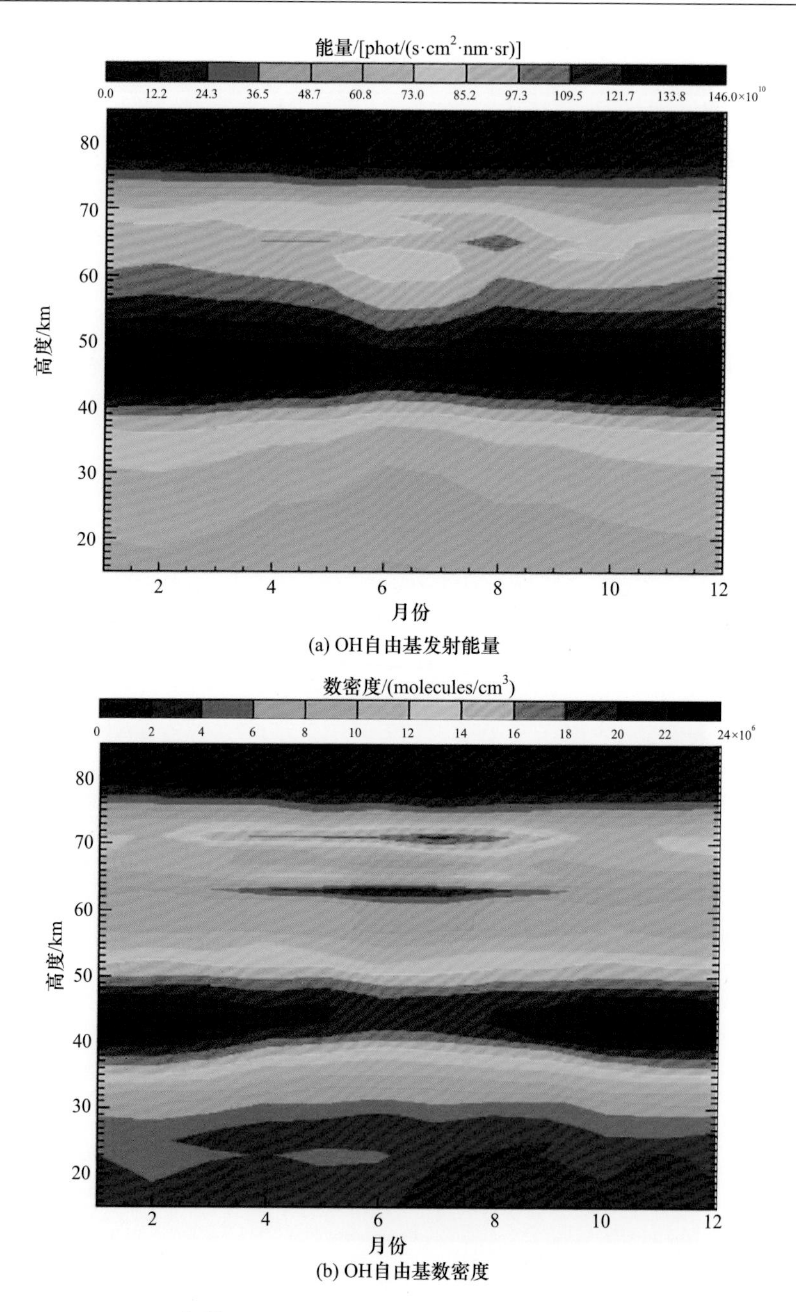

图 6.26　[Nlat41,Nlon15]网格(25°S,43°E)OH 自由基发射能量和 OH 自由基数密度月变化图

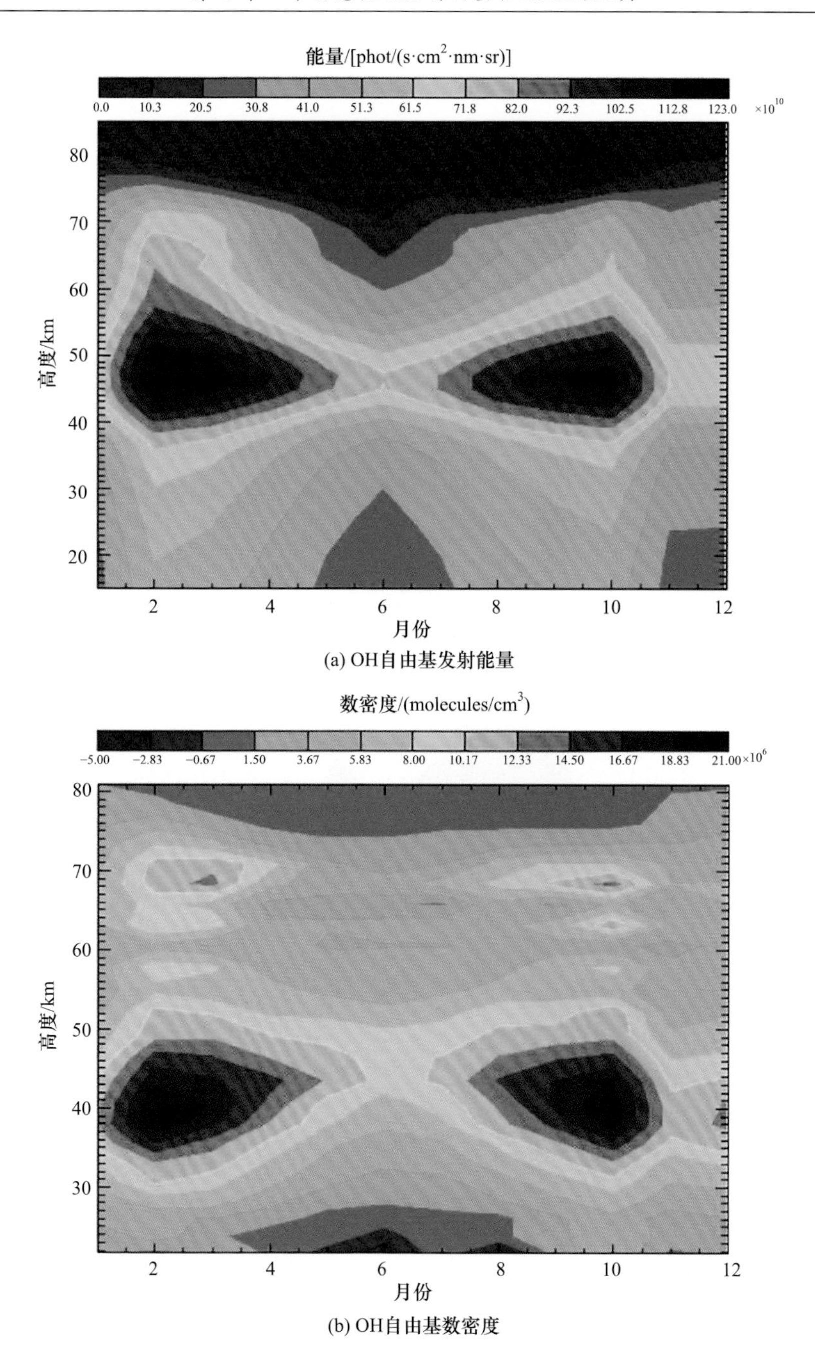

(a) OH自由基发射能量

(b) OH自由基数密度

图 6.27　[Nlat51,Nlon11]网格(53°S,42°E)内 OH 自由基发射能量和 OH 自由基数密度月变化图

不同网格内，OH 自由基发射能量与数密度在时间尺度上均保持一致的变化趋势。OH 自由基浓度越高，从观测能量中分离出的 OH 自由基发射能量越大，

这验证了 OH 自由基发射能量提取算法的正确性。

6.4　发射能量的敏感性

与研究观测几何对观测能量的影响对应，从观测能量中分离出 OH 自由基光谱，采用二维曲线图，研究 OH 自由基发射能量对观测几何参数的敏感性。

6.4.1　对太阳天顶角的敏感性

大气中 OH 自由基产生发射能量除少部分直接进入探测仪入瞳处外，绝大部分能量在辐射传输过程中均经过了分子散射作用。因此 OH 自由基发射能量与观测能量具有相同的变化特征，在太阳天顶角为 20°左右时出现最低值，随后能量逐渐增加，并在 90°～100°时达到峰值，如图 6.28 所示。

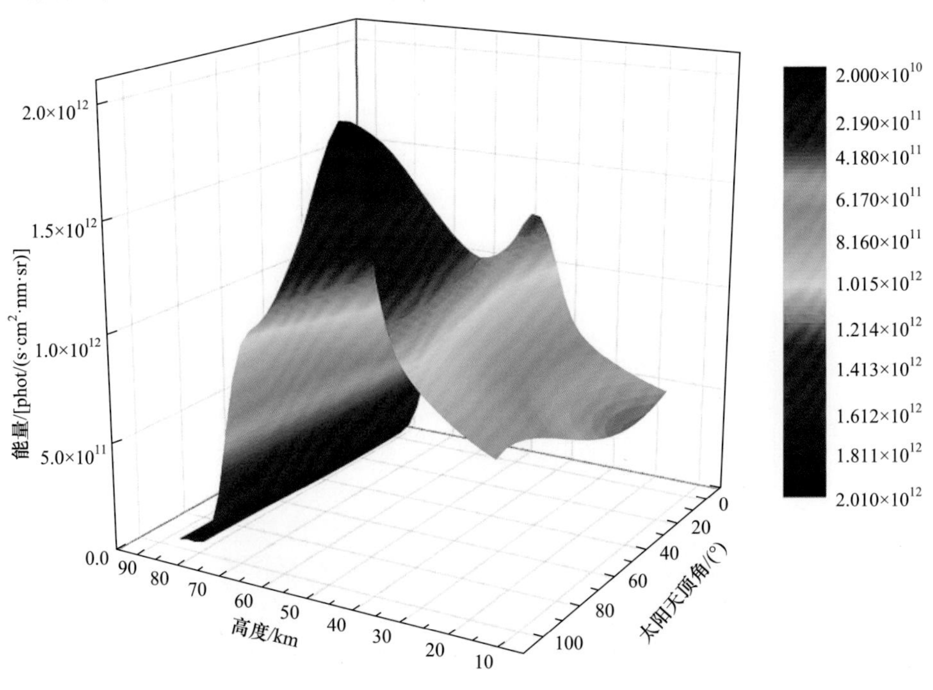

图 6.28　太阳天顶角对 OH 自由基发射能量的影响

6.4.2　对相对方位角的敏感性

相对方位角从 0°逐渐增加时，OH 自由基发射能量先减弱后增强，其最小值出现在 80°左右，最大值出现在 180°，如图 6.29 所示。

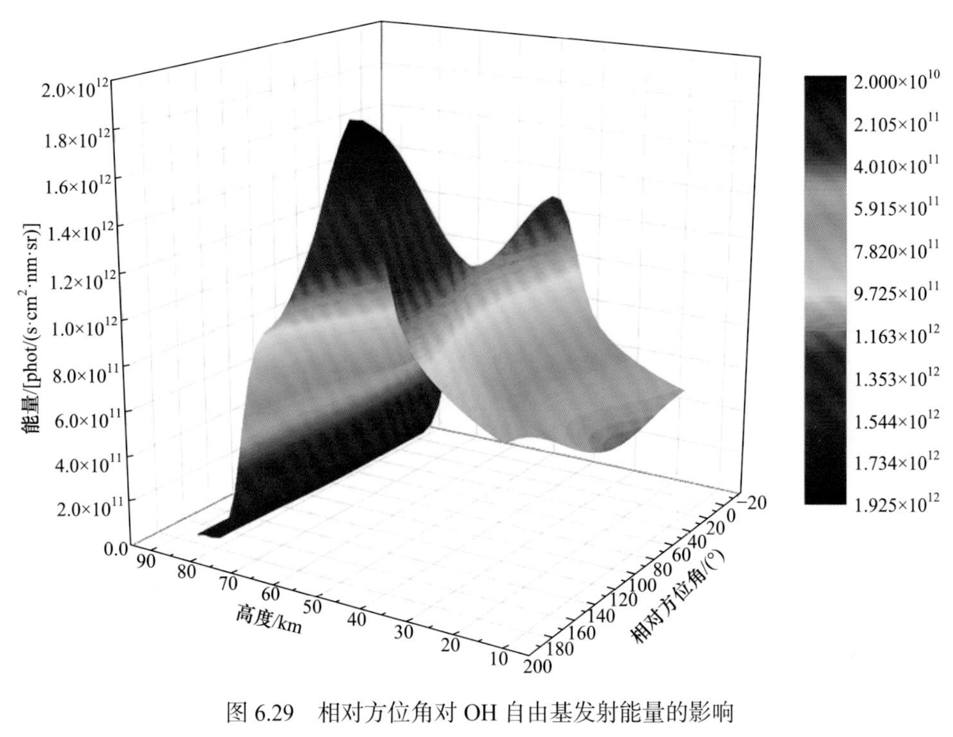

图 6.29　相对方位角对 OH 自由基发射能量的影响

6.5　应　　用

为验证算法的可靠性，从廓线库抽取大气廓线作为真实廓线，使用真实廓线模拟的临边散射辐射作为观测值，对观测值进行背景能量识别及 OH 自由基能量提取，反演运算基于该 OH 自由基能量进行，各项参数设置见表 6.1。同时对真实廓线进行一定程度的扰动，作为反演的初始猜值。将反演结果与真实廓线比较，并计算相对误差，验证反演算法的可靠性。对 OH 自由基临边反演的初始猜值共有以下 3 种扰动方案。①扰动方案 1：猜值廓线=真实廓线×90%，其示意图如图 6.30 所示；②扰动方案 2：猜值廓线=真实廓线上移 2km，其示意图如图 6.31 所示；③扰动方案 3：沿着 OH 自由基数密度廓线手动绘制一条曲线作为反演的数密度廓线，其示意图如图 6.32 所示。

表 6.1　验证反演算法时各项参数设置

参数	设置情况
太阳光谱	NSO 太阳光谱
波段/nm	308 ~ 310
大气模式	4 月 35°N

续表

参数	设置情况
卫星位置	(34.096°N，64.178°E)
太阳天顶角/(°)	42.855
相对方位角/(°)	140.901
观测切高/km	15～85

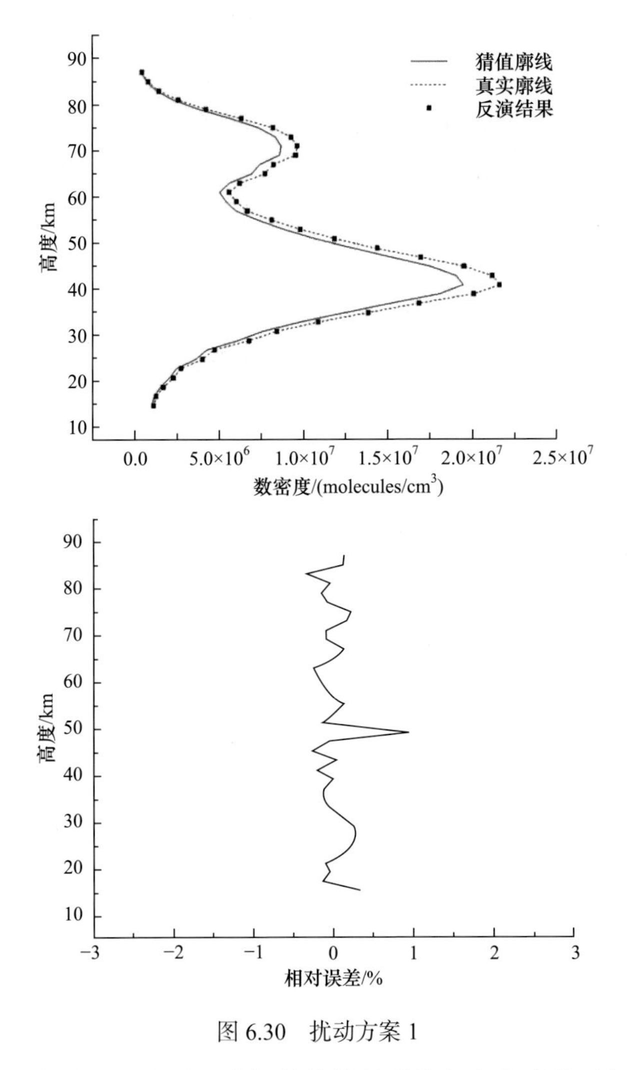

图 6.30　扰动方案 1

扰动方案 1 考虑了反演过程中初始猜值的形状与真实廓线近似、但量级不同的情况，如图 6.30 所示。从反演效果来看，各个高度上的反演结果与真实值均能较好地重合，精度较高，在部分敏感性低的高度，反演结果与真实廓线的差距依然不大。

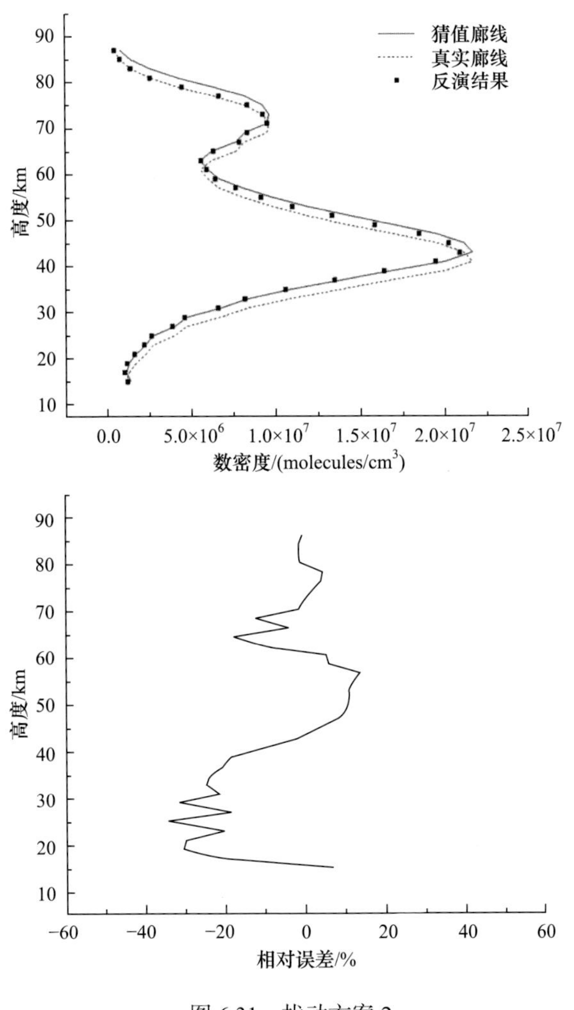

图 6.31　扰动方案 2

扰动方案 2 考虑了仪器的观测高度存在偏移的情况，假设探测仪临边探测的切线高度存在 2km 的偏移，如图 6.31 所示。反演结果表明，在 70km 以上、40～50km 地区的反演效果较好，而其他地区由于敏感性较低，对扰动的响应程度低，反演值与初始猜值相差不大，而与真实廓线存在较大偏差。

扰动方案 3 考虑了暂无 OH 自由基廓线资料的情况下，采取手动绘制的方式设定 OH 自由基初始猜值的情况，手动绘制的曲线突出了 OH 自由基在 40km 和 70km 存在数密度峰值的空间分布特征，如图 6.32 所示。从整体量级上看，反演结果与真实值保持一致，与扰动方案 2 类似，在敏感性强的高度反演效果较好，而猜值与真实值相差较大的高度上，反演结果仍然保持猜值的空间分布特征。

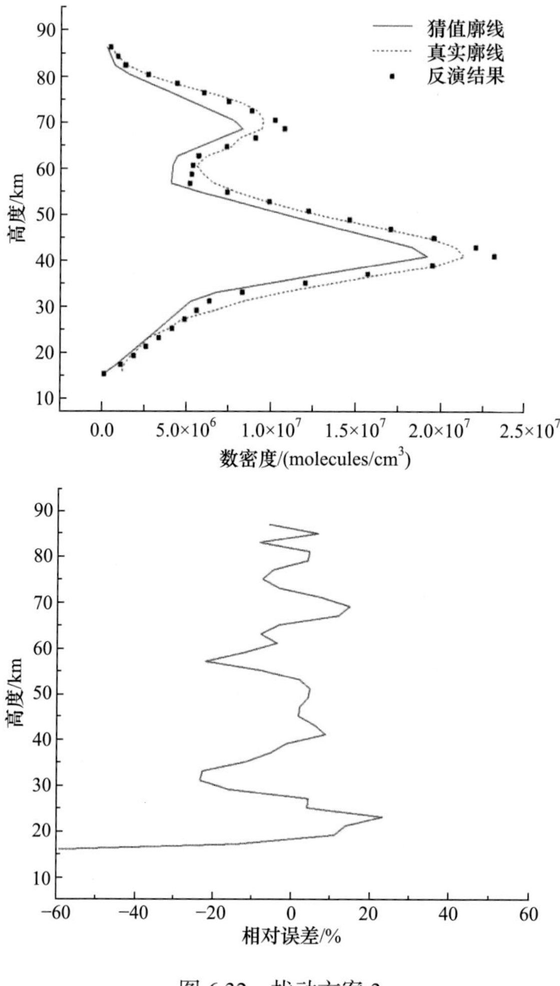

图 6.32　扰动方案 3

这几组方案表明，使用的大气 OH 自由基浓度的临边反演算法，初始猜值的选择至关重要，与大气真实廓线空间分布形状近似的初始猜值，可以得到良好的反演效果。对于部分 OH 自由基信号敏感性较低的高度，其反演结果更加取决于初始猜值的空间分布。

基于 SCIATRAN 辐射传输模型全球正演结果作为观测值，此时真实廓线来自正演时使用的 OH 自由基浓度数据库。全球反演结果如图 6.33 所示。

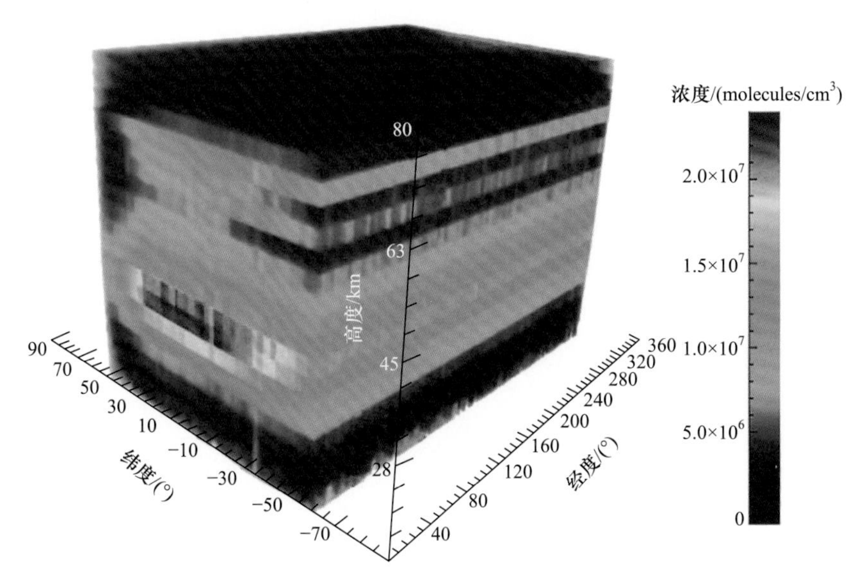

图 6.33　基于全球 OH 自由基发射能量反演的 OH 自由基数密度

根据全球二维反演结果，提取了部分网格内的数密度廓线，并与相应的 OH 自由基发射能量对比，如图 6.34～图 6.37 所示，OH 自由基发射能量的峰值和数密度峰值保持一致，且在大于 70km 的高度上浓度与发射能量存在近似线性关系。低层大气处 OH 自由基浓度误差极大，可信度极低，如表 6.2 所示。具体问题将

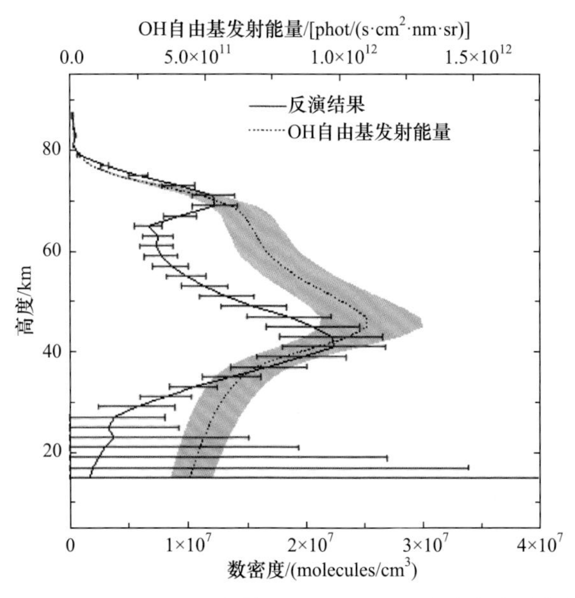

图 6.34　[Nlat12,Nlon14]网格(55°N,58°E)OH 自由基发射能量与浓度廓线反演结果对比

在第 7 章说明。

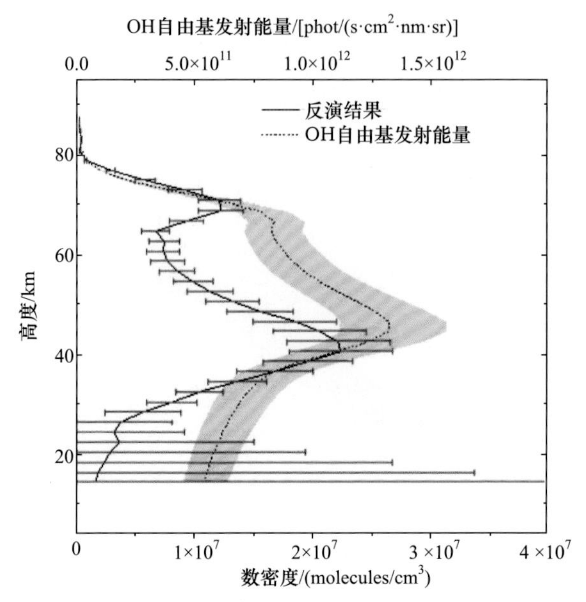

图 6.35　[Nlat18,Nlon14]网格(38°N,43°E)OH 自由基发射能量与浓度廓线反演结果对比

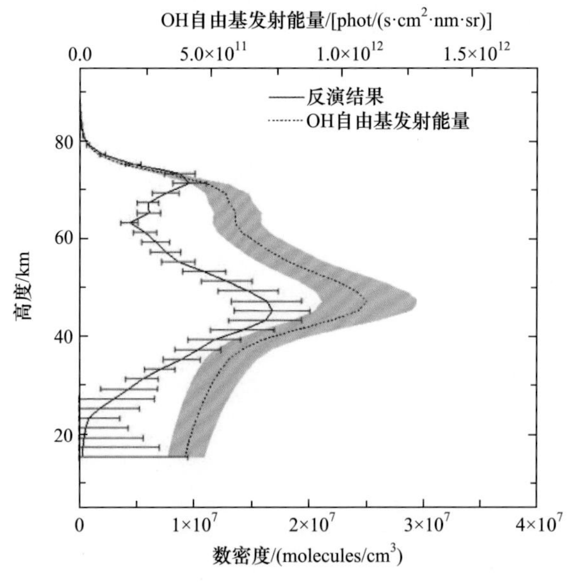

图 6.36　[Nlat23,Nlon10]网格(25°N,29°E)OH 自由基发射能量与浓度廓线反演结果对比

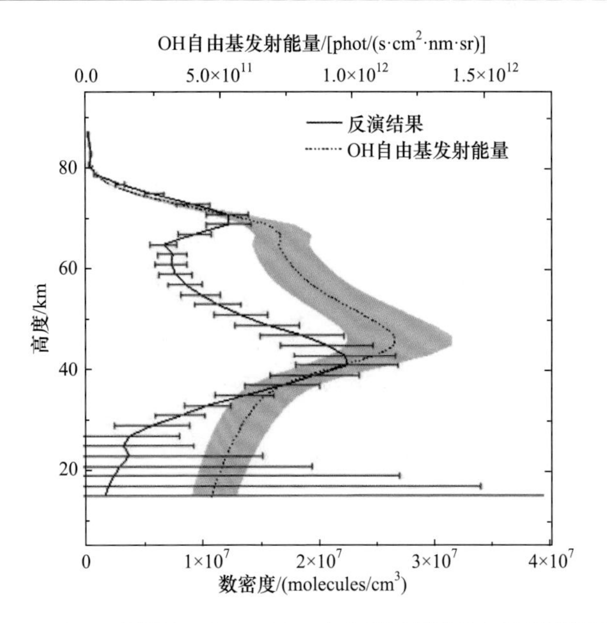

图 6.37　[Nlat41,Nlon15]网格(25°S,43°E)OH 自由基发射能量与浓度廓线反演结果对比

表 6.2　部分网格中部分高度处的 OH 自由基浓度反演总误差

高度/km	反演结果总误差/%			
	[Nlat12,Nlon14] 网格(55°N,58°E)	[Nlat18,Nlon14] 网格(38°N,43°E)	[Nlat23,Nlon10] 网格(25°N,29°E)	[Nlat41,Nlon15] 网格(25°S,43°E)
81	−10.30～10.30	−13.74～13.74	−10.19～10.19	−12.15～12.15
71	−15.00～15.00	−15.82～15.82	−13.81～13.81	−15.40～15.40
61	−18.34～18.34	−18.30～18.30	−17.64～17.64	−16.90～16.90
51	−17.22～17.22	−17.80～17.80	−17.19～17.19	−17.22～17.22
41	−19.72～19.72	−19.26～19.26	−19.54～19.54	−19.72～19.72
31	−25.87～25.87	−56.52～56.52	−19.01～19.01	−25.87～25.87
21	−553.21～553.21	−505.69～505.69	−533.43～533.43	−545.72～545.72

参 考 文 献

[1] 王彦飞. 反演问题的计算方法及其应用[C]// 中国科学院地质与地球物理研究所 2006 年论文摘要集, 2007.

[2] Aruga T, Heath D F. An improved method for determining the vertical ozone distribution using satellite measurements[J]. Journal of Geomagnetism & Geoelectricity, 1988, 40(11):1339-1363.

[3] Englert C R, Stevens M H, Siskind D E, et al. Spatial heterodyne imager for mesospheric radicals on STPSat-1[J]. Journal of Geophysical Research Atmospheres, 2010, 115(D20):898-907.

[4] 李海龙. 极区中层夏季回波频率特性和南极中山站夏季 Es 研究[D]. 西安：西安电子科技大学, 2006.

[5] 龚钻尔. 夜光云为何频频闪现[J]. 航天员, 2007，(6):66-67.

[6] Stevens M H, Gattinger R L, Gumbel J, et al. First UV satellite observations of mesospheric water vapor[J]. Journal of Geophysical Research Atmospheres, 2008, 113(D12):507-511.

第 7 章　正演及反演误差分析

7.1　间接测量误差的分析方法

7.1.1　正演结果误差分析

大气中其他大气成分的不确定度及测量技术的水准，都将增加探测仪接收的临边散射辐射能量的不确定性，从而导致探测仪实际观测结果与理论计算能量存在差异。在 SHS 空间外差光谱仪实际探测过程中导致观测能量与理论结果形成误差的影响因素包括：大气模式的影响、多普勒效应、仪器的定标误差等。按照如下方法分析各个因素对正演结果的误差的贡献:将未扰动的大气状态参量作为“真实”参量，将“真实”参量的模拟结果作为“真实”观测能量；然后对正演过程中的误差源引入一定的扰动量作为“不正确”的参量，将这些“不正确”参量的模拟值作为带有误差的“不正确”的结果，计算“不正确”模拟结果($[I]_{err}$)与“真实”观测能量($[I]_{act}$)的相对误差(Err)，如式(7.1)所示：

$$\mathrm{Err}=\frac{[I]_{\mathrm{err}}-[I]_{\mathrm{act}}}{[I]_{\mathrm{act}}}\times 100\% \tag{7.1}$$

在计算各部分不确定度导致的总误差时，对于单个误差因素，基于其不确定度的能量误差结果常常会出现不对称分布，此时应根据 B 类不确定度评定方法计算各个误差因素导致的能量结果标准不确定度[1]。模拟结果总误差获取的理论依据是计算间接测量值误差时常用的误差传递公式[2]。模拟过程中输入参数与正演结果的关系可由式(7.2)表达：

$$[I]=f(x_1,x_2,x_3,\cdots,x_n) \tag{7.2}$$

式中，$x_1,x_2,x_3,\cdots,x_n$ 为正演过程中的输入参量；$[I]$ 为观测能量的模拟结果。在考虑不确定度 Δx_i 并进行泰勒展开后有

$$[I]+\Delta[I]=f\left(x_1,x_2,x_3,\cdots,x_n\right)+\sum_{i=1}^{n}\frac{\partial f}{\partial x_i}\Delta x_i \tag{7.3}$$

正演相对不确定度的最大值为

$$\frac{\Delta[I]}{[I]}=\sum_{i=1}^{n}\left|\frac{\partial f}{\partial x_i}\right|\frac{\Delta x_i}{[I]} \tag{7.4}$$

式中，右侧各项分别代表在模拟$[I]$时，$f(x_1,x_2,x_3,\cdots,x_n)$中各参数$x_1,x_2,x_3,\cdots,x_n$的不确定度分别引起的正演结果的误差。由式(7.4)可推导出误差取平方形式时的误差传递公式：

$$\mathrm{RSS}=\sqrt{\sum_{i=1}^{n}\left\{\frac{\partial[I]}{x_i}\frac{\Delta x_i}{[I]}\right\}^2} \tag{7.5}$$

利用式(7.5)和[I]与各参数之间的关系 f, 可求出 n 个参数的不确定度共同引起的正演结果的误差。

7.1.2　反演结果误差分析

同正演结果误差分析方法类似，利用式(7.6)计算 OH 自由基反演结果的误差：

$$\mathrm{RSS}=\sqrt{\sum_{i=1}^{n}\left\{\frac{\partial[\mathrm{OH}]}{x_i}\frac{\Delta x_i}{[\mathrm{OH}]}\right\}^2} \tag{7.6}$$

式中，$x_1,x_2,x_3,\cdots,x_n$为反演过程中的输入参量；$[\mathrm{OH}]$为大气 OH 自由基的反演结果。利用式(7.6)可求出 n 个参数的不确定度共同引起的反演结果的误差。

经过研究发现，基于探测仪观测结果的反演误差分为两部分：观测能量误差导致的反演误差和反演算法本身的误差。观测能量误差导致的反演误差包括大气模式的影响、多普勒效应、仪器的定标误差；反演算法本身的误差主要为初始猜值的误差。卫星观测能量的误差已经在二维正演中给出，因此需要分析观测能量误差导致的反演误差与反演算法本身的误差对反演结果的误差影响。具体方法是：根据时空参量从 OH 自由基浓度数据库中抽取相应的 OH 自由基浓度廓线，将该廓线作为“真实”廓线，将“真实”廓线的模拟结果作为“真实”观测能量。然后对反演过程中的误差源引入一定的扰动量作为“不正确”的参量，将这些参量的反演结果作为带有误差的“不正确”的结果，从而分析各个参量的不确定度对最终反演结果的误差影响。同时计算了“不正确”反演结果与“真实”廓线的相对误差。

7.2　观测能量误差分析

7.2.1　大气模式

在中高层大气 OH 自由基甚高光谱探测仪沿轨飞行过程中，探测区域处各大气参量不断变化，模拟时使用的大气模式无法完全还原真实大气参量的状态，仅能反映其整体趋势，因此探测仪实际接收的临边散射辐射能量与模拟结果之间存在误差。紫外波段太阳能量在辐射传输时，大气模式中的臭氧会对其产生影响，假设臭氧廓线具有 30%的不确定度。将 1 倍臭氧廓线作为“真实”大气状态参量，并分别进行±30%的扰动，基于[Nlat22,Nlon37]网格内观测能量的模拟结果，其对观测光谱能量的影响如图 7.1 所示。

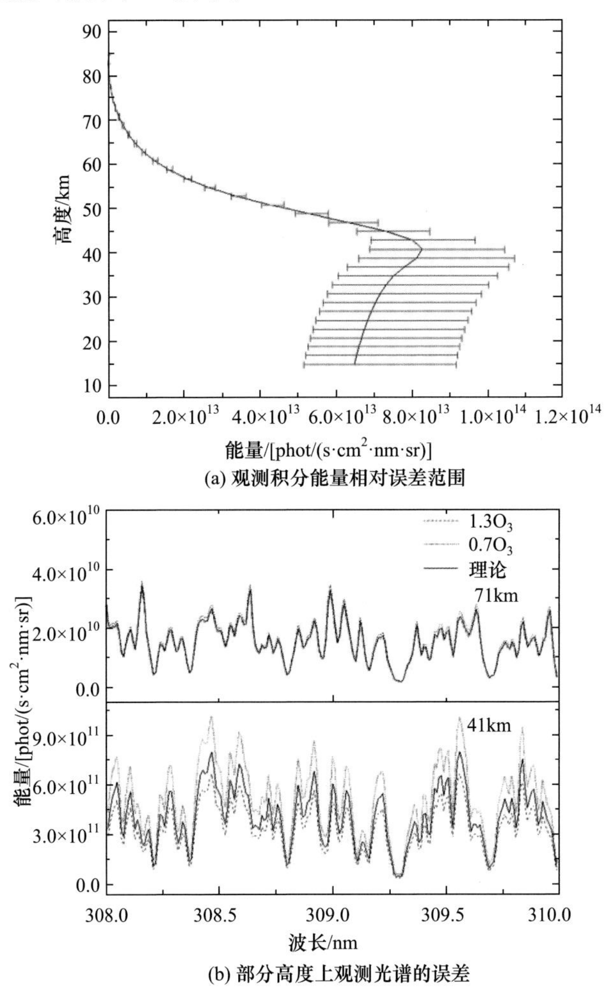

(a) 观测积分能量相对误差范围

(b) 部分高度上观测光谱的误差

图 7.1 30%臭氧不确定度导致的观测积分能量相对误差范围与部分高度上观测光谱的误差

实际观测时臭氧浓度越高，其在紫外波段辐射传输过程中的吸收作用越强，探测仪接收的临边散射辐射能量较理论结果越弱，反之臭氧浓度越低，观测能量越强。计算后发现，对于 30%的臭氧不确定度，观测积分能量在 41km 高度处的相对误差范围为−16.10%～25.60%。由于臭氧主要集中于 40km 以下高度，因此高层大气的紫外波段辐射传输受臭氧的影响较弱，且随着高度的增加，相对误差逐渐减小。观测积分能量在 71km 高度处的相对误差范围为–2.17%～5.09%。表 7.1 为部分高度处 30%臭氧不确定度引起的观测积分能量的相对误差范围。

表 7.1　部分高度处 30%臭氧不确定度引起的观测积分能量的相对误差范围

高度/km	相对误差/%
81	–2.16～5.08
71	–2.17～5.09
61	–2.37～5.31
51	–4.45～7.65
41	–16.10～25.60
31	–18.62～36.25
21	–19.23～38.53

7.2.2　多普勒效应

受地球自转影响，卫星在飞过当地太阳时为正午的区域时和飞过晨昏线时具有不同的日心速度，这种速度差会引起观测能量在波长-5×10^{-4}～5×10^{-4}nm 以内的偏移，具体偏移量为伪随机分布[3]。对于中高层大气 OH 自由基甚高光谱探测仪的 0.02nm 的光谱分辨率指标而言，需要考虑多普勒效应对观测结果的影响。将[Nlat32,Nlon27]网格内第一季度的廓线作为“真实”浓度廓线，模拟时将波长进行$\pm5\times10^{-4}$nm 的偏移，得到的观测能量作为“真实”观测值。计算“真实”观测值与“理论”观测值的相对误差如图 7.2 所示，多普勒效应引起的观测积分能量相对误差范围，如表 7.2 所示。

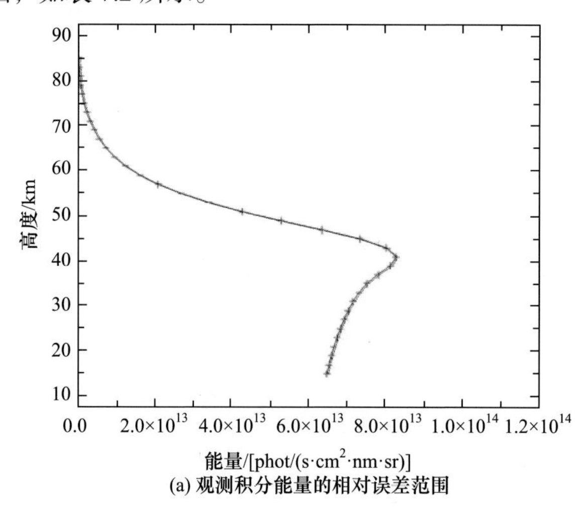

(a) 观测积分能量的相对误差范围

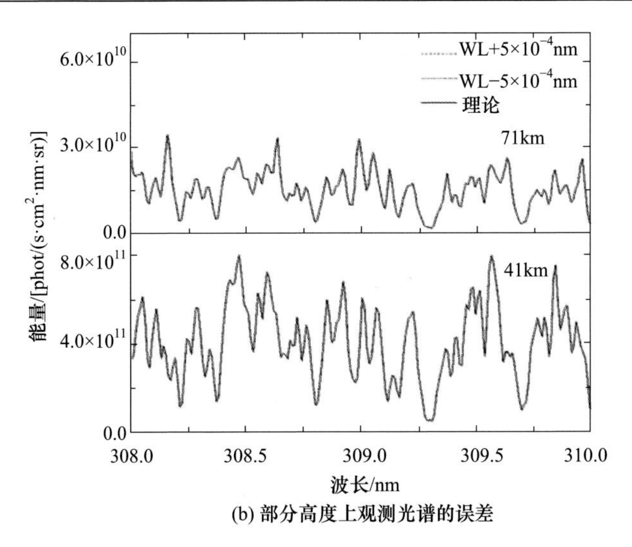

(b) 部分高度上观测光谱的误差

图 7.2　多普勒效应导致的观测积分能量的相对误差范围与部分高度上观测光谱的误差

表 7.2　部分高度处多普勒效应引起的观测积分能量相对误差范围

高度/km	相对误差/%
81	−0.03～0.02
71	−0.08～0.02
61	−0.04～0.01
51	−0.03～0.01
41	−0.02～0.01
31	−0.02～0.01
21	−0.02～0.01

7.2.3　定标误差

受探测技术限制，将中高层大气 OH 自由基甚高光谱探测仪的电信号转化为能量值的整个定标过程中，存在多种误差源，并导致定标结果和理论能量存在差异，参考探测仪指标及相关仪器资料，假定定标误差为 3%、5%。

7.2.4　总误差

在分别计算了大气模式不确定度、多普勒效应、仪器定标误差等卫星实际观测过程中可能的误差源对观测能量的影响，利用B类不确定度评定方法以及误差传递公式，获取了观测能量的总误差，如图7.3所示，不同高度处的观测积分能量总相对误差范围如表7.3所示。

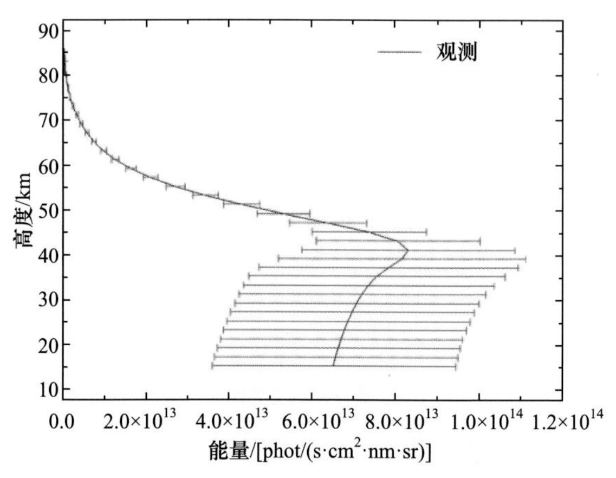

图7.3　观测积分能量的总误差

表7.3　部分高度处的观测积分能量总相对误差范围

高度/km	相对误差/%
81	−7.45～7.45
71	−7.46～7.46
61	−7.67～7.67
51	−10.16～10.16
41	−30.65～30.65
31	−41.05～41.05
21	−43.35～43.35

7.3　反演误差分析

7.3.1　观测能量误差导致的反演误差

在分析观测能量导致的反演误差时，将[Nlat22,Nlon37]网格内OH自由基浓度廓线作为“真实”廓线，将基于该浓度廓线模拟的辐射亮度作为“真实”观测能量。

1) 大气模式

在单传感器的 OH 自由基临边观测正演中已经分析了 30%不确定度的臭氧廓线对观测能量的影响。从受扰动的观测光谱能量中分离 OH 自由基荧光发射能量，计算了臭氧浓度不确定度对 OH 自由基荧光发射能量的影响，如图 7.4 所示。

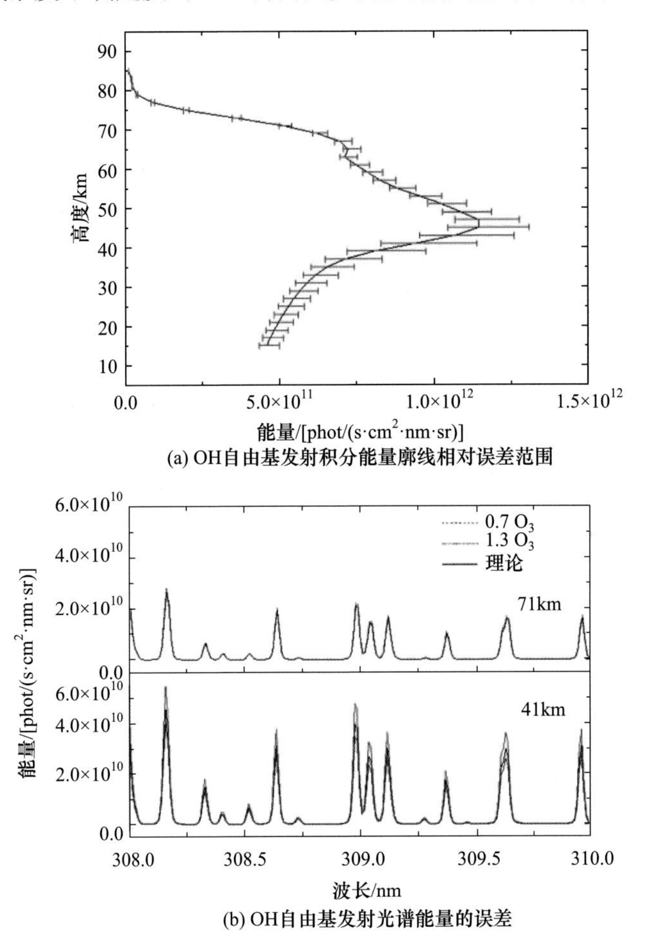

图 7.4　30%臭氧不确定度导致的部分高度上 OH 自由基发射积分能量廓线相对误差范围和 OH 自由基发射光谱能量的误差

臭氧对于 OH 自由基荧光发射能量也存在吸收作用，且该能量对于臭氧浓度变化表现出同观测能量相似的变化特征，在 41km 和 71km 高度上的积分能量的相对误差分别为−12.19%～20.28%、−2.12%～4.98%，如表 7.4 所示。将 30%臭氧浓度不确定度引起的“不正确”的 OH 自由基光谱代入反演算法中反演，从而得到部分高度处 30%臭氧不确定度引起的 OH 自由基浓度的反演结果相对误差范围，如图 7.5 所示。

表 7.4　部分高度处 30%臭氧不确定度引起的 OH 自由基荧光发射积分辐亮度、反演结果相对误差范围

高度/km	相对误差/%	
	OH 自由基荧光发射积分辐亮度	反演结果
81	–2.10～4.96	–5.33～2.67
71	–2.12～4.98	–7.45～4.87
61	–2.31～5.19	–8.69～6.19
51	–4.31～7.44	–10.50～7.93
41	–12.19～20.28	–11.25～8.51
31	–6.46～10.66	–11.16～8.51
21	–5.63～9.11	–11.27～8.14

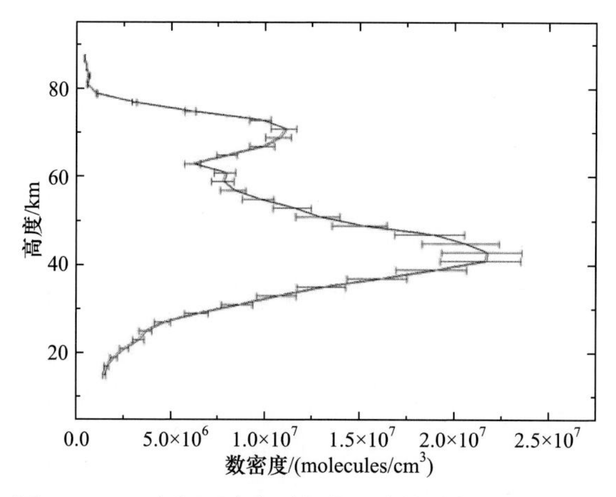

图 7.5　30%臭氧不确定引起的反演结果相对误差范围

臭氧浓度不确定度引起的反演误差如图 7.5 所示，大气臭氧对平流层顶至中间层的反演结果影响较大，30%臭氧可以引起近 10%的相对误差，高层大气中随着高度增加，臭氧引起的反演误差逐渐减小，81km 高度上 30%臭氧不确定度对反演结果的误差影响为–5.33%～2.67%。

2) 定标误差

定标过程中存在的多种误差源将导致定标结果和理论能量存在差异，进而引起反演结果与大气组分真实分布存在偏差。在定标不确定度为分别为 3%、5%的情况下，定标误差对反演结果的影响如图 7.6 和表 7.5 所示。

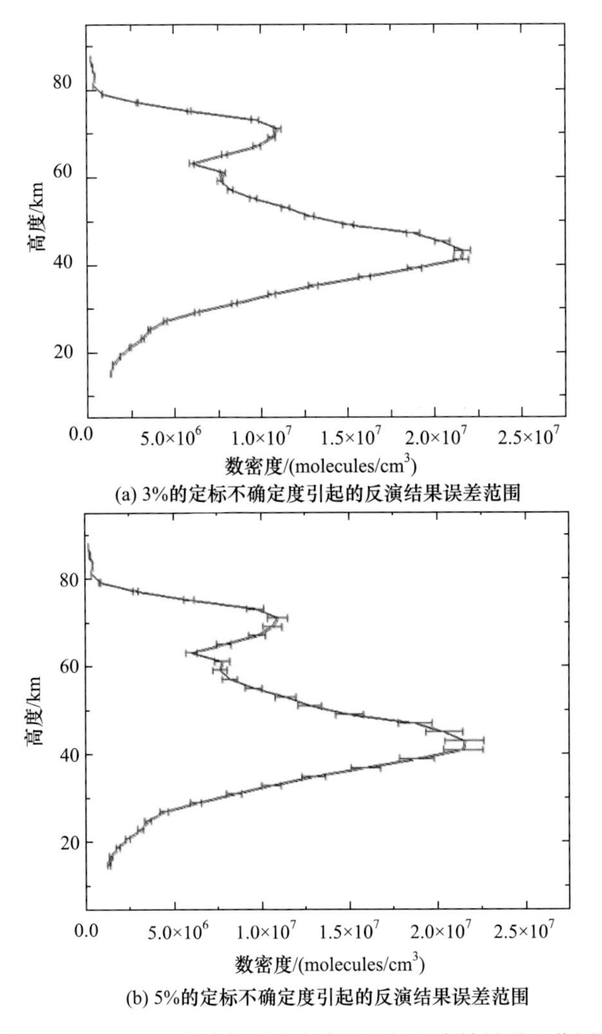

(a) 3%的定标不确定度引起的反演结果误差范围

(b) 5%的定标不确定度引起的反演结果误差范围

图 7.6　3%和 5%的定标不确定度引起的反演结果误差范围

表 7.5　部分高度处定标误差引起的反演结果相对误差范围

高度/km	3%定标误差引起的反演结果相对误差范围/%	5%定标误差引起的反演结果相对误差范围/%
81	−3.02～3.00	−5.03～5.01
71	−3.08～3.08	−5.13～5.13
61	−3.08～3.09	−5.15～5.15
51	−3.08～3.10	−5.14～5.16
41	−3.08～3.09	−5.13～5.15
31	−3.07～3.08	−5.12～5.13
21	−3.07～3.09	−5.12～5.14

分析发现，定标误差越大，造成反演结果的误差越大。同时各个高度上的反演误差大致相等，不随高度的变化而变化，这与 MAHRSI 传感器的分析结果一致 [4]。3%的定标误差可引起–3.08%～3.10%的反演误差，5%的定标不确定度可引起–5.14%～5.16%的反演误差。

3) 多普勒效应

多普勒效应导致观测能量误差已经在单传感器的 OH 自由基临边观测正演中计算，不超过 1%。但 OH 自由基浓度反演基于从观测能量中分离的 OH 自由基发射能量进行，由于 OH 自由基发射能量非常微弱，因此受多普勒效应影响较大。使用理论背景光谱从受多普勒效应影响的观测能量中分离出的 OH 自由基发射能量，将经过波长偏移后的观测能量作为“真实”观测值，基于理论背景光谱从“真实”观测能量中分离 OH 自由基发射光谱能量。分析多普勒效应对 OH 自由基发射光谱能量的影响，如图 7.7 所示。

虽然多普勒效应对观测能量影响较小，但由于 OH 自由基发射能量过于微弱，因此多普勒效应对 OH 自由基发射能量影响较大，在 41km 和 71km 高度上的 OH 自由基发射积分能量的相对误差分别达到了 11.94%～14.59%，0.31%～0.89%，详细情况如表 7.6 所示。观测能量和背景能量在波长上的不一致导致 OH 自由基非发射峰位置出现“噪声”。多普勒效应引起的波长偏移的量级远远小于光谱分辨率，无法通过“寻峰”等手段修正偏移进而消除多普勒效应误差，但是可使用“取峰”的手段减小多普勒效应的影响：后续根据能量反推 OH 自由基浓度主要基于 OH 自由基发射能量进行，即 OH 自由基发射峰处能量在反演过程中起决定作用，因此在计算单个高度上的积分亮度时使用 OH 自由基发射峰位置处能量来代替 308～310nm 全通道能量，如图 7.8 所示。

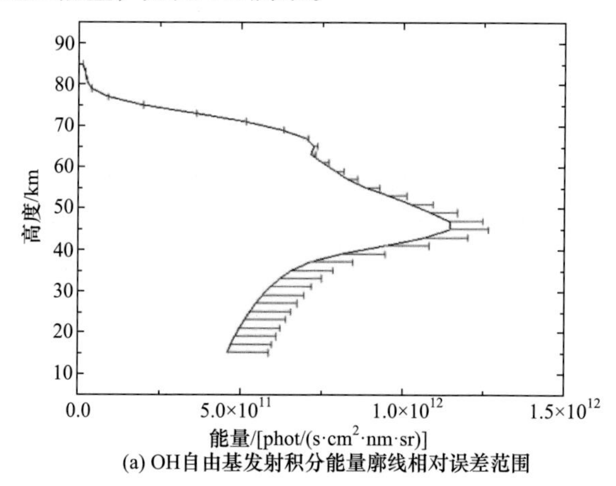

(a) OH自由基发射积分能量廓线相对误差范围

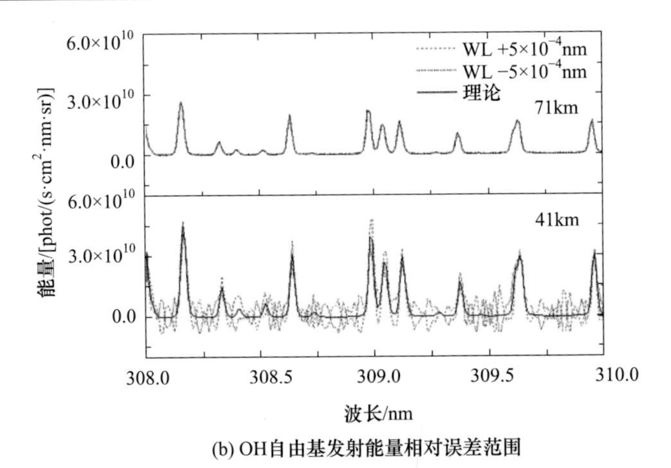

(b) OH自由基发射能量相对误差范围

图 7.7　多普勒效应导致的部分高度上 OH 自由基发射积分能量廓线相对误差范围和 OH 自由基发射能量相对误差范围(全通道积分亮度)

表 7.6　部分高度处多普勒效应引起的全通道积分和 OH 自由基荧光发射位置积分能量相对误差范围

高度/km	相对误差范围/%	
	全通道积分	OH 自由基荧光发射位置积分
81	2.10～3.07	0.39～0.74
71	0.31～0.89	−0.2～0.12
61	1.69～2.59	0.11～0.44
51	5.08～6.72	0.88～1.30
41	11.94～14.59	2.2～3.15
31	18.04～21.41	3.24～4.72
21	21.33～24.98	3.85～5.54

计算后发现，观测能量在 41km 和 71km 处的相对误差分别为−0.03%～0.02%、−0.17%～0.02%，OH 自由基发射能量在 41km 和 71km 处的相对误差分别为−2.20%～3.15%、−0.20%～0.12%，OH 发射能量的相对误差显著降低，可用于 OH 自由基浓度反演。

反演过程中采用“取峰”的方式处理从观测能量中识别的 OH 自由基发射能量，从而降低了多普勒效应带来的误差影响，由此得到的反演结果误差范围如图 7.9 和表 7.7 所示。从图 7.9 和表 7.7 可得，随着高度的增加，多普勒效应引起的反演误差在低层大气中逐渐增加，并在 40km 左右达到最大值，随后在高层大气中逐渐减少。

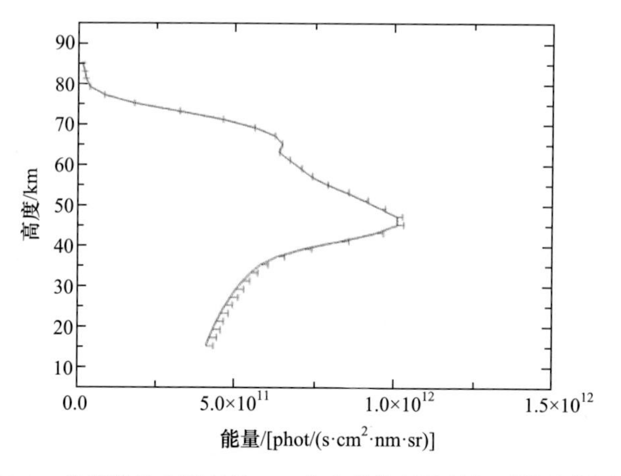

图 7.8　多普勒效应引起的 OH 自由基发射能量相对误差范围
(OH 自由基发射峰处积分亮度)

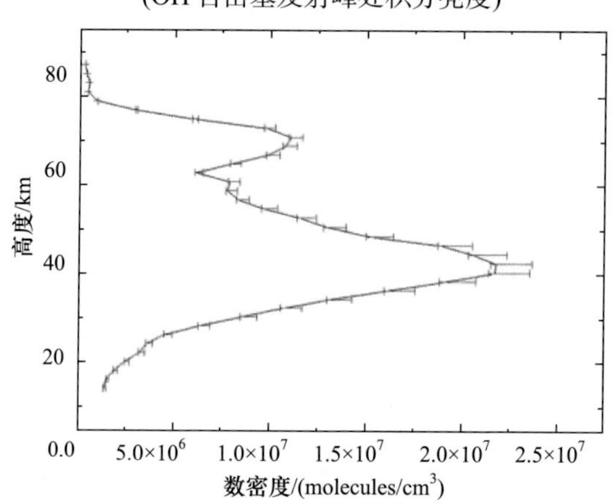

图 7.9　多普勒效应引起的反演结果误差范围

表 7.7　部分高度处多普勒效应引起的反演结果相对误差范围

高度/km	反演结果相对误差/%
81	0.02～1.93
71	−1.16～5.20
61	−1.21～6.32
51	−1.32～7.73
41	−1.35～8.64
31	−1.12～9.00
21	−0.72～8.47

7.3.2　反演算法的误差

反演过程中，初始猜值对迭代速度与反演结果的影响很大，一个符合实际情况的初始猜值可以获得更高的迭代效率和更精确的反演结果。基于 MLS 观测数据建立了全球 OH 自由基浓度数据库，根据观测值的时空参量从数据库中抽取相应区域、相应时间的 OH 自由基浓度廓线，代入反演算法参与运算。

MLS 传感器的 OH 自由基产品中对于每一条 OH 自由基浓度廓线均给出了该廓线的精度范围，以[Nlat18,Nlon14]网格内的 OH 自由基数密度廓线为例，OH 自由基数据的高度范围为 23～81km，因此除了补齐 OH 自由基浓度廓线外，还需要针对层析观测切高指标补齐数据高度范围外的各处精度值。对于大于 MLS 传感器的 OH 自由基数据高度上限的切高，赋予高度上限处的数据精度；小于 MLS 传感器的 OH 自由基的数据高度下限的切高，赋予高度下限处的数据精度，如图 7.10 所示。使用数据精度对 OH 自由基浓度廓线进行正方向和负方向的扰动作为初始猜值。其中对负方向扰动时有可能出现负值，因此对小于 0 的数据赋予一个极小的正值使其符合物理意义，由于赋值针对 OH 自由基体密度进行，在转化成数密度后，某些数据中的低层区域的 OH 自由基浓度可能会出现一个随高度增加而逐渐降低的趋势。最终将两条初始猜值代入迭代模型中分别反演。

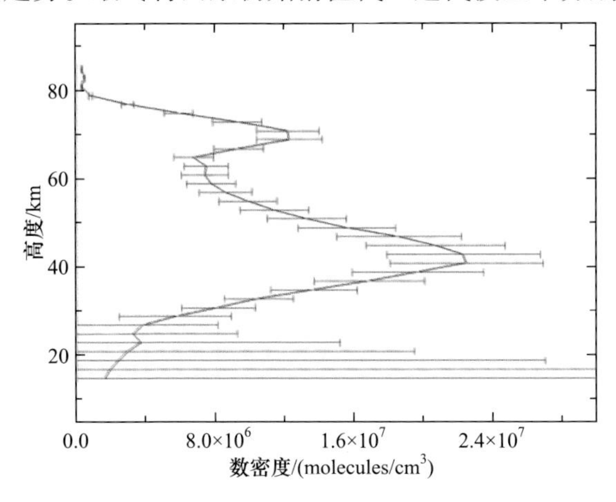

图 7.10　[Nlat18,Nlon14]网格内的 OH 自由基数密度廓线及精度

如图 7.11 和表 7.8 所示，OH 自由基反演结果受初始猜值廓线影响较大，尤其在部分 OH 自由基强度对 OH 自由基浓度敏感性较低的高度上。低层大气区域 OH 自由基强度敏感性极低，该区域的反演结果基本与初始猜值一致，其误差达到了−90.63%～545.44%，该处的 OH 自由基浓度廓线结果不可信。在对同一组观测值反演时，不同数据猜值的反演结果和误差各不相同。

表 7.8　部分高度处初始猜值误差引起的反演相对误差

高度/km	反演结果相对误差/%
81	19.45～30.85
71	1.63～12.75
61	4.04～10.57
51	0.44～2.95
41	–4.53～6.33
31	–12.22～13.71
21	–95.39～545.44

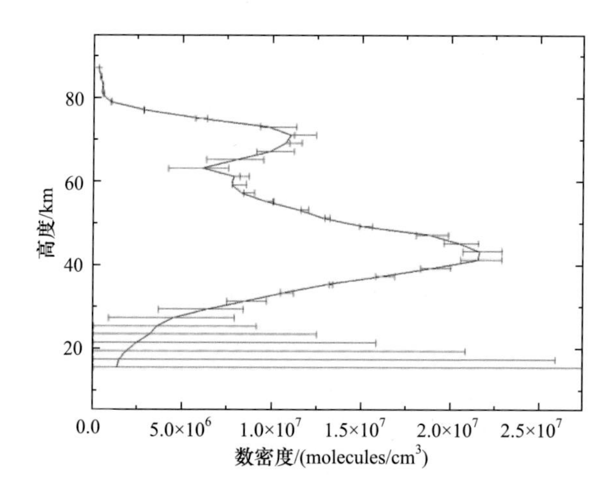

图 7.11　初始猜值不确定度引起的反演结果误差范围

7.3.3　总误差

OH 自由基浓度反演误差由观测能量误差导致的反演误差和反演算法本身的误差组成。由于各部分的误差为非对称分布，因此根据 B 类不确定度评定方法，首先计算各个误差因素导致的反演结果标准不确定度，再利用误差传递公式，计算反演过程中各个参量的不确定度引起的反演结果的总误差，结果如图 7.12 和表 7.9 所示。

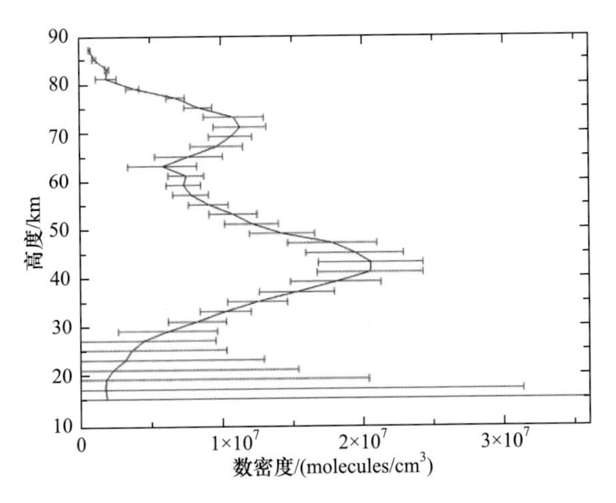

图 7.12　反演结果总误差范围

表 7.9　部分高度处反演结果的总误差范围

高度/km	反演结果总误差/%
81	–37.01～37.01
71	–16.52～16.52
61	–16.83～16.83
51	–15.60～15.60
41	–18.33～18.33
31	–24.83～24.83
21	–553.16～553.16

参 考 文 献

[1] 王承忠. 测量不确定度原理及在理化检验中的应用第二讲 B 类和其他类型的标准不确定度[J]. 理化检验-物理分册, 2003, 39(2):113-116.

[2] 高红, 徐寄遥, 陈光明,等. 利用OH夜气辉反演原子氧数密度时输入参数的不确定度对反演结果的影响[J]. 空间科学学报, 2009, 29(3):304-310.

[3] Stevens M H, Conway R R. Calculated OH $A^2\Sigma^+ — X^2\Pi$ (0,0) band rotational emission rate factors for solar resonance fluorescence[J]. Journal of Geophysical Research Atmospheres, 1999, 1041(D13):16369-16378.

[4] Conway R R, Stevens M H, Brown C M, et al. Middle atmosphere high resolution spectrograph investigation[J]. Journal of Geophysical Research Atmospheres, 1988, 104(D13):16327-16348.

第 8 章　DSHS 三维层析探测

中高层大气 OH 自由基甚高光谱探测仪的三维层析扫描方法类似于医学发射 CT 技术。大气中待探测的持续发射能量的 OH 自由基相当于人体内的辐射组织，卫星载荷相当于绕人体旋转的探测器(或探测器阵列)。载荷在卫星轨道平面内以各种不同角度测量大气的临边散射辐射，从测得的辐射数据中可以重构探测目标组分的浓度分布。在沿轨多角度临边扫描基础上辅以横向的穿轨扫描，从而完成一个具有一定宽度的三维探测，由于卫星相对于地球的进动作用，每隔一定周期便能完成一次全球大气结构的三维扫描，获取大气组分的三维分布。

8.1　三 维 正 演

8.1.1　三维正演理论

探测仪被设计为两个相互正交的 SHS 探测大气三维结构，即在沿轨方向扫描(SHS1，高度维)的基础上增加一个穿轨方向的扫描(SHS2，水平维)，通过获取大气中 SHS1 和 SHS2 各视线交点处 OH 自由基浓度，从而完成大气 OH 自由基的三维探测。同一时刻，由于 SHS1 和 SHS2 探测视线完全重合，水平维和高度维上各层扫描区域存在无限视线交点，无法构建大气组分的三维结构。因此要获取有限的相交视点，需基于不同时刻的 SHS1 和 SHS2 的观测结果。如图 8.1 所示，假定在 T1 时刻，中高层大气 OH 自由基甚高光谱探测仪以临边方式探测大气，其视线(蓝色)与大气层存在切点 P1，单一时刻 SHS1 与 SHS2 视线的重合区域为沿视线的大气柱。层析探测仪运行高度为 500km。在卫星飞行高度不变的前提下，存在两条视线(红色)，视线上 SHS2 的扫描方向与 T1 时刻卫星视线上 SHS1 的扫描方向在相交区域相互正交。将载荷飞行至这两条视线上所处的时刻统称为 T2 时刻，在任意 T1 或 T2 时刻均存在 SHS1、SHS2 的观测数据。T2 时刻两条视线与 T1 时刻卫星视线存在两个相交区域 R1、R2，且 R1、R2 沿 T1 视线关于 P1 对称。相交区域与切点的距离决定三维层析探测的空间分辨率，P1 与 R1 距离越小，则空间分辨率越高，但反演时需要的数据量越多，反之距离越大，空间分辨率越低，反演时需要的数据量越少。定义 R1、R2 与切点 P1 的距离为 50km，经计算，切点 P1 处 50km 切高位置所处的 SHS1 视场切片，即 T1-SHS1 的第 18 个扫描视线层，在交点区域 R1、R2 处的高度为 50.195km，仍然处于 T2-SHS1 的第 18 个扫描视线层内，后续对于 T2 时刻卫星位置的计算基于 P1 与 R1 的距离为 50km 进行。

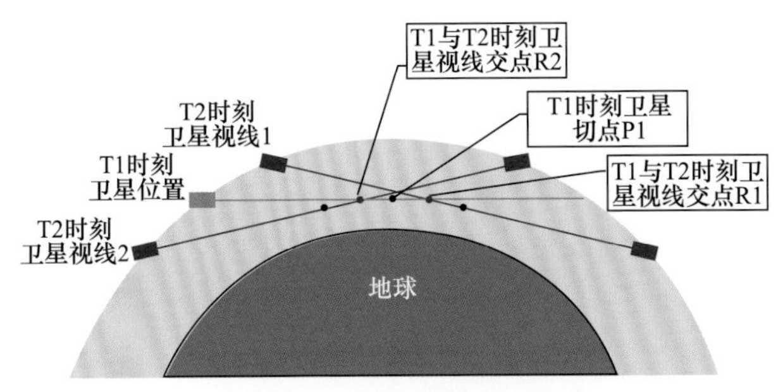

图 8.1 T1 时刻和 T2 时刻卫星临边视线交点示意图

如图 8.2 所示，以 T2 时刻任一视线为例，存在两个卫星位置使 T2 时刻 SHS2 和 T1 时刻 SHS1 的扫描方向在相交区域相互正交，这两个位置在 T2 视线的两侧且距离地面高度为 500km，定义 T2 时刻卫星位置 1 为相对于切点在 T1 位置同侧

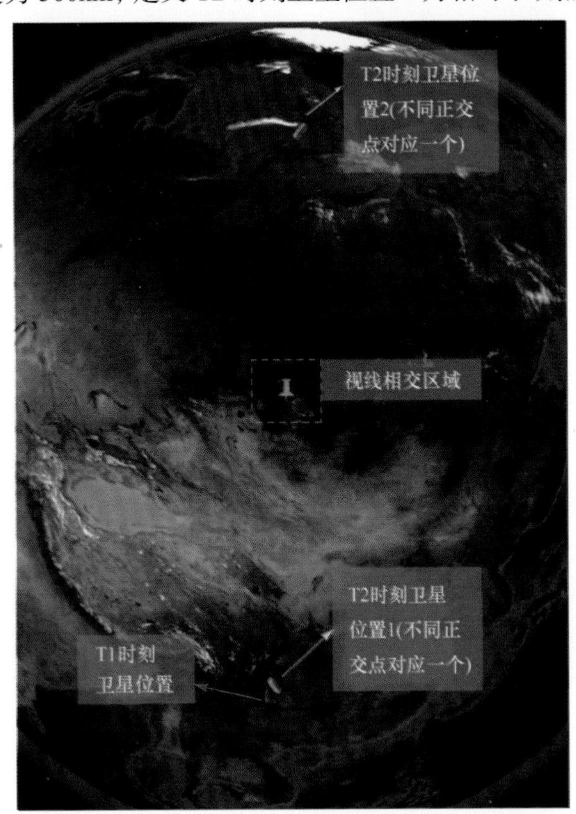

图 8.2 双正交 SHS 层析探测时不同时刻的卫星位置示意图

的卫星位置，而将 T2 时刻卫星位置 2 定义相对于切点在 T1 位置异侧的卫星位置。T2 时刻卫星位置 2 距离 T1 时刻卫星位置远，卫星运行至该位置时间跨度大，因此使用 T2 时刻卫星位置 1 作为正交点对应的另一个时刻的卫星位置。

一般情况下，传统临边仪器在切点处的扫描方向无法保持完全水平。中高层大气 OH 自由基层析探测仪为双 SHS 相互正交结构，因此在实际观测时，SHS1 的扫描方向与 SHS2 水平的扫描方向以及垂直方向保持一定的夹角，预研阶段暂设夹角为 30°。三维层析探测对卫星的几何参量有非常精确的要求，中高层大气 OH 自由基甚高光谱探测仪的视场角为 2°，即切点处各扫描层之间存在一定夹角。为方便三维建模，首先将各层探测视线定义为相互平行的状态，如图 8.3 所示。

(a) 0°扫描倾角对应的T2位置示意图

(b) 30°扫描倾角对应的T2位置示意图

图 8.3　0°和 30°扫描倾角对应的 T2 位置示意图

图 8.4 为 T2 时刻卫星位置 1 处卫星视线与 T1 时刻卫星视线交于 R1 区域示意图。此处，T1 时刻探测仪对大气完成一次临边扫描，在下一时刻，即 T2 时刻的卫星视线与 T1 时刻卫星视线相交。同时在交点区域，T1 时刻的高度维光谱仪(SHS1)与 T2 时刻的水平维光谱仪(SHS2)相互正交，从而对正交区域大气形成立体分割，T1 时刻 SHS1 和 T2 时刻 SHS2 各扫描层的各相交位置即为正交区域的体像元，以完成对该区域的三维层析扫描。考虑到在三维层析探测中各个视线层之间存在夹角的几何状态后，在单一 T2 时刻时，在 R1 区域中仅存在一个体像元，分割该像元的 T1 时刻 SHS1 某一扫描层与 T2 时刻 SHS2 某一扫描层完全正交，体像元即为正交的区域，反演结果即为该区域的平均浓度，为方便表达，将两个扫描层相互正交的区域概化为点，点的位置即为该区域的中心点。不同体像元需要 T1 时刻 SHS1 与不同 T2 时刻 SHS2 相互正交。对 T1 时刻扫描结果和 T1 时刻 SHS 相互正交的多个 T2 时刻扫描结果进行组合，从而对视线相交区域 R1 进行三维层析探测。观测过程中切点处仪器扫描方向与水平/垂直方向的倾角不同，则 T1 时刻卫星位置在正交区域处对应的 T2 时刻卫星位置不同。

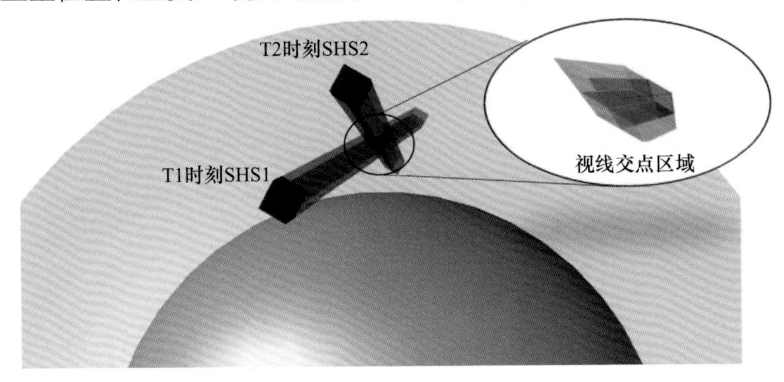

图 8.4　双 SHS 层析探测示意图

由于正交点处 OH 自由基浓度不变，因此三维模式下的 SHS1 和 SHS2 观测结果数据形式和组织结构相同。但 T1 时刻 SHS1 和 T2 时刻 SHS2 的几何位置和观测角度不同，导致观测值存在差异。

8.1.2　结果实例

基于三维层析探测理论，定义交点区域与切点区域距离 50km，光谱仪在飞行时 SHS1 扫描方向与水平方向夹角为 30°，根据假定的 T1 时刻卫星相关几何参量，计算 SHS2 在正交区域不同高度上与 T1 时刻 SHS1 相互正交的各 T2 时刻位置。定义的 T1 时刻相关几何参量与计算的 T2 时刻相关几何参量如表 8.1 所示。

表 8.1　部分高度上 T1 时刻 SHS1 及与 SHS1 正交的 T2 时刻 SHS2 的位置、观测几何参数

反演高度/km	T1 时刻			T2 时刻		
	纬度/(°N)	经度/(°E)	视线方位角/(°)	纬度/(°N)	经度/(°E)	视线方位角/(°)
81	54.501	121.483	321.98	55.346	120.163	321.078
71	54.501	121.483	321.98	55.301	120.389	321.070
61	54.501	121.483	321.98	55.255	120.616	321.062
51	54.501	121.483	321.98	55.210	120.844	321.056
41	54.501	121.483	321.98	55.163	121.073	321.050
31	54.501	121.483	321.98	55.117	121.303	321.045
21	54.501	121.483	321.98	55.071	121.534	321.041

当 T1 和 T2 的正交点区域为(67.460°N, 86.618°E)时，将 T1 时刻的卫星状态参量输入辐射传输方程，可直接模拟获得在 T1 时刻 SHS1 接收到的临边散射辐射能量。而与 T1 时刻 SHS1 在正交区域相互正交的各 T2 时刻 SHS2 观测能量，则由一组不同卫星位置在不同高度上的观测能量组成。模拟结果如图 8.5 所示。

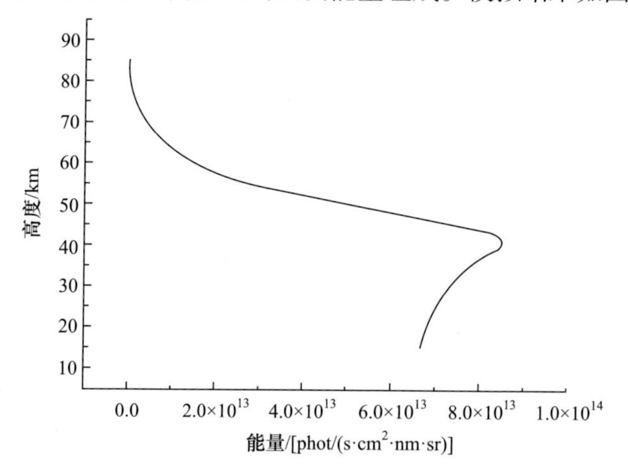

图 8.5　各 T2 时刻位置 SHS2 观测积分能量廓线

水平维 SHS2 同高度维 SHS1 一致，均以临边方式扫描中高层大气，因此，虽然不同高度上各 T2 时刻的卫星位置、观测几何各不相同，但是观测能量廓线整体上仍然保持 308～310nm 波段临边散射辐射的分布规律，即随着高度降低，SHS 接收的临边散射辐射能量逐渐增强，至 40～45km 高度时，探测仪接收的能量开始逐渐减少，形成“膝点”。这是不同高度的大气密度差异所导致的。

将二维全球正演结果作为 T1 时刻 SHS1 的观测能量，计算全球范围内在正交区域与 SHS1 相互正交的另一时刻 SHS2 的全球观测能量，各时刻 SHS2 的观测结果以 SHS1 观测结果相似的形式进行展示，基于 Plate_Carree 投影，横坐标表示经度和纬度，纵坐标表示高度，如图 8.6 所示。选择任一层数据，即 15～85km 高度范围内单一高度的 SHS2 观测能量全球分布。以 41km(图 8.7)和 71km(图 8.8)为例，展示单一高度上 SHS2 的全球观测能量分布。

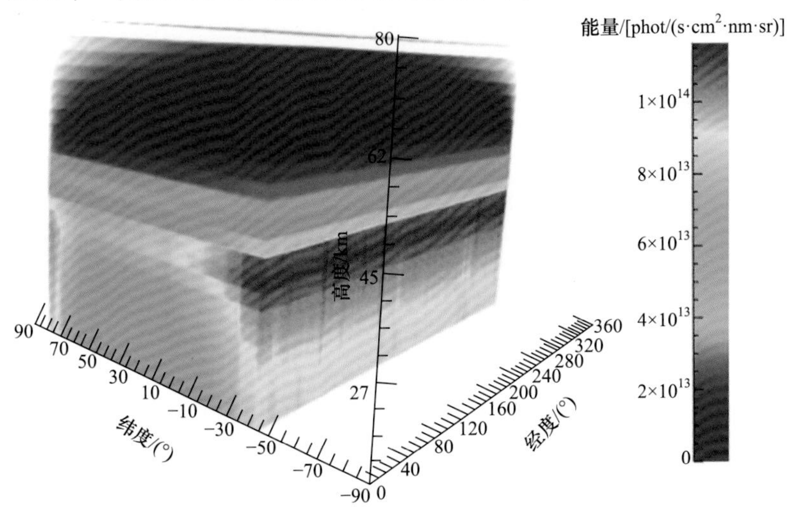

图 8.6　各 T2 时刻 SHS2 接收的全球临边散射辐射模拟结果

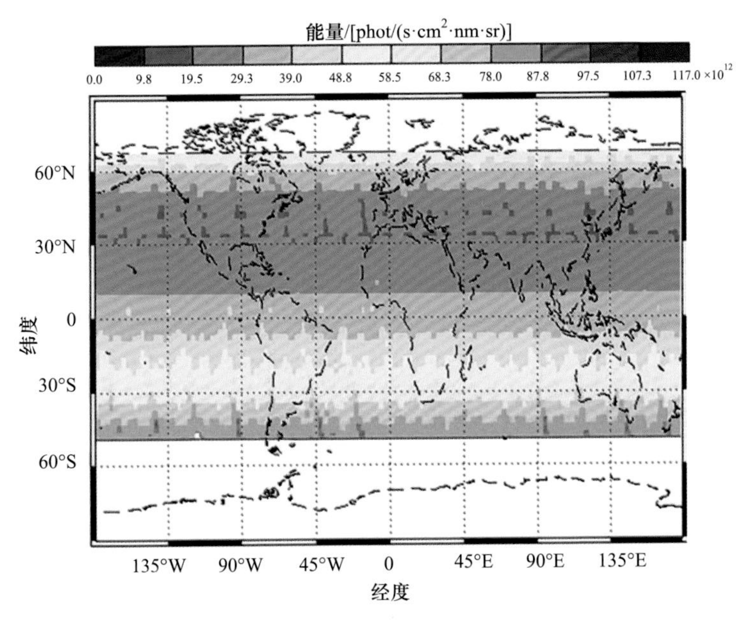

图 8.7　41km 高度上各 T2 时刻 SHS2 接收的全球临边散射模拟结果

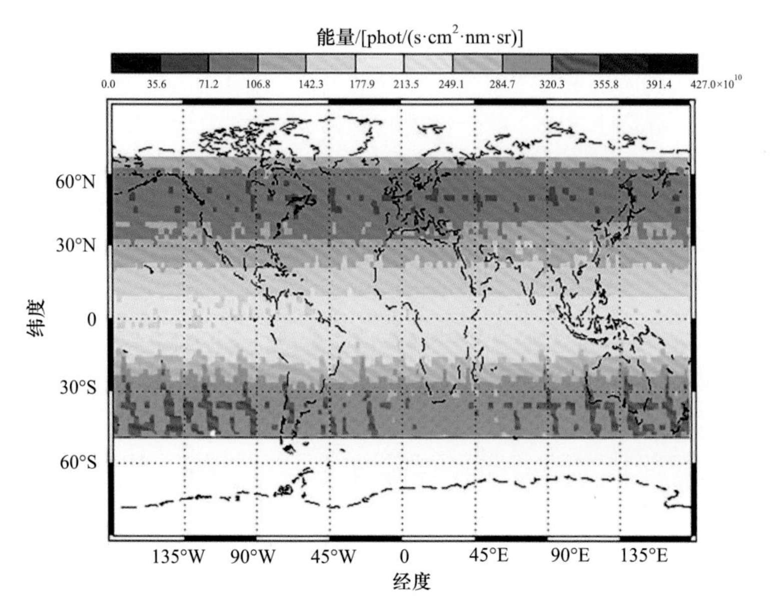

图 8.8　71km 高度上各 T2 时刻 SHS2 接收的全球临边散射模拟结果

8.2　三维层析反演

8.2.1　三维层析反演方法

根据三维层析理论，利用两台扫描方向相互正交光谱仪，通过多时刻多角度的方式实现对视线正交区域三维层析探测，进而推求 OH 自由基浓度三维分布数据。在获取观测区域的大气组分浓度三维分布时，应保证各个时刻相隔时间较短，否则 OH 自由基浓度将产生变化，反演结果无法真实反映层析探测仪观测时的大气浓度分布状况。

根据 T1 时刻位置，以 30°作为 SHS 探测时倾角，计算了高度维方向光谱仪(SHS1)与 T1 时刻水平维方向光谱仪(SHS2)在视线相交区域各正交点处相互正交的各 T2 时刻位置。对于正交区域各个高度上的正交点，均对应一个时刻的 SHS2 与 T1 时刻的 SHS1 相互正交，如图 8.9 所示。

从图 8.9 中可以得出，与 T1 对应的各 T2 时刻卫星位置近似沿卫星轨道分布，在交点区域与切点区域相距 50km 的情况下，T1 时刻位置与各 T2 时刻位置距离大约 66km，各时刻之间间隔很短。

根据 MLS 传感器观测资料，基于 N32 高斯网格分析了部分网格内更高时间分辨率下 OH 自由基浓度变化情况(图 8.10 和图 8.11)。

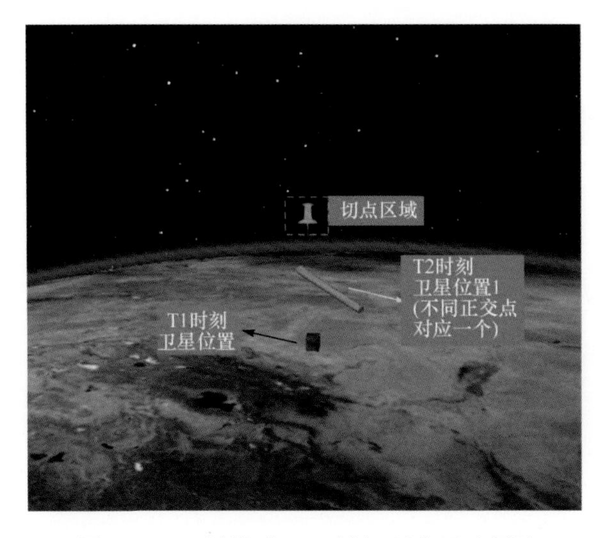

图 8.9　T1 时刻与各 T2 时刻卫星位置示意图

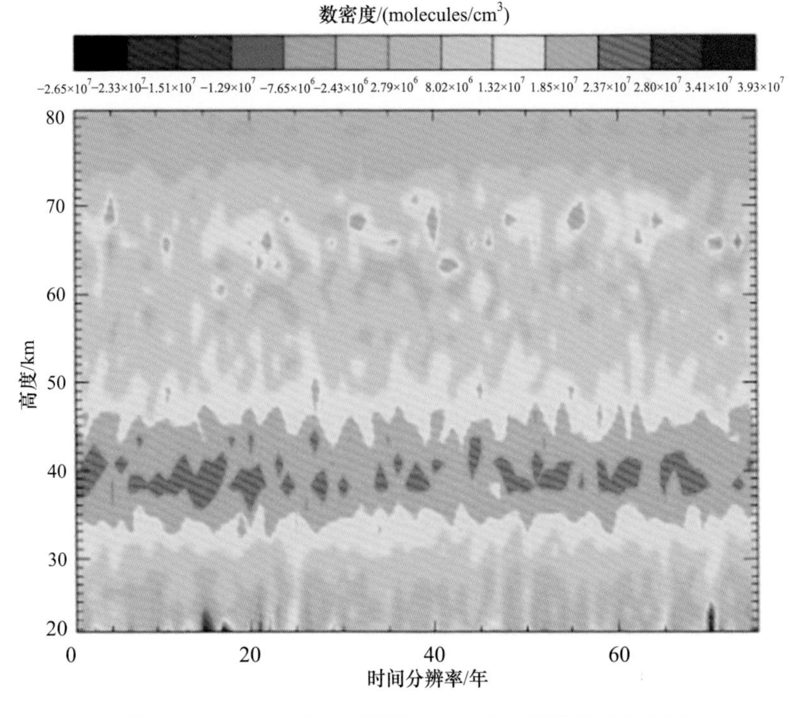

图 8.10　[Nlat30,Nlat34]网格内 OH 自由基数密度变化图

由图 8.10 和图 8.11 可知，在长时间的序列上 OH 自由基浓度存在明显的季节性变化趋势，但在短时间内变化不大。对于三维层析反演来说，T1 与 T2 时刻很短的间隔与 OH 自由基短时间较小的变化满足了三维层析反演的理论前提，使多

时刻多角度综合探测成为可能。

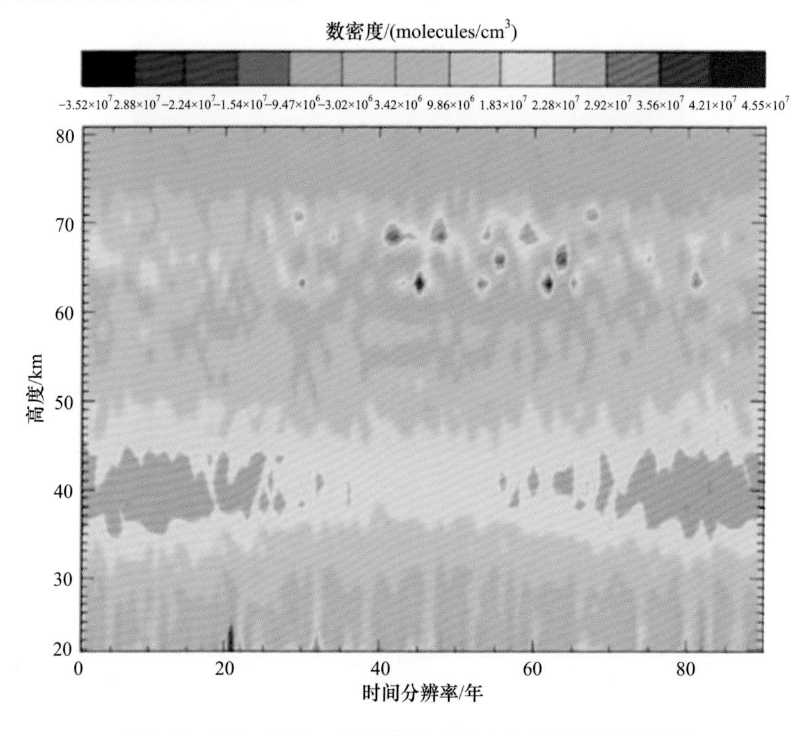

图 8.11　[Nlat41,Nlon35]网格内 OH 自由基数密度变化图

8.2.2　查找表参数设置

在影响卫星接收的临边散射辐射能量的相关因子里面，主要影响因子包括太阳天顶角、相对方位角、时间和空间条件、OH 自由基浓度。太阳天顶角、相对方位角对观测能量中分离的 OH 自由基发射能量影响较大，时间和空间条件的变化将会引起 OH 自由基浓度的变化。基于主要影响因子建立查找表，即层析观测能量数据库。三维观测能量数据库构建示意图如图 8.12 所示。建库时分别变化“纬度、经度、时间日期、OH 自由基浓度、太阳天顶角、相对方位角”这六维参量，利用 SCIATRAN 辐射传输模型模拟不同条件下的观测辐亮度，并计算该条件下的背景能量，提取 OH 自由基发射能量。

经过多次循环计算，构建三维观测能量数据库。数据库中包含了对全球各个位置处各观测条件下的观测能量及能量中 OH 自由基发射的贡献。查找表的索引如表 8.2 所示。

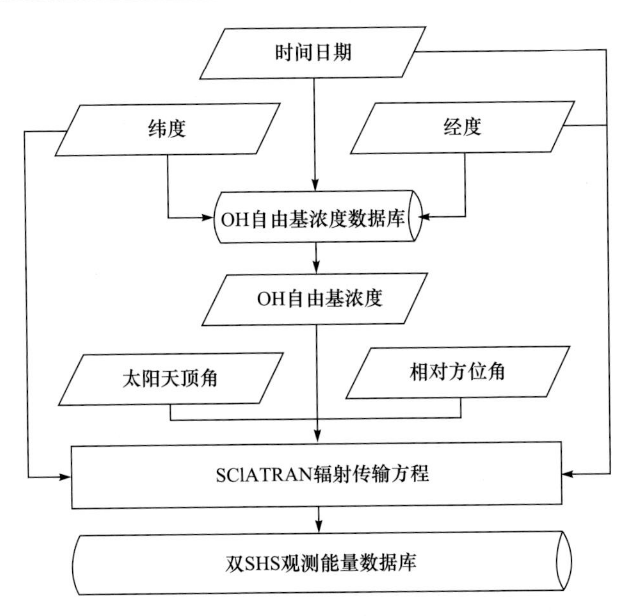

图 8.12　三维观测能量数据库构建示意图

表 8.2　三维观测能量数据库索引

序号	纬度/(°N)	经度/(°E)	太阳天顶角/(°)	相对方位角/(°)	浓度尺度因子	高度/km	季度
1	54.240	125	0	0	0.500	15	1
2	54.240	125	0	0	0.500	15	2
3	54.240	125	0	0	0.500	15	3
4	54.240	125	0	0	0.500	15	4
5	54.240	125	0	0	0.500	17	1
6	54.240	125	0	0	0.500	17	2
7	54.240	125	0	0	0.500	17	3
8	54.240	125	0	0	0.500	17	4
9	54.240	125	0	0	0.500	19	1
10	54.240	125	0	0	0.500	19	2
11	54.240	125	0	0	0.500	19	3
12	54.240	125	0	0	0.500	19	4
13	54.240	125	0	0	0.500	21	1
14	54.240	125	0	0	0.500	21	2
15	54.240	125	0	0	0.500	21	3
16	54.240	125	0	0	0.500	21	4
17	54.240	125	0	0	0.500	23	1

续表

序号	纬度/(°N)	经度/(°E)	太阳天顶角/(°)	相对方位角/(°)	浓度尺度因子	高度/km	季度
18	54.240	125	0	0	0.500	23	2
19	54.240	125	0	0	0.500	23	3
20	54.240	125	0	0	0.500	23	4
21	54.240	125	0	0	0.500	25	1

单个地理位置处，太阳天顶角的变化范围为0°～100°，相对方位角的变化范围为0°～180°，根据不同季节选择相应的OH自由基浓度，同时对各个高度上的OH自由基浓度进行50%～150%的变化，生成各类状态参量的组合，将各个组合作为输入参量，利用辐射传输模型计算卫星入瞳处的辐亮度。

利用构建的三维观测能量数据库，基于某一高度上的正交点位置，通过输入T1时刻和SHS2与T1时刻SHS1正交的T2时刻的卫星位置、观测几何、观测时间及各时刻的卫星观测能量，计算出观测能量中的OH自由基发射能量，并直接从数据库中查询对应的OH自由基浓度。若库中没有对应的查询条件，则利用三次样条插值算法，计算出此高度上正交点处的OH自由基浓度。

三次样条插值相对于其他插值算法不仅具有较高的稳定性，同时能够在保证收敛性的前提下保持插值函数连续性和光滑性[1]。设$[a,b]$上 i 个有插值节点，$a=x_1<x_2<\cdots<x_i=b$，函数 $S(x_m)=y_m(m=1,2,\cdots,i)$，且 $S(x_m)$在$[x_m,x_{m+1}](m=1,2,\cdots,i-1)$上都是不高于三次的多项式，那么当$S(x)$在$[a,b]$具有二阶连续导数，则称$S(x)$为三次样条插值函数。要求$S(x)$只需在每个子区间$[x_m,x_{m+1}]$上确定1个三次多项式，设为

$$S_m(x)=a_m x^3+b_m x^2+c_m x+d_m, m=1,2,\cdots,i-1 \tag{8.1}$$

其中a_m,b_m,c_m,d_m待定，并要使它满足：

$$S(x_m)=y_m \tag{8.2}$$

$$S(x_m-0)=S(x_m+0) \tag{8.3}$$

$$S'(x_m-0)=S'(x_m+0) \tag{8.4}$$

$$S''(x_m-0)=S''(x_m+0) \tag{8.5}$$

式(8.2)～式(8.5)中，$m=1,2,\cdots,i-1$，一共给出$4n-6$个条件，需要待定$4(n-1)$个系数，因此需要唯一确定三次插值函数，还需要附加两个边界条件。通常边界由实际问题对三次样条插值在断点的状态要求给出。

基于三维观测能量数据库，利用查找表及三次样条插值推算OH自由基浓度三维分布的算法如图8.13所示，由于算法并未涉及平滑约束，因此在单个位置上

的反演廓线不是一条光滑的曲线，但是浓度廓线的整体趋势仍然与二维反演保持一致。

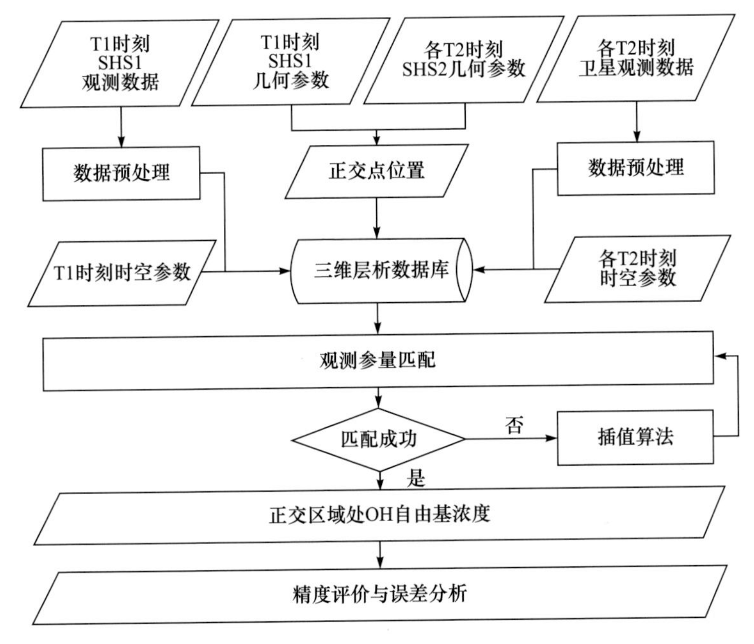

图 8.13　双正交反演算法示意图

8.2.3　结果实例

由于预研阶段暂时没有卫星观测数据，因此三维反演过程中 T1 时刻 SHS1 的观测能量及各 T2 时刻 SHS2 的观测能量均由三维正演计算，将各能量输入三维反演模型，经过查询及三次样条插值，计算 T1 时刻 SHS1 和 T2 时刻 SHS2 各正交位置处的 OH 自由基浓度。

以表 8.1 中 T1 时刻 SHS1 及与 SHS1 正交的 T2 时刻 SHS2 的位置及观测几何参数作为输入参量，模拟两个传感器在不同时刻的观测能量。基于该能量反演的 OH 自由基浓度如图 8.14 所示，反演结果实际上为各个高度上的正交点，为了便于展示 OH 自由基浓度廓线的趋势，此处以实线表示。

8.2.4　误差分析

利用三维观测能量数据库的查找表反演方法，有效避免了迭代反演中的先验约束等问题。由于反演中输入的观测值为正演模拟获得，因此该反演方法的误差仅包含了观测能量的误差及 OH 自由基浓度廓线查找时的插值误差。以正交区域 (67.460°N, 86.618°E)处的反演结果为例，分析三维反演中各个误差源对于反演结果误差的贡献。

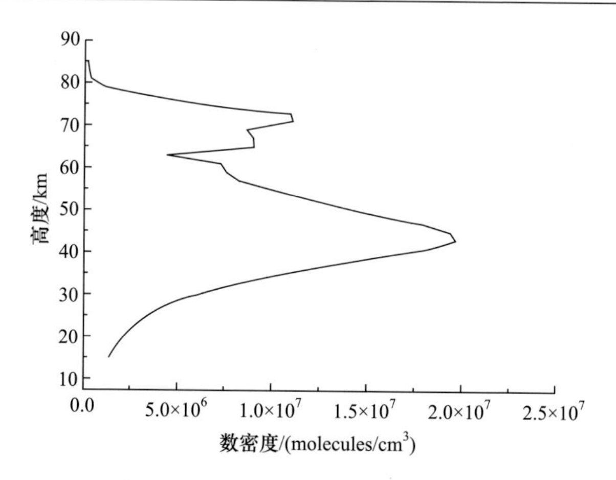

图 8.14　正交区域(67.640°N，86.618°E)处的反演结果

1. 观测能量误差

1) 大气模式

模拟时使用的大气模式无法准确反映探测仪接收临边散射辐射时大气各痕量气体的浓度分布，存在不确定度。这种不确定度将导致模拟获得的临边散射辐射与真实观测值存在差异，进而导致基于数据库查找的 OH 自由基浓度存在误差。紫外波段太阳能量在辐射传输时，臭氧起重要作用。假定臭氧廓线不确定度为 30%，该不确定度引起的观测能量中 OH 自由基发射能量相对误差如图 8.15 和表 8.3 所示。

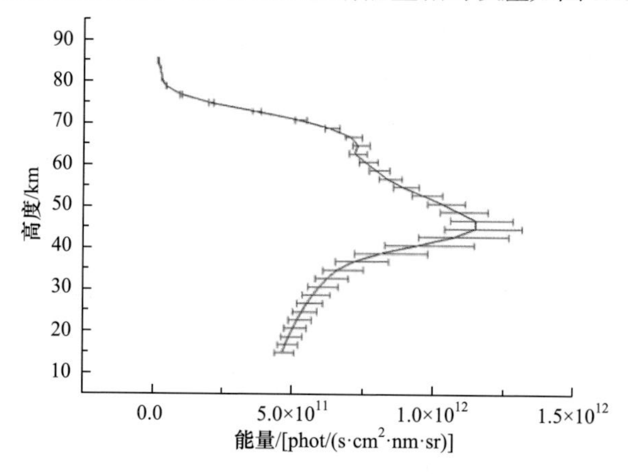

图 8.15　臭氧不确定度引起的 OH 自由基发射能量相对误差范围

表 8.3　部分高度处臭氧不确定度引起的 OH 自由基发射能量相对误差范围

高度/km	OH 自由基发射能量相对误差/%
81	–2.71～5.72
71	–2.72～5.75
61	–2.96～5.92
51	–4.92～8.19
41	–12.57～20.92
31	–6.78～10.98
21	–6.00～9.51

2) 定标误差

定标过程中存在的各类误差源使探测仪记录的能量值与真实的临边散射辐射亮度存在差异，利用观测能量从数据库中查找并插值 OH 自由基浓度时，这种差异会引起查找结果具有一定误差，根据对国际上相关仪器的调研，定义定标误差为 5%。

3) 多普勒效应

不同时刻卫星在绕地飞行时具有不同的日心速度，引起观测能量在波长 -5×10^{-4}～5×10^{-4}nm 的伪随机偏移，即多普勒效应。多普勒效应导致识别出的 OH 自由基光谱相对于理论光谱存在差异，进而导致插值结果存在误差。研究过程中计算了分别偏移了$\pm5\times10^{-4}$nm 观测能量，并对 OH 自由基发射能量采用“取峰”处理，由此获取了多普勒效应导致的观测能量中 OH 自由基发射能量的误差，如图 8.16 和表 8.4 所示。

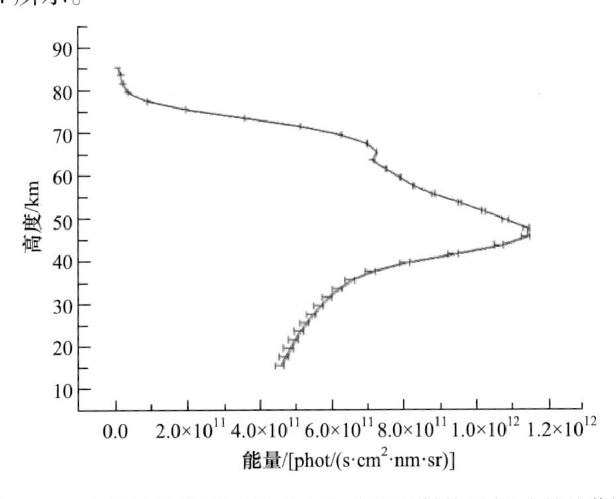

图 8.16　多普勒效应引起的 OH 自由基发射能量相对误差范围

表 8.4　部分高度处多普勒效应引起的 OH 自由基发射能量相对误差范围

高度/km	OH 自由基发射能量相对误差/%
81	−0.39～0.35
71	−0.20～0.31
61	−0.11～0.34
51	−0.88～0.41
41	−2.16～0.93
31	−3.14～1.44
21	−3.71～1.62

2. 插值误差

根据指定的大气状态参量、各时刻卫星位置及观测值，可从三维观测能量数据库中查询及三次样条插值得到正交位置处 OH 浓度，实现层析反演。经过研究及相关调研，对于“纬度、经度、时间日期、OH 自由基浓度、太阳天顶角、相对方位角”这六维参量的三次样条插值来说，插值误差在 0.32%左右。因此，将 0.32%作为三维反演中插值算法的误差值。

3. 三维反演误差

总误差的计算是利用B类标准不确定度计算方法求得各部分误差因素的标准不确定度，再根据误差传递公式获取反演过程中各个参数的不确定度共同引起的反演结果的误差。计算结果如图 8.17 和表 8.5 所示。

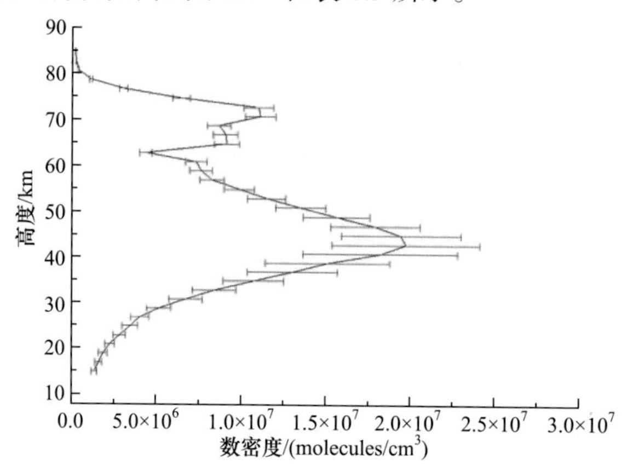

图 8.17　双 SHS 层析反演结果总误差范围

表 8.5　部分高度处的反演结果相对误差范围

高度/km	相对误差/%
81	–8.09～8.09
71	–8.11～8.11
61	–8.31～8.31
51	–10.83～10.83
41	–25.03～25.03
31	–14.27～14.27
21	–12.96～12.96

OH 自由基反演结果的误差在中层大气中较大，41km 高度的误差为–25.03%～25.03%，随着高度的降低，误差逐渐降低，21km 高度时，OH 自由基的反演结果的误差仅为–12.96%～12.96%。该高度上二维反演结果的误差则在 500%左右。因此，三维层析探测可以显著降低低层大气 OH 自由基的误差。

二维反演采用的是迭代的寻优算法，反演问题的解的范围往往受初始猜值限定，初始猜值的不确定度对反演结果影响较大，这种特点在 OH 自由基敏感性较低的高度上尤其凸显。三维反演采用查找表反演方法，通过建立多维变量的层析数据库，使用经过数据处理后的能量直接在数据库查询，从而有效规避了初始猜值在反演中的介入，因此不仅运算速度上较二维反演提升明显，还有效避免了低层 OH 自由基初始猜值不确定度过大导致的该高度范围反演结果不可信的问题。

参 考 文 献

[1] 吴捷. 目标辐射光谱数据预处理方法研究[D]. 西安：西安电子科技大学, 2011.